装备科技译著出版基金

抗磨损表面工程技术

Surface Engineering for Enhanced Performance against Wear

［印度］Manish Roy　编

何卫锋　李应红　何光宇　译

国防工业出版社

·北京·

著作权合同登记　图字:军-2015-146号

图书在版编目(CIP)数据

抗磨损表面工程技术/(印)马尼什·罗伊
(Manish Roy)编;何卫锋,李应红,何光宇译.—北
京:国防工业出版社,2018.6
书名原文:Surface Engineering for Enhanced
Performance against Wear
ISBN 978-7-118-11424-9

Ⅰ.①抗… Ⅱ.①马… ②何… ③李… ④何… Ⅲ.
①抗磨损-金属表面处理 Ⅳ.①TG17

中国版本图书馆 CIP 数据核字(2018)第 103157 号

Translation from English language edition:
Surface Engineering for Enhanced Performance against Wear
By Manish Roy

※

国防工业出版社出版发行
(北京市海淀区紫竹院南路 23 号　邮政编码 100048)
天津嘉恒印务有限公司
新华书店经售
*
开本 710×1000　1/16　印张 16½　字数 303 千字
2018 年 6 月第 1 版第 1 次印刷　印数 1—2000 册　定价 89.00 元

(本书如有印装错误,我社负责调换)

国防书店:(010)88540777　　发行邮购:(010)88540776
发行传真:(010)88540755　　发行业务:(010)88540717

前　言

　　表面处理是提高机械设备零部件表面性能最有效的方法之一，可使其表面性能与基体不同，从而满足零部件的使用环境和功能要求。尽管表面工程学从古代就开始被运用，但是表面处理技术的理论研究和工程应用仅仅在最近几十年才获得了迅速发展。当表面处理技术在工程部件上应用之后，其性能得到显著提高，取得了良好的经济效益，这一研究方可获得重大进步。目前，有许多表面处理技术可供选择，选择表面处理技术时，需要考虑被处理层的厚度、黏附强度、处理层与环境的相互作用、机械加工方法等。涂层的选择由部件的尺寸、功能和非功能需求、涂装和加工特性以及经济成本所决定。因此，本书的目的是引导读者针对特定应用环境选择最适合的处理方法和涂层，当然，这并不是最终目的。

　　本书共8章，每章由来自表面工程各个领域的专家撰写。本书由表面热喷涂涂层的摩擦学开始，第1章讨论各种表面热喷涂涂层的特性、优势、不足及摩擦学性能，着重介绍一些典型的表面热喷涂涂层的应用，并且给出一些范例。第2章介绍纳米复合材料薄膜在部件抗磨损中的应用，主要包括纳米复合材料薄膜的变形行为、微观特性、机械性能和摩擦学性能等。第3章涉及金刚石薄膜及其摩擦学性能，主要介绍金刚石薄膜的各种沉积技术、微观特性描述、各种参数的影响及薄膜的纳米摩擦学性能等。第4章主要介绍表面扩散处理及其摩擦学性能。第5章主要包括耐磨堆焊对冲蚀磨损的影响，讨论各种耐磨堆焊处理及其表面力学性能、滑动磨损、磨损和腐蚀性能等。第6章介绍电镀技术在摩擦学中的应用，在介绍完电解和电解电镀层技术后，对电镀表面的滑动磨损性能进行描述。第7章的主题是激光表面处理技术，在这一章中讨论激光处理表面的摩擦学性能。第8章为本书的总结性章节，主要讨论表面工程学在生物摩擦学上的应用，各种生物活性的、生物惰性的、抗生物的涂层的摩擦学行为及其在人体上的应用是这一章的讨论重点。本书每一章都包含现有技术的总结和对未来研究的预测。

　　本书既可以用作教材也可以当作参考书使用，编写本书的一个主要目的是突出在表面摩擦学上的许多最新成就。本书的读者对象是本科生、研究生、工程师、各学术机构的研究人员以及研究和生产单位。对于致力于采用表面处理方法提高材料抗磨损性能的人来说,本书是一本有价值的参考书。

　　在本书的编写过程中,得到了许多人的支持和帮助。十分感谢我的合著者们,他们花了大量时间来准备各章节。感谢来自印度国防冶金研究实验室的科学家 D. K. Das、印度克勒格布尔技术学院教授 Rahul Mitra、奥地利摩擦学技能中心的 CEO Andreas Pauschitz、海得拉巴有色金属材料技术开发中心主任 K. Balasubramanian、印度国防冶金研究实验室科学家 Subir Kr. Roy,他们给了我持续不断的鼓励,对本书的内容和我进行了深入的讨论,并且提供了有价值的信息。还要感谢来自国防冶金研究实验室的高级助理 M. Ramakrishna,他在技术图表和草图的处理上给了我很多帮助。

Manish Roy 博士

印度　海德拉巴

2012 年 12 月

目　　录

第 1 章 热喷涂涂层的抗磨蚀性

1.1 引言

热喷涂是指用粉末原料或细小的丝材熔滴及半熔滴进行涂层制备的一种工艺。热喷涂技术可以追溯至 1911 年,Schoop 博士成功地利用高压气体将熔融金属进行雾化,并将其喷涂至物体表面。1912 年,他制作了一个装置用以喷涂金属丝,这个工艺就是火焰喷涂(FS)。随后,他又研发出一项新的技术,即使用电熔原材料进行热喷涂。这种方法在当代被称为电弧喷涂。1930 年,F. 斯科利首次提出将粉末用于火焰喷涂。

上述几种工艺只限于低熔点金属粉末。随后,渐渐出现了对高熔点和耐氧化粉末的需求,如喷涂金属粉或陶瓷粉,这一需求促进了 1955 年爆炸喷涂和 1960 年大气等离子喷涂技术的研发,继而促进了 1970 年底和 1980 年真空等离子喷涂(VPS)和低压等离子喷涂(LPPS)技术的发展。热喷涂技术 1980 年有了突破性的进展,技术人员发明了一种名为超声速火焰喷涂(HVOF)的技术,这是一种在富氧条件下进行喷涂的新技术。1990 年又出现了一种非常重要的技术,即冷喷涂,它能够制备出一种其他喷涂技术均无法实现的涂层。

热喷涂技术的主要优势在于:处理过程简单、基体选材方便、基体无须加热。关于该工艺的进一步评述见文献[1-5]。本章旨在介绍热喷涂技术的最新发展,并提供其在各工业部门进行摩擦应用的相关数据。

1.2 工艺分类和基本原理

热喷涂工艺分为 3 类:第一类是以燃烧作为热源;第二类是以等离子体状或弧状的电能作为热源;第三类则是冷喷涂技术。低速燃烧——也称火焰喷涂,和高速燃烧是两种不同的燃烧喷涂法。一般来说,这两种喷涂方式所能达到的最高温度均接近于常见的气体燃料所能达到的温度,如丙烯、丙烷、乙炔、氢气或煤油之类的液体燃料。无论是哪种处理工艺,都需要以氧气作为助燃剂。在高速燃烧中,与低速燃烧中的火焰喷涂相对应的是超声速火焰喷涂,而有时也以空气为助燃剂,这一方法则被称为超声速空气火焰喷涂(HVAF)。在低速技术中,气

1

体中粒子停留的时长大于高速技术,因此粒子的氧化和降解会更加充分。这样形成的涂层孔隙度较大、结合强度较低(50~75MPa)。而超声速火焰喷涂法则不同,由于使用粗粉、金属丝,火焰喷涂产生的沉积率更高,而且方法简便、低噪、经济。

在高速技术中,粉末停留的时长小于1μs,因而导致粉末的氧化和降解不足。而使用细小粉末,运用高速技术将细粉推压至基材,获得的涂层孔隙度则最少小于0.5%,且结合强度颇佳。高速度带来的充分沉积,使得可采用熔点更高的喷粉进行沉积,涂层应用范围也相应更广,包括高温涂料和抗热耐磨涂层。运用金属丝在高速度下制得的涂层允许连续沉积。然而,金属丝的种类远不及喷粉多。这些超声速火焰喷涂技术大多是连续燃烧。相比而言,爆炸法则是一个反复循环的过程,采用火花放电推压喷粉。但这种方法的缺点是噪声太大。

超声速火焰喷涂法依照其燃烧器大致可分为两种,即咽喉燃烧器和炉室燃烧器。在咽喉燃烧法中,喷粉沿轴向喷入。爆炸喷涂法可被视为咽喉燃烧法的实例,如图1.1所示。基于咽喉燃烧法的许多技术因其管筒短、速度慢、粒子加热不匀等还存在一些缺点。在炉室燃烧法中,喷粉呈放射状或轴向注入。如图1.2所示,超音速火焰喷涂法属于轴向注入,采用水冷却技术,在直角方向有燃烧室。连续爆炸喷涂法则是用同轴燃烧室进行轴向注入的咽喉燃烧法,如图1.3所示。图1.4中的JP 5000是一种液体燃料、双炉室、放射状喷射燃烧法。

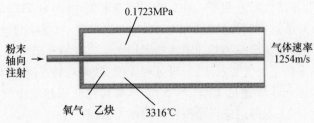

图1.1　爆炸喷涂法示意图

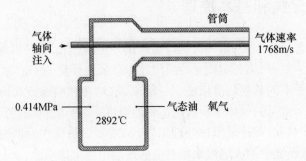

图1.2　超音速喷气喷涂法示意图

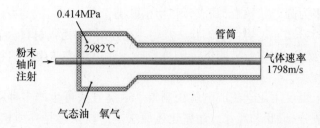

图 1.3 连续爆炸喷涂法示意图

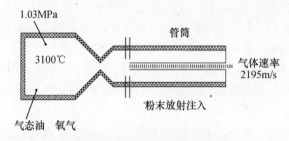

图 1.4 JP 5000 燃烧法示意图

等离子喷涂法和电弧喷涂法是由电驱动的两种不同的热喷涂技术。金属丝电弧喷涂法是利用电弧产生的高温来熔炼原料。相比而言,等离子喷涂法则是利用电来电离气体介质。等离子喷涂法的应用非常普遍,除金属粉、金属陶瓷粉和陶瓷粉外,还可用来喷涂各种不同大小规格较粗糙的粉末。该设备精密复杂,会放射紫外线,需要专业技术人员进行操作。等离子喷涂技术包括大气等离子喷涂(APS)、低压等离子喷涂(LPPS)和真空等离子喷涂(VPS)3 种。具体方法的选择取决于喷粉的特点及实际应用需求。

1.3 喷粉的制备

喷粉的制备方法根据所需粉末的特性来选择。一般来说,雾化是制备金属粉末和合金粉末最常用的方法之一。当进行雾化时,先将金属或合金熔液倒入一个高温漏斗,漏斗的一端连接着喷管,在喷管处用水或气体对金属或合金进行精细分散。有时也会用离心法进行熔液分散,这种方法比气化或水雾化法更加节能。低熔点焊粉常用转盘雾化技术制备,其生产率高达 70%。高熔点粉末,如锌(用于电池)和铝(用于化学品)等,由转杯雾化技术制备,该技术生产率颇高,超过 70%。高腐蚀性粉末,如钛粉,可以用旋转电极法生产。通过该方法制得的粉末相比气体雾化法洁净度更高,颗粒大小均匀。超声波气体雾化法或振动超声波雾化法更适用于生产形状要求较高、成分较单一的圆球状粉末。其他的雾化技术,如滚转雾化、振动电极雾化和熔滴雾化法尚在试验阶段。雾化技术生产的粉末多为圆球状颗粒,其成分和物相取决于雾化和离散的方法。

多数陶瓷粉是通过熔化和破碎法制得。生产时,将所需材料放入熔炉熔化,再凝固成块,然后,用工业破碎机将铸块粉碎。通过该方法生产的粉末紧致、结实、形状不一。

金属粉末也可用化学法或电解法制得。这类方法可生产多种粉末,并严格控制粉末的成分、形状和尺寸。用氧化还原法生产粉末已是一项相当成熟的工业生产技术。若考虑经济因素,不妨用该方法生产高熔点金属粉末,如钨、钼等。此外,这些粉末还具有性能稳定、不易变色的特点。

湿法冶金加工法生产金属粉末是在浸出精矿的基础上,通过电解、胶结或化学还原法从浸出溶液中沉淀金属。运用这种技术,附带一些添加物,并控制好颗粒的增长、成核和附聚情况,就可以生产尺寸、形状、密度和表面积各异的粉末。采用共同沉淀或连续沉淀技术,还可以生产各种不同的合金和复合粉末。

热分解法是生产金属粉末的另一个重要的化学方法。这种方法常用来生产高纯超细粉末。其他用于粉末生产的化学方法,如盐液沉淀法、气体沉淀法、氢化物分解法和热反应法也不容忽视。

电沉积法也可以生产各种不同的金属粉末。通过直接电沉积,可以制得松散吸附的粉末和轻软蓬松的沉积物,经过进一步物理分离即可获得精细粉末。精炼金属形成致密、光滑、脆薄的沉积层,经过粉碎制成细粉。电解极化高的金属经过阴极处理会形成一个极易破碎的易脆聚合沉积层,这个沉积层经过进一步加工即可制成细粉。

作为一种常用方法,喷雾干燥法运用有机胶黏剂生产各种结块粉末。该方法将掺有有机胶黏剂、水和待结块材料的混合物喷入反应室,室内高温干气循环流动,当混合物中的水分蒸发后,加入有机胶黏剂即可覆盖材料颗粒,从而制得结块粉末。这种方法生产的粉末多孔,有时易于致密化。

1.4 热喷涂涂层的分类

热喷涂涂层可分为不同的类型。许多涂层以纯金属的形式沉积,如钼、镍、铜、钨等。纯金属沉积具有耐磨抗蚀的功用。由各种不锈钢、镍基耐腐蚀合金、蒙乃尔铜镍合金等构成的合金涂层主要用作抗腐蚀层。还有金属陶瓷粉末,如最常见的 $WC - Co$ 和 $Cr_3C_2 - NiCr$,主要用于提高耐磨性。许多陶瓷粉末,如 ZrO_2、Al_2O_3、氧化钇稳定的氧化锆等,主要作为耐高温涂层。高分子聚合物,因其自身的高密度、低孔性和耐磨性而具有超强的耐腐蚀性和出色的密封性,这使其成为一种常见的防护涂层。各种聚乙烯、聚酰胺、聚芳醚酮、聚甲基丙烯酸甲酯和其他热塑性塑料都可以进行喷涂并应用于工程中。分散在软质基底上的低摩擦材料通常称为耐磨涂层。这些涂层主要用于控制两个活动部件之间的间隙。(Al－Si)－石墨、Ni－石墨、(Al－Si)聚酯都是典型的耐磨涂层。还有一种涂层采用自熔粉末,这些粉末经过处理可以在喷涂时进行重熔。它们的主要成分是硼和硅,在熔化喷涂时会与氧气发生反应变成熔渣,从而形成一层由致密的硼化物和氮化物颗粒组成的无氧金属涂层。这些涂层具有优异的耐高温摩擦性能。

1.5　热喷涂涂层的性能

热喷涂涂层的性能是由其化学成分、孔隙率和氧化物的含量决定的。此外,喷涂形态和涂层介面与基体介面间的强度也会影响涂层的各种性能。

1.5.1　微观结构特征

研究对象是大小为 8～64μm 的 WC－17% Co 颗粒。图 1.5[6,7]所示为工业用圆球状 WC－17% Co 粉、圆球状 Cr_3C_2－25(Ni20Cr)粉、多棱角 WC－12% Co 粉和圆球状 WC－12% 粉的典型电子显微图像。所有的粉粒皆呈圆球状,其初始孔隙度相对较大。通过电子显微镜可以分析检测喷涂颗粒的表面氧化情况。大小、形状各异的多棱粉末用途非常广泛,它不仅易制备,而且正因其精细度不足,反而使其形成的涂层孔隙度较高。过于精细的粉末往往不易于匀速供给,有时还会导致过度氧化和不必要的相变。

图 1.6 所示为超声速火焰喷涂 Cr_3C_2－25(Ni20Cr)涂层、爆炸喷涂 WC－12% Co 涂层和等离子喷涂 WC－12% Co 涂层的横切面低倍放大图。从该图可清楚看出涂层与基体的紧密贴合。涂层的厚度为 200～300μm,切面未见裂纹。该涂层是通过一层层沉积而成,这种分层结构常见于超声速火焰喷涂[8]。

图 1.7 所示为使用爆炸喷涂形成于材料表面的 WC－12% Co 涂层的高倍放大电子显微图像。显然,在该爆炸喷涂中,涂层熔解不足,层片是经过一层层沉积而成。图 1.7(b)和 1.7(c)分别为等离子喷涂和超音速火焰喷涂涂层的横截面微观结构经图像分析确定 WC－17% Co 涂层的表面孔隙度不超过 0.5%。未熔颗粒的相关百分比低于 0.2%,其中 WC 粒子除外,因为它们属于难熔颗粒。WC 粒子属于最坚硬的碳化物,其熔点约为 3043K。然而,相比在超声速火焰喷涂工艺中,WC 粒子的高温轧平性能在等离子喷涂工艺中效果更显著。因此,可以通过等离子技术制备密度高、黏附强的涂层。在生产过程中,涂层表面的粗糙度为 1.5～2.1μm。

图 1.8 所示为爆炸喷涂 WC－12% 涂层和超声速火焰喷涂 Cr_3C_2－25(Ni 20Cr)

图 1.5　不同粉末的电镜图像

（a）工业用圆球状 WC – 17% Co 粉；（b）圆球状 $Cr_3C_2 – 25(Ni20Cr)$ 粉；

（c）多棱角 WC – 12% Co 粉；（d）圆球状 WC – 12% 粉。

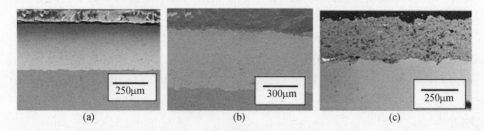

图 1.6　低倍显微镜下涂层图像

（a）超声速火焰喷涂 $Cr_3C_2 – 25(Ni20Cr)$ 涂层；（b）爆炸喷涂 WC – 12% Co 涂层；

（c）等离子喷涂 WC – 12% Co 涂层。

涂层部分截面的高倍放大背散图像。涂层中的气孔（黑色区域）和氧化物（黑色环形区域）清晰可见。超声速火焰喷涂 $Cr_3C_2 – 25(Ni\ 20Cr)$ 涂层的图像分析显示涂层的孔隙度和氧化物分别为 1.5 和 0.75% 。涂层微观结构也显示有 3 种不同区域：第一个区域为黑色，能谱仪显示该区域主要包含铬和碳，即正交 Cr_3C_2 相；第二个区域为灰色，能谱仪显示该区域包含所有的 3 种重要元素，即镍、铬和碳，定量分析表明该区含有 Cr_3C_2 和 NiCr；第三个区域为白色，能谱仪显示其重要相为 NiCr。3 个区域的定量分析如表 1.1 所列。

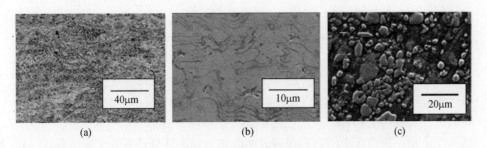

图 1.7　高倍背散射图像

(a) WC – 12% 爆炸喷涂涂层；

(b) WC – 12% Co 等离子喷涂涂层；(c) WC – 17% Co 超声速火焰喷涂涂层电镜图像。

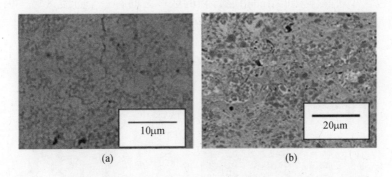

图 1.8　爆炸喷涂 WC – 12% 涂层和超声速火焰喷涂 Cr_3C_2 – 25(Ni20Cr)
涂层部分截面的高倍放大背散图像

表 1.1　3 个区域的定量分析

		元素		
		C	Cr	Ni
黑色区域	质量分数	16.05	83.04	0.91
	原子分数	45.40	54.07	0.53
灰色区域	质量分数	13.31	65.86	20.83
	原子分数	40.68	46.30	13.03
白色区域	质量分数	12.72	58.66	28.62
	原子分数	39.67	42.08	18.25

　　图 1.9(a) 所示为 Cr_3C_2 – 25(Ni 20Cr) 涂层任意区域的电子显微照片以及电子衍射图和能谱图[9]。从中可见微粒整齐排列，大小为 40 ~ 80μm。选定区域的衍射(SAD)图案代表细小微粒。能谱图和衍射图皆证实显微照片显示的是含 Cr_3C_2 相的深色区域。选定区域衍射图案表明存在某种非晶化趋势，这与从

X 射线衍射图中所观察到的相一致。图 1.9(b) 所示为亮场透射电镜图及另一区域的电子衍射图和能谱图。衍射图和能谱图证实含有面心立方(FCC)NiCr和正交 Cr_3C_2 相。图 1.9(c) 所示为透射电子显微明场图像,对应另一区域的电子衍射图。这个区域的粒子非常精细,约为 $25\mu m$,可明显看出结晶。根据图 1.9(c),可以得出该区域主要包含 FCC NiCr 结构的结论。这一发现与 He 和 Lavernia[10] 的记录一致,他们发现了 $Cr_3C_2 - NiCr$ 涂层的 NiCr 结晶基质。不同的是,Guilemany 和 Calero[11] 在超声速火焰喷涂常规 $Cr_3C_2 - NiCr$ 涂层中观察到非晶质相。灰色区里的一些区域表明除纳米结晶区外还有一个非晶区。这个区域有可能在喷涂过程中发生了熔解,而随后的迅速凝固便导致了这种非晶化结果。图 1.9(d) 是该区域的典型透射电子显微照片。图中可见完全的非结晶区和包含小块晶体及非结晶相混合物的区域之间有一个过渡区域。因此,制得的涂层包括 3 个不同的区域,其中包含不同量的正交 Cr_3C_2 相和 FCC NiCr 相。

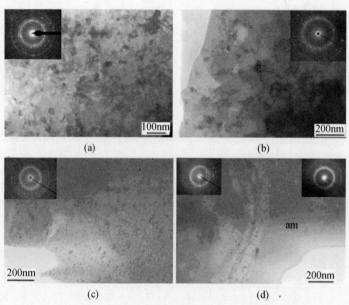

图 1.9 $Cr_3C_2 - 25(Ni20Cr)$涂层任意区域的透射电镜图

(a) 含 Cr_3C_2 相;(b) 含有 FCC NiCr 和正交 Cr_3C_2 相;

(c) 含 FCC NiCr 结构;(d) 含小块晶体及非结晶相混合物的过渡区域。

图 1.10 所示为是 WC - 12% Co 粉、爆炸喷涂 WC - 12% Co 涂层、WC - 17% Co 粉及爆炸喷涂 WC - 17% Co 涂层的 X 射线衍射图。两种成分的粉末都呈现出 WC 和 Co 相。然而,一经喷涂纯 Co 就不复存在。爆炸喷涂导致部分结晶失败。喷粉的主要成分是 WC 和 Co,而涂层主要包含 W_2C 和 Co_6W_6C 外加 WC 和

其他相。在爆炸喷涂 WC－17% Co 涂层中可见少量的非晶 Co。图 1.11 所示为 WC－12% Co 涂层和 WC－17% Co 涂层，从中可以看出爆炸喷涂和等离子喷涂两种涂层的区别。在等离子喷涂涂层中可见未反应的 Co。与爆炸喷涂涂层相比，等离子喷涂涂层中的脱碳程度更高，这就形成了 W_2C 相。

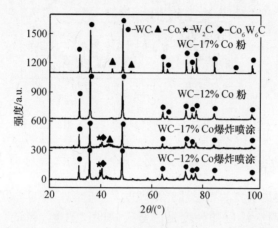

图 1.10　WC－12% Co 粉、爆炸喷涂 WC－12% Co 涂层、
WC－17% Co 粉及爆炸喷涂 WC－17% Co 涂层的 X 射线衍射图

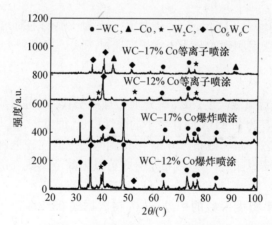

图 1.11　WC－12% Co 涂层和 WC－17% Co 涂层的 X 射线衍射图

图 1.12 所示为 Cr_3C_2－25 喷粉和涂层的 X 射线衍射图。值得注意的是，喷粉中的相未发生变化。这与通常观察到的热喷涂 WC－CO 涂层不符[12]。有趣的是，Mohanty 等[13]观察到在使用超声速热喷涂法喷涂常规大小的 Cr_3C_2－NiCr 粉末时，Cr_3C_2 相转换成了 $Cr_{23}C_6$ 相。但对该 Cr_3C_2 相分解未做说明，包括纳米晶体粒子。造成这一现象的一个原因可能是燃烧中粒子停留的时间相对于使用液体燃料的喷涂时间过短，导致喷涂中喷粉出现大量非晶态。

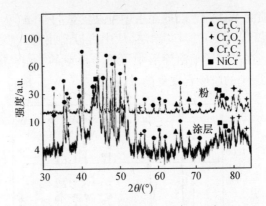

图 1.12　Cr_3C_2-25 喷粉和涂层的 X 射线衍射图

1.5.2　力学性能

热喷涂涂层最重要的力学性能是硬度。尽管测量硬度常用维氏硬度计,但多数情况下,热喷涂涂层的硬度是用努氏硬度仪测量。Marshall 等[14]和 Leigh 等[15]对努氏压痕试验的详细操作进行了描述。努氏硬度仪测得的硬度为

$$KHN = 14229 \frac{P}{a^2} \tag{1.1}$$

式中:KHN 为努氏硬度(kg/mm^2);P 为压力;a 为压痕的主对角线长度(μm)。

弹性模量可以用测到的努氏压痕长度通过下式计算得到:

$$\frac{b}{a} \approx \frac{b}{a'} = \frac{b'}{a'} - \frac{a KHN}{E} \tag{1.2}$$

式中:b 为压痕次对角线长度;a'、b' 分别为理想努氏主、次对角线长度;α 为常数,通常为 0.45;E 为和 KHN 同样大小的弹性模量,通常 $b'/a' = 0.14$。

通过对数正态分布和威布尔分布[16]得到的硬度值比较准确。然而,威布尔分布最适用于热喷涂涂层[17]。威布尔分布可以由两个参数表达如下:

$$F(x) = 1 - e^{-(x/x_0)^m} \tag{1.3}$$

式中:$F(x)$ 为概率密度函数的积分;x_0 为在数据线 63.2% 以下的控制变量;m 为威布尔模量。

热喷涂涂层的压痕韧度用维氏硬度计测算。压痕可以放置在中平面区域涂层的横切面上。压痕器进行加载后其中一条水平对角线与喷涂后的基底面平行。测量压痕对角线($2a$)和压痕拐角的裂缝长度(l)并估算特征纹长度($c = l + a$)及断裂韧性(K_i),对于中间/径向裂纹($c/a > 2.5$),Antis 等[18]、Evans 和 Charles[19]以及 Niihara 等[20]得到以下方程组:

$$K_i = 0.016 \left(\frac{E}{H} \right)^{1/2} x \frac{P}{c^{3/2}} \quad (\text{Antis 等}) \tag{1.4}$$

$$K_i = 0.16H\sqrt{a}\left(\frac{c}{a}\right)^{-3/2} \quad (\text{Evans 和 Charles}) \tag{1.5}$$

$$K_i = 0.0309\left(\frac{E}{H}\right)^{0.4}\left(\frac{P}{c^{3/2}}\right) \quad (\text{Niihara 等}) \tag{1.6}$$

式中:E 为弹性模量;H 为硬度;P 为压力载荷。

Niihara 等[21]根据 Palmqivst 裂缝($c/a < 2.5$)得到以下方程关系:

$$K_i = 0.0123E^{0.4}H^{0.1}\left(\frac{P}{l}\right)^{1/2} \tag{1.7}$$

1.6 摩擦性能

本节中,摩擦磨损是指在相对运动中两个表面间的摩擦引起的涂层失效;冲蚀磨损是指由以一定速度运动粒子冲击引起的涂层失效;磨料磨损则是指硬颗粒滑过相对较软的涂层表面时造成的材料损耗。这里的摩擦磨损主要有单向摩擦和往复摩擦两种形式;对气蚀和液态金属引起的冲蚀暂不做讨论;而磨料磨损尽管会考虑高应力磨料磨损和低应力磨料磨损,但这里主要指由橡胶轮磨损试验进行估算的三体磨损。

1.6.1 摩擦磨损

摩擦磨损中最重要的两个决定参数为压力和摩擦速度。二者对 $Cr_3C_2 - 25$(Ni20Cr)涂层摩擦系数的影响如图 1.13[22]所示。摩擦系数随外加压力的增加而增大。Greenwood 和 Williamson[23]认为,接触面与正常压力成正比。根据传统附着理论,摩擦力为

$$F = \tau_a A_r, \quad \frac{F}{(L)} = \frac{\tau_a A_r}{(L)} = \mu_a \tag{1.8}$$

式中:τ_a 为滑动过程中的剪切强度;(L) 为实际载荷;μ_a 为黏滞摩擦系数。

球形压头和均匀空间的弹性常数以及常数 A_r 的关系为

$$A_r = \pi\left(\frac{3(L)R}{4E}\right)^{\frac{2}{3}} \tag{1.9}$$

$$\mu_a = \pi\tau\left(\frac{3R}{4E}\right)^{\frac{2}{3}}L^{-\frac{1}{3}} \tag{1.10}$$

式中:μ_a 为摩擦系数;τ 为摩擦时的平均剪切强度;L 为外加载荷;E 为有效弹性系数;R 为有效圆角半径。

这样,摩擦系数与外加载荷的立方根成反比,这与图 1.13 中的观察结果不符。如果摩擦主要来自这种附着力,则摩擦系数应随外加载荷减小。因此,以上

11

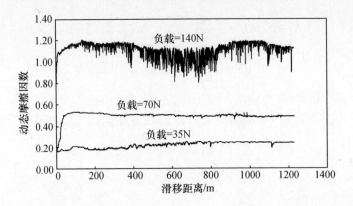

图 1.13　载荷对 $Cr_3C_2 - 25(Ni20Cr)$ 涂层摩擦系数的影响[22]

观察到的摩擦系数并不受摩擦部件的影响。

　　然而,最初摩擦系数随摩擦速度增加而增大,随后却不再受速度影响。这些现象与常态不符,用等式表达为[24]

$$\mu = K_1 - K_2 Ln(v) \tag{1.11}$$

　　设摩擦系数为 μ,摩擦速度为 v, K_1 和 K_2 为常量,出现这种前后的差异是因为摩擦速度的变化幅度较小,如果变化幅度足够大,则会出现一定的相关性。

　　纳米热喷涂涂层以良好的抗摩擦耐磨损性能著称,Zhao 等[25] 使用大气等离子喷涂法在 1Cr18Ni9Ti 不锈钢基材上分别进行常规和纳米结构 WC – 12% Co 涂层沉积。测量两种涂层的硬度,并比较它们在室温和 673K 的高温下对 Si_3N_4 的抗摩擦和磨损性能。结果发现,WC – 12% Co 涂层以 WC 为主相,W_2C、WC_{1-x} 以及 W_3Co_3C 为次生相。与常规 WC – 12% Co 涂层相比,等离子喷涂纳米 WC – 12% Co 涂层的硬度更高,微结构更精细。这在很大程度上解释了纳米结构 WC – 12% Co 涂层的耐磨性缘何会优于常规涂层。除此之外,尽管在相同摩擦条件下,纳米结构 WC – 12% Co 涂层的摩擦系数略小于常规涂层,但区别不大,如图 1.14 所示。而且,随着温度不断升高,无论是常规还是纳米结构 WC – 12% Co 涂层磨损率都逐渐增大,但在耐磨性方面,纳米涂层对温升不如常规涂层敏感。纳米 WC – 12% Co 涂层在 673K 温度下的磨损率仅为 1.01×10^{-7} mm/nm,特别是对一些工作在环境较恶劣的部件,如高温和腐蚀性环境下。Roy 等[26] 曾对分别含有纳米晶粒和微晶粒的两种超声速火焰喷涂 $Cr_3C_2 - 25(Ni20Cr)$ 涂层的摩擦性能进行过研究,其结果如图 1.15 所示。研究发现,含纳米晶粒的涂层摩擦系数低于微晶粒涂层。Zhu 和 Ding[27] 对 WC – Co 涂层的研究也曾得到过类似的结果。

　　热喷涂涂层被广泛应用于各种工程部件以提高其磨损性能。Roy 和 Sundararajan[12] 利用爆炸喷涂在软钢表面进行 WC – 12 % Co 沉积,发现该涂层

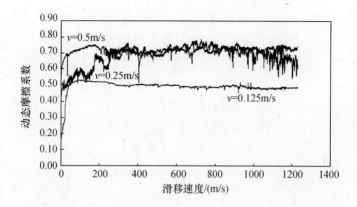

图 1.14　滑动速度对超音速火焰喷涂 $Cr_3C_2 - 25(Ni20Cr)$ 涂层摩擦系数的影响[22]

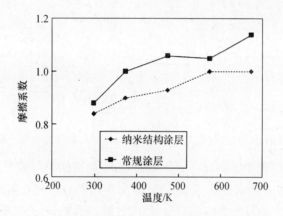

图 1.15　温度对含有纳米晶粒和微晶粒的两种超声速
火焰喷涂 WC - 12% Co 涂层摩擦系数的影响[25]

可使其耐磨性提高 200 倍,如图 1.16 所示。Rodriguez 等[28] 研究了外加负载对 NiCrBSi 合金磨损率的影响,如图 1.17 所示,负载对磨损率有显著影响,但却无法确定具体影响趋势。另一个应用于摩擦的重要热喷涂涂层是 $Cr_3C_2 - 25$ (Ni20Cr)。Mohanty 等[13] 的研究表明,这种涂层的磨损率由层片、孔隙度及第二相的形态和分布决定。与式(1.9)相同,其摩擦系数随摩擦速度增加而减小。然而,其磨损率起初随速度增加而下降,而随后又随速度增加而增加。该现象可被解释为,在低速摩擦时,其磨损机制是轻微氧化磨损,此时的磨损率为[24, 29]

$$W = \frac{FC^2 A_0}{v Z_c H_0} \exp\left(-\frac{Q}{R T_f} \right) \tag{1.12}$$

式中:A_0 为阿仑尼乌斯常数;Q 为氧化活化能;F 为实际压力载荷;H_0 为氧化层的硬度;Z_c 为临界脱落厚度;T_f 为凹凸接触处的温度;v 为滑动速度;C 为氧化层常数;R 为气体摩尔常数。

由式(1.12)可知,速度增大,W 会减小,因此磨损率会降低。当滑动速度增大,氧化磨损将会更严重。该状态下磨损率关系如下[24,29]:

$$W = \frac{f_{m}\alpha\mu F}{L_{ox}} - \frac{f_{m}K_{ox}(T_{m}^{ox} - T_{b})F^{1/2}N^{1/2}A_{n}^{1/2}}{L_{ox}\beta v r_{0}H_{0}^{1/2}} \qquad (1.13)$$

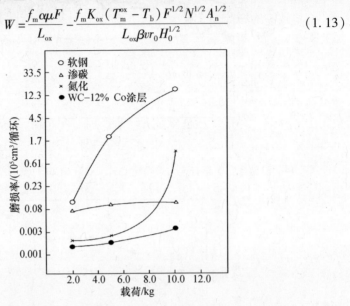

图 1.16 软钢、渗碳、氮化以及 WC – 12% Co 涂层对载荷磨损率关系的影响[12]

式中:f_m 为滑动过程中熔融材料的体积分数;r_0 为接触面积的半径;L_{ox} 为每单位融化氧化层潜热;β 为热能无量纲参数;N 为凹凸数;H_0 为氧化层的硬度;T_m^{ox} 为氧化层熔化温度;α 为产生热能的分量;μ 为摩擦系数;F 为实际载荷;v 为滑动速度;T_b 为材料原温度。

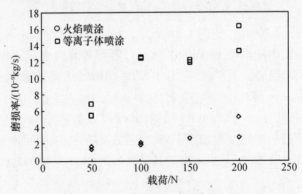

图 1.17 火焰喷涂和等离子体喷涂对载荷与磨损率关系的影响[28]

由式(1.13)可知,当滑动速度增加,W 减小,磨损率增加。

研究显示,WC – Co 涂层的磨损性能在热处理中大大提高。Lenling 等[30]的研究表明,热处理会增大 WC 基底涂层的残余压应力。但 Stewart 等[32]的研究显示所有温度的热处理都会降低涂层的残余应力。热喷涂涂层的残余应力不断增加会导致涂层剥落而发生破坏。总的来说,残余应力是热喷涂涂层,特别是较厚涂层面临的主要问题之一。Khameneh Asl 等[33,34]还发现,WC – Co 涂层的摩擦性能遇热处理呈下降趋势。Guilemany 等[35]指出,热处理会提高 $Cr_3C_2 – 25$(Ni20Cr)涂层的耐磨损性能[35]。一般来说,热处理会增加磨损率。然而,在惰性气体中,温度达 1033K 的热处理持续 1h,磨损率也会大大提高,这是由于Ni20Cr 基质中沉积的 Cr_3C_2 所致。在热处理过程中,空气的氧化作用使铬与氧结合形成 Cr_2O_3。然而在惰性气体中,这种情况微乎其微,因而涂层表现出极佳的耐磨性能。Stoica 等[36]通过在氩气环境下进行 1473K 的热处理,有效提升了用超声速火焰喷涂(JP 5000)所沉积的 WC – NiCrBSi 涂层的效果。在不同的摩擦条件下,对涂层热处理前后的相对性能进行磨损研究,结果表明,当热处理的温度为 1473K 时,无论是涂层自身还是整体的耐磨性都不断提高。这是因为热处理过程中涂层微观结构所发生改善,它通过形成硬质相、去除易碎的 W_2C 和W,以及在涂层的微观结构里建立冶金结合,进而提高涂层的力学性能。

除热处理外,涂层后处理也能改变磨损性能。Stoica 等[37]指出的热等静压就是一个提高磨损率的方法。在不同磨损条件下,对热等静压前后,即处理改良前后 WC – NiCrBSi 涂层的相对性能进行研究。涂层是利用超声速火焰喷涂JP 5000 技术沉积制得,进行热等静压处理时无任何密封,温度为 1123K 和1473K。结果表明,涂层后处理,特别是在 1473K 的高温情况下,使涂层的微观结构发生了重大变化。因而使涂层的力学性能得到改善,并使热等静压后的涂层具有较高的耐磨性。他们进一步研究了热等静压对 WC – Co 涂层的效果[38]。通过超声速火焰喷涂技术在 SUJ – 2 轴承钢基材上沉积 WC – 12Co 涂层,然后封装并在 1123K 温度下进行热等静压 1h。热等静压是通过改善热喷涂涂层的微观结构特征,包括降低孔隙率、加大层片间结合强度、提高涂层物理性能等,进而提高金属陶瓷涂层的耐磨性。因此,涂层经后处理后其耐磨性约为之前的 2 倍,如图 1.18 所示。热等静压处理,去除了次相 W_2C 和金属钨,通过碳化物再结晶改变非结晶黏结相,使得碳化物沉积并在组成涂层的薄片表面间形成冶金结合,从而增加涂层的模量。原始涂层的磨损机理,就是大量材质的损耗,主要是细小裂纹、涂层碎裂、剥落及材质转移。热等静压后的涂层的磨损机理是胶黏剂挤出、碳化物颗粒流失、一定程度磨损、塑性形变和材料的转移。同样,Mateos等[39]发现通过激光上釉也可以提高等离子体喷涂 $Cr_3C_2 – 25$(Ni20Cr)涂层的磨损率。激光上釉使涂层材质更均匀、无气孔、硬度高、附着力强,从而磨损率升高。

Bolelli 等[40]曾通过高速悬浮火焰喷涂(HVSFS)技术用纳米粉悬浮液制备

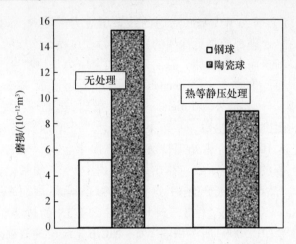

图 1.18　热等静压处理对超声速火焰喷涂 WC – Co 涂层磨损的影响[38]

Al_2O_3 涂层,对其结构特征、微观特征、力学性能和摩擦特性进行研究,并将其与利用大气等离子喷涂及高速富氧喷涂技术把普通市售原料制成的常规 Al_2O_3 涂层进行比较。高速悬浮火焰喷涂工艺使纳米粒子熔化较彻底,从而形成细小平滑的模片(厚度范围为 100nm ~ 1μm),且无细纹、无杂质。因此,相比常规涂层具有孔隙度低、气孔小的优点。此外,模片和模片间几乎无裂纹,这就减少了孔隙间的相互通连(电化学阻抗谱测得结果)。这种较强的模片间聚合度有利于提高涂层在室温下的干燥抗磨耐磨性,如图 1.19 所示。

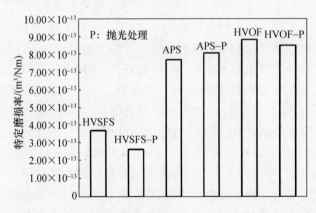

图 1.19　各种喷涂技术以及抛光涂层对 Al_2O_3 涂层的磨损影响[40]

　　所用燃料的类型也影响磨损性能。如图 1.20 所示,Sudaprasert 等[41]指出,随着氧气体燃料转变为氧基液体燃料,WC – 12% 涂层的磨损率增大。使用气体燃料喷涂时,胶黏剂材料完全熔化加之碳化物溶解完全,从而形成一个高合金基体。一经撞击,胶黏剂凝固并生成充分黏结的碳化物和基体相。相反,液体燃料喷涂时,胶黏剂部分熔化产生实心液壳。一经受力,固体芯即损坏,故而耐磨性较差。

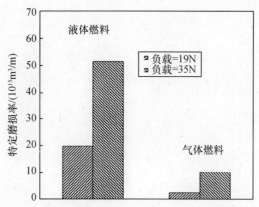

图 1.20　燃料类型对超声速火焰 WC – Co 涂层的磨损比率影响[41]

近来,WC – Co – Cr(钨钴铬)涂层主要用来提高耐磨性和抗腐蚀性[42-45]。钴与铬的结合提高了 WC 粒子的对基体[46]的附着力。Lee 等[45]提出,混合的粗细粉末可以提高力学及摩擦性能。如图 1.21 所示,他们的观察结果表明 70% 的细粉和 30% 粗粉混合时,耐磨性最好。该现象的原因是大量熔化的细粉有效填充了粗粉未完全熔化产生的空隙。

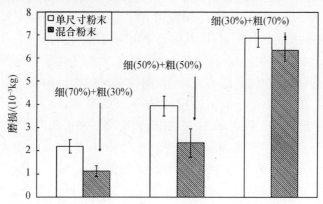

图 1.21　粉末混合方式对火焰喷涂法 WC – 10Co – 4Cr 涂层磨损影响[45]

对磨副对耐磨性能也有显著影响。Ozdemir 等[47]通过大气等离子喷涂将机械合铸而成的 Al – 12Si/TiB$_2$/h – BN 合成粉沉积在铝基板上。观察结果显示,TiB$_2$ 和当即形成的 AlN 及 Al$_2$O$_3$ 加上 h – BN 固体润滑剂,大大提高了涂层耐磨性能。与基板相比,固体润滑剂对减少等离子体喷涂涂层的摩擦系数无显著影响。对磨副是在磨损测试中造成涂层体积损失减少的主要原因。经测量,涂层

17

的体积损耗与 Al_2O_3 球磨损相比,用 100Cr6 球磨损时涂层的体积损耗高出约 2 倍。如图 1.22 所示。

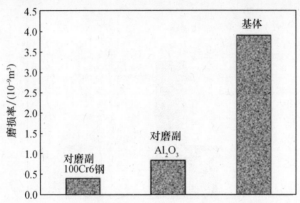

图 1.22　$Al - 12Si/TiB_2/h - BN$ 复合涂层磨损率[47]

1.6.2　冲蚀磨损

热喷涂涂层也广泛应用于抵挡冲蚀磨损。在探究最具抗蚀性的热喷涂涂层方面,Hawthorne 等[48]做了最重要的研究。他们分别研究了正常情况下和斜冲击情况下 10 种不同的高速富氧火焰喷涂涂层的性能,研究结果如图 1.23 所示。冲蚀试验中大小为 $50\mu m$ 的石英颗粒以 $84m/s$ 的速度进行冲击。可以看出,WC - Co 涂层的抗冲蚀性能最佳,其主要是由于切削、薄片脱落以及偶尔的碳颗粒流失而发生材料损失。Levy 和 Wang[49]指出,在对等离子喷涂 WC - Co 涂层进行冲蚀时,其脆性冲蚀反应表现为,在斜冲击时的冲蚀率低于垂直冲击。而 Barbezat 等[50]的观察表明采用冷喷涂法可以提高 WC - Co 涂层的耐蚀性。Wood 等[51]指出,对于 WC - Co 涂层,在低速情况下冲击角度不影响冲蚀率,而在高速情况下则会影响。Karimi 等[46]指出,在 Cr 中加入 Co 将提高 WC 粒子对基质的附着力从而提高涂层的抗冲蚀性能。根据 Kim 等[52]的研究,等离子喷涂 WC - Co 涂层的冲蚀率随结合强度的增加而下降。Roy 等[53]已证实,在垂直冲击时,爆炸喷涂 WC - Co 涂层的抗冲蚀性能优于等离子喷涂和超声速火焰喷涂,而在斜冲击情况下,两者性能相当。

Hearley 等[54]在研究中指出了冲蚀条件对抗冲蚀性能的影响。图 1.24 所示为冲击角度对超声速火焰喷涂 NiAl 涂层冲蚀率的影响。冲蚀率在垂直冲击时达到最大值,这是典型的脆性冲蚀反应。然而,冲蚀损伤形貌却表现为塑性材料的损伤机理。材质流失是由表面形变而不是断裂造成的。这看似矛盾的现象其实是由冲蚀的性质、大小和形状导致的。他们还验证了冲击速度对超声速火

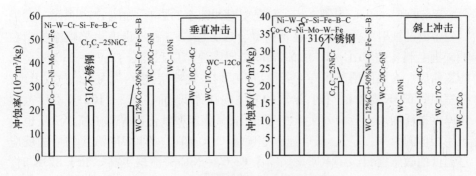

图 1.23　不同热喷涂涂层的冲蚀率[48]

焰喷涂 NiAl 涂层侵蚀响应的影响。图 1.25 中的结果表明冲蚀率随冲击速度增加而提高。该现象中冲蚀率和冲击速度的关系为

$$E \propto V^{3.2} r^{3.7} \rho^{1.3} H^{-1.25} \tag{1.14}$$

式中：V 为冲击速度；r 为冲蚀粒子半径；ρ、H 分别为靶材的密度和硬度。

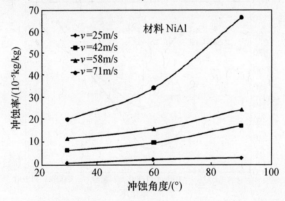

图 1.24　冲击角度对超音速火焰喷涂 NiAl 涂层冲蚀率的影响[54]

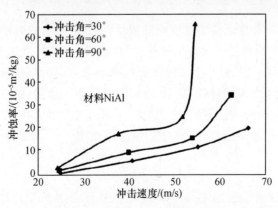

图 1.25　冲击速度对超声速火焰喷涂 NiAl 涂层冲蚀率的影响[54]

19

Wang 和 Verstak[55]研究了试验温度对冲蚀率的影响,如图 1.26 所示。冲蚀试验中的冲蚀对象是使用自蔓延高温合成方法[56,57]和超声速火焰喷涂技术在低碳钢上制备的 $Cr_3C_2/TiC - NiCrMo$ 金属陶瓷涂层和混合 $Cr_3C_2 - NiCrSi$ 金属陶瓷涂层。涂层使用苏尔寿 – 美科钻石喷射系统喷涂,燃料为丙烷。试验发现,在室温到 673K 温度范围内,涂层的厚度损耗降低,而在 673～1023K 温度范围内厚度损耗增加。有部分文献[58]已指出,氧化铝和氧化锆等离子喷涂涂层也出现了相似的结果。显然,超声速火焰喷涂 $Cr_3C_2/TiC - NiCrMo$ 涂层的冲蚀反应对温度的敏感度相比超声速火焰喷涂 $Cr_3C_2 - NiCrSi$ 涂层更高。低于 873K 时,超声速火焰喷涂 $Cr_3C_2/TiC - NiCrMo$ 涂层的厚度损耗低于 $Cr_3C_2 - NiCrSi$ 涂层。随着温度的升高,前者厚度损耗的速度比后者快。超过 873K 后,超声速火焰喷涂 $Cr_3C_2/TiC - NiCrMo$ 涂层的冲蚀损耗高于 $Cr_3C_2 - NiCrSi$ 涂层。超声速火焰喷涂 $Cr_3C_2/TiC - NiCrMo$ 涂层对温度的灵敏度可能与 TiC 的氧化有关。因此,超声速火焰喷涂 $Cr_3C_2/TiC - NiCrMo$ 涂层不适用于这样的高温下。

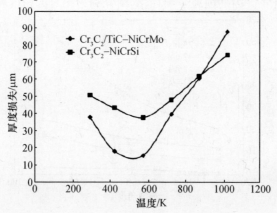

图 1.26　温度对超音速火焰喷涂 TiC – NiCrMo 涂层冲蚀率的影响[55]

Hawthorne 等[48]也证实了硬度对热喷涂涂层冲蚀率的影响。如图 1.27 所示,虽然硬度和冲蚀率之间无直接相关,但在正常冲击时,冲蚀率随硬度增大而表现出下降的趋势。涂层层片结构决定热喷涂涂层的力学性能。Li 等[59]测量了垂直冲击情况下等离子喷涂 Al_2O_3 涂层的冲蚀率。他们计算出一个微观结构参数,即层片和层片厚度(层数)的平均结合率。图 1.28 的结果清楚地表明,抗冲蚀性能与平均结合率成反比。它们之间的关系为

$$\frac{1}{E} = \frac{2\gamma_c \alpha}{E_{eff}\delta} \tag{1.15}$$

式中:γ_c 为层片的有效表面能;α 为层片间的结合率;δ 为层片厚度;$1/E$ 为抗冲蚀性能;E_{eff} 为用于击裂结合层间界面单位面积冲击粒子的动能比。

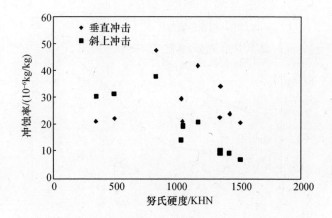

图 1.27　努氏硬度对热喷涂金属陶瓷涂层的冲蚀率的影响[48]

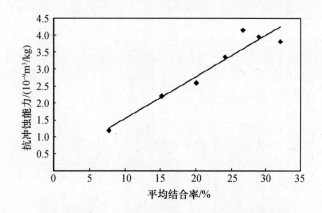

图 1.28　黏合比和薄片厚度对抗磨损性能的影响[59]

　　涂层后处理也能改变涂层的冲蚀性能。Tsai 等[60]研究了激光上釉对等离子喷涂涂层耐蚀性的改善情况。试验在室温下进行,用 $50\mu m$ 的石英以 $50m/s$ 的速度进行冲击。结果发现,等离子喷涂加激光上釉的热喷涂隔离涂层的冲蚀率随着冲蚀角增大而增加。当冲蚀角为 $30° \sim 75°$ 时,等离子喷涂涂层的耐蚀性因激光上釉提高了 $1.5 \sim 3$ 倍,而冲蚀角达到 $90°$ 时,抗冲蚀性能未见显著增加,如图 1.29 所示。冲蚀损伤形貌表明,等离子喷涂热障涂层被冲蚀的是凸起的部分和喷涂层片。而激光上釉的热喷涂隔离涂层被冲蚀的是剥落的釉层,即在激光釉层和等离子喷涂层片间出现了剥落。同样,涂层材料的性质也能反映冲蚀性能。图 1.30 所示为 Kulu 等[61]的研究,其结果表明,WCCoCr 涂层的冲蚀率远远不及稀释的 NiCrSiB 涂层。

　　Uusitalo 等[62]采用燃烧器高温冲蚀装置,对热喷涂涂层、扩散涂层和锅炉钢做了一系列的热冲蚀(E - C)试验。超声速火焰喷涂涂层、扩散涂层和镍基高铬

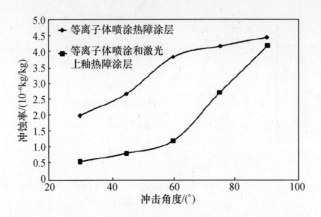

图 1.29 等离子喷涂隔离涂层以及激光上釉对冲蚀条件下的性能影响[60]

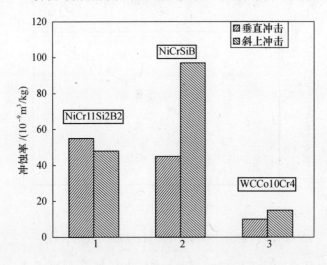

图 1.30 WCCo10Cr4 涂层和 NiCr11Si2B2 涂层的抗腐蚀性比较[61]

高速火焰喷涂涂层的碳化物性能良好。Wang 和 Lee [63] 在 A1S1 1018 低碳钢和 4 块进行过热喷涂的低碳钢试样进行了一系列的高温冲蚀试验,试验使用喷管型高温冲蚀测试器。这 4 个热喷涂涂层为:高速氧燃料火焰喷涂 $75Cr_3C_2$ - 20NiCr 金属陶瓷涂层、高速火焰喷涂 Cr_3C_2 陶瓷涂层、低速火焰喷涂 Cr_3C_2 陶瓷涂层和电弧喷涂 Fe - CrSiB 陶瓷涂层。超声速火焰喷涂 Cr_3C_2 涂层试样的冲蚀质量损失最少,这是由它自身的成分和形态决定的,即线性构造和相比其他涂层较小的层片尺寸。Guilemany 等[64]借助高速氧燃料喷涂法成功地喷涂了近似化学配比的 Fe40Al。冲蚀试验证明,即使撞击角达 90°,铝化铁仍具有较好的柔韧性。

与摩擦磨损不同的是,有关固体粒子对纳米复合涂层冲蚀的研究少之又少。仅有 Dent 等[65]的研究表明,比起常规涂层,纳米复合涂层的抗冲蚀性能较差。

然而,对于纳米结构涂层,耐蚀性随着 Co 结合相的减少而增强。

1.6.3　磨料磨损

除 WC – Co 外,用来防止磨损最重要的热喷涂涂层就是 Al_2O_3、TiO_2、Cr_2O_{3i} 等[66,67]。Liu 等[68]认为,根据经验,热喷涂涂层的耐磨损性应该与硬度和压痕韧性相关,其关系式如下:

$$WR_{abrasion} = C\frac{H^{1/2}K^{2/3}}{1+nP} \tag{1.16}$$

式中:H 为硬度;K 为压痕韧性;P 为孔隙度;n 为待试验确定的参数;C 为常数。

图 1.31 所示为 Habib 等[69]关于硬度对耐磨损性影响研究的结果。可以看出,涂层的耐磨损性直接受硬度影响,而受韧性和孔隙度影响不大。Kim 等[52]的研究表明,磨损率随结合强度增加而降低。Barbezat 等[50]曾进行了系统研究,其结果表明,在三体磨损情况下,WC – 12% Co 涂层的磨损率低于 WC – 17% Co 涂层。用持续爆炸喷涂法制备的 WC – 12% Co 涂层耐磨性最高,而用循环爆炸喷涂法制备的 WC – 17% Co 涂层耐磨性最高。需要指出的是,当通过真空等离子喷涂法制备时,这两种涂层的耐磨性均为最小。该现象可解释为是由涂层层片间的结合强度决定的。Nerz 等[70]证明,一旦热处理超过再结晶温度,高能等离子喷涂或超声速火焰喷涂 WC – Co 涂层的耐磨损性就增加,原因是此时形成了各种坚硬的碳化物。

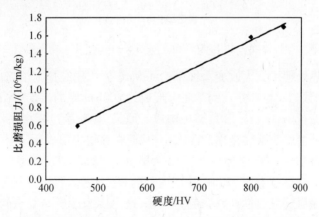

图 1.31　硬度对火焰喷射沉积 Al_2O_3/TiO_2 的陶瓷层耐磨性的影响[69]

Lee 和 Gurland[71]运用定量金相学,将硬质相均匀分布在软相中,并提出以下公式来估算粒子的尺寸、硬质相的接触量以及黏合平均自由程:

$$d_{WC} = \frac{2V_{WC}}{2N_{\alpha\alpha} + 2N_{\alpha\beta}} \tag{1.17}$$

$$C_g = \frac{2N_{\alpha\alpha}}{2N_{\alpha\alpha} + N_{\alpha\beta}} \tag{1.18}$$

$$\lambda = \frac{d_{WC}(1 - V_{WC})}{V_{WC}(1 - C)} \tag{1.19}$$

式中：d_{WC} 为碳化钨粒子的大小；C_g 为钨的接触量；λ 为黏合平均自由程；V_{WC} 为碳化钨的容积率；$N_{\alpha\alpha}$ 为碳化合金拦截测试线单位长度拦截的平均值；$N_{\alpha\beta}$ 为碳化合金胶黏剂拦截测试线单位长度拦截的平均值。

Kumari 等[72]进行了一项有趣的研究，如图 1.32 所示，他们发现，用 JP 5000 喷枪制备的 WC - 10Co - 4Cr 涂层，其磨损率随着碳化物平均自由程的增大而增加。胶黏剂遭受磨损、碳化物颗粒流失是引起材质损耗的主要原因，而因为磨料与坚硬的碳化物直接接触时平均自由程较小，因此胶黏剂磨损不易发生。

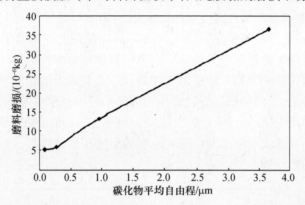

图 1.32　碳化物自由程在 JP 5000 喷枪下对 WC - 10Co - 4Cr 涂层耐磨性的影响[72]

喷涂后热处理可大大改变磨蚀率。Stewart 等[73]用高速火焰喷涂法将 WC - 17%（质量分数）Co 粉喷涂在钢基底上形成约 200μm 厚的涂层。微观结构分析表明涂层由 WC、W_2C 和异形黏结相构成。原来，在喷涂过程中，一些碳化物颗粒发生脱碳并溶解于液体金属胶黏剂中，从而在涂层中形成了一个脆性黏结相。原始涂层表现出不同的拉伸应力。对涂层进行 523 ~ 1373K 温度范围的热处理，结果发现，温度超过 873K 时，涂层内部的相变显著。然而，所有温度的热处理都会改变涂层的完整性和残余应力状态，这是因为涂层和基底间的热膨胀系数不匹配。热处理前后涂层的磨蚀情况说明热处理能改进耐磨损性能。573K 以下的热处理可以使耐磨损性提高 35%。

喷涂原料的成分在很大程度上决定了涂层的耐磨蚀性。Wang 等[74]分别用超声速火焰法喷涂多峰喷粉和常规喷粉，并研究所制备涂层的磨损磨蚀性能。在相同的条件下，分别用多峰 WC - 12Co 喷粉和常规喷粉沉积不同的 WC - 12Co 涂层。在砂尘橡胶轮磨损测试机上进行涂层的磨损磨蚀性能测试。图

1.33 中的结果表明,多峰涂层的耐蚀性优于常规涂层。同时,对于硬铬镀层来说,热喷涂碳基涂层的耐磨性最强。多峰材料中的纳米 WC – Co 成分较易熔化,从而形成一层坚硬的基底,确保粗粉 WC 颗粒附着不脱。反过来,粗粉颗粒形成的坚硬结实表层使其具有良好的耐蚀性。Sudaprasert[41]认为,致密的常规粉末往往导致碳化物在受到冲击发生断裂,而透气性强的多峰喷粉则能缓冲撞击从而表现出较好的耐磨性。Wirojanupatump 等[75]也研究了喷粉原料对 Cr_3C_2 – 25 (Ni20Cr)涂层磨料磨损率的影响。他们通过"米勒热"喷枪法将 3 种原料进行沉积制成涂层,即烧结粉、混合粉和复合粉。烧结粉用熔炉法制成,并通过 NiCr 金属胶黏剂提供 Cr_3C_2;混合粉通过气体雾化 NiCr 合金并熔入 Cr_3C_2 制备;复合粉由 Praxair 公司提供,是通过一连串的热反应和化学反应得到的分布在金属基体内的一层精细碳化物颗粒。使用复合粉原料制备的涂层耐蚀性最好,这是由其硬度决定的,因为在喷涂过程中这些粒子的碳化物留存度高,而发生的反应较少。

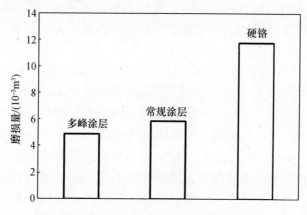

图 1.33　多峰涂层对体积磨损量的影响[74]

　　Gawne 等[67]研究了对涂层磨粒磨损性能增强因素的影响。将玻璃和氧化铝粉末掺拌制成圆球状颗粒混合粉,用等离子喷涂法将其制成铝玻复合涂层。该涂层的独特优势在于,有一层熔化后、与表面平行的陶瓷次相,且结构与层片相似。氧化铝的硬度从纯玻璃涂层的 300HV 提高到 60%(质量分数)铝玻复合涂层的 900HV。因此,抗划性提高 3 倍,耐蚀性提高 5 倍。使用不同量加强氧化铝引起耐磨性发生相应变化,如图 1.34 所示。该变化遵循 Zum Ghar 和 El-dis[76]提出的如下公式:

$$\frac{1}{W} \propto \frac{d^{3/2}v}{\lambda} \tag{1.20}$$

式中:W 为耐磨性;d 为强化粒子的平均直径;v 为强化粒子的容积率;λ 为基体中粒子的平均自由程。

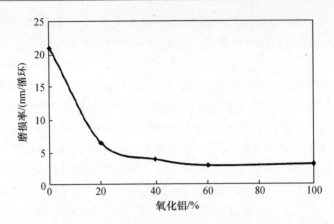

图 1.34　增大氧化铝体积分数对等离子喷涂氧化铝玻璃复合涂层的影响[67]

耐蚀性随强化粒子容积率的增大而增强。当氧化铝容积率为 40% ~ 50%（体积分数）时，耐蚀性最强，超过这个范围时，提高不明显。玻璃的磨蚀是在裂缝形成和交叉时造成的，氧化铝受细小颗粒研磨磨蚀，但却可以承受大多数的滑动负载。

Thakare 等[77]将爆炸喷涂 WCCoCr 样本置于碱性溶液中，样本在不同划擦距离下的微磨蚀情况表示，磨蚀随滑动距离增大而增加，即负协同效应。在胶黏剂与碳化物之间有 W_2C 合成物的地方就会出现侵蚀。碳化物边缘的局部损伤是由于碳化物颗粒发生脱碳的表面容易受到侵蚀，它会继续向碳化物颗粒中心漫延，而不会进入黏结相。对 WC – Co – Cr 样本进行阳极处理后，负协同效应趋弱。进行该处理时并未重复做对直接接触的样本所做的磨损侵蚀工序，结果发现腐蚀磨损的具体磨损率和腐蚀电位间存在非线性关系，这与表面的细微变化有关，如在暴露过程中形成的钝化膜，而在阳极处理过程中则不会发生这样的变化。尽管机械性磨损量决定腐蚀磨损过程，但依然存在负协同效应，这是由仅占材质损耗 1/500 的冲蚀造成的。

在磨蚀磨损应用中，各种纳米复合 WC – Co 涂层也受到了关注。然而，不同于摩擦磨损的是，纳米复合涂层的耐磨性较差[78]，这主要是因为具有耐磨特性的 WC 颗粒的脱碳和非晶相的形成。Dent 等[65]也指出了类似的现象，尽管他们发现耐磨性随 Co 胶黏剂含量的降低而增强，如图 1.35 所示。研究[79]还发现虽然纳米复合材料涂层对磨料大小反应敏感，但它们的磨损率优于微晶涂层，如图 1.36 所示。该研究中，纳米晶体合成（Ti，Mo）（C，N）– 45%（体积分数）NiCo 涂层，由真空等离子喷涂法喷涂高能研磨粉制备，将其与相同成分的微晶体涂层进行比较以研究其磨蚀磨损性能。研究中运用二体磨蚀磨损试验分别在纳米晶体和微晶涂层表面制造磨痕，结果发现纳米晶涂层的耐磨性更强。纳米晶体和微晶涂层的磨损和承受机理明显不同。

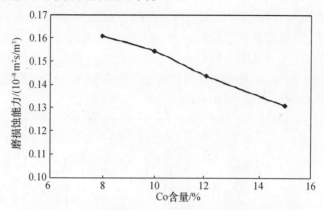

图 1. 35　Co 对热喷涂 WC – Co 涂层的耐磨性的影响[65]

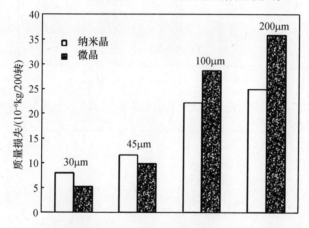

图 1. 36　纳米晶和微晶对等离子喷涂(Ti,Mo)(C,N) – 45%
(体积分数)NiCo 涂层耐磨性的影响[79]

　　Kim 等[80]研究了后喷涂热处理法对提高 WC – Co 纳米复合涂层耐磨性能的潜在作用。873K 的涂层热处理,通过提高涂层的微硬度,可将其耐磨性提高45% ,如图 1. 37 所示。微观结构研究表明,热处理促进了层片内更多碳化物相的形成。正是这增加的碳化物容积率大大提高了涂层的性能。然而,若热处理温度较高,如高于 1073K,则会减少 WC 和 W₂C 相的容积率,从而降低涂层的微硬度和耐磨性。Jordan 等[81]和 Gell 等[82]还发现,在喷粉中加入纳米氧化物粉末,并进行温度为 1073 ~ 1473K 的热处理,可提高纳米氧化铝二氧化钛涂层的耐磨性。

　　纳米复合涂层的摩擦学应用近年来非常普遍。如果在碳化物粉末上涂覆钴,就能提高纳米复合 WC – Co 涂层的力学性能和摩擦学性能。在 Baik 等[83]

的一项研究中,将经喷雾干燥、具有较好透气性的 WC - Co 纳米复合粉末进行保护性 Co 表层覆盖,再用超声速火焰法将其喷涂在基材上制成涂层。相比于喷雾干燥的粉末,覆钴粉使涂层层片较大、WC 的分解程度较低,且保留在涂层中的碳含量较高,这主要是因为粉末熔化不足引起的。覆钴粉制得的涂层硬度和耐磨性都得到了提高,这是由于涂层中留存了更多的 WC,从而降低了影响涂层耐磨性的非 WC 相的含量,如图 1.38 所示。

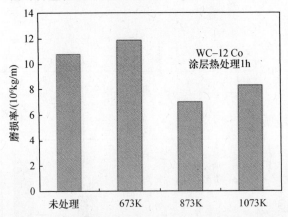

图 1.37　涂层热处理对超声速火焰喷涂 WC - 12% 涂层磨损性影响[80]

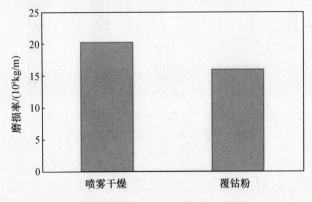

图 1.38　喷雾干燥法和覆钴粉法对超音速火焰喷涂 WC - Co 纳米晶粉磨损的影响[83]

1.7　热喷涂涂层的应用

图 1.39 所示为 WC - Co 涂层在航空发动机中的应用。该图展示了飞机发动机三级叶盘的内涂层,这些涂层大大提高了发动机的寿命。当然,WC - Co 涂层还用于很多地方,目的是防止部件由于摩擦而受损。同样,图 1.40(a) 和图 1.40(b) 分别所示为带有热喷涂 WC - Co 涂层的混合器叶轮和经过电弧喷涂不

锈钢涂层的锻造提升盖中央的锥形部分。

图 1.39　WC – Co 涂层应用于飞机发动机三级叶盘

| (a) | (b) |

图 1.40　热喷涂技术的应用

（a）WC – Co 涂覆在混合器叶轮上；（b）电弧喷涂不锈钢涂层喷涂起重机锥形部分。

　　战斗机的喷气发动机都装有风扇和压缩机。风扇和压缩机叶片的振动皆由中跨阻尼器控制，在这个过程中阻尼器极易发生磨损。在其表面进行超声速火焰喷涂 WC – Co 涂层可以提高其寿命[84]。美国海军将超声速火焰喷涂的 WC-CoCr 涂层用在战斗机起落架上，此外，这种涂层还用在海上闸阀上[85]。

　　热喷涂 WC – Co 涂层广泛应用于钢铁业的一些地方。许多连续铸造模具上都覆有 WC – Co 涂层，模具顶部的 WC – Co 涂层很薄，它可以承受钢液弯月面区很高的热应力。底部的涂层较厚，它能够承受较高的钢水静压力，避免了涂层的开裂和剥落[86]。

　　Briddle 辊用来控制带钢在穿过连续的酸洗、磨炼、镀锌工艺线时所产生的张力。传统使用的这些辊子表面镀有一层 Cr，而它正逐渐被具有超强耐磨性的超声速火焰喷涂 WC – Co 涂层所替代[87]。同样，爆炸喷涂 WC – Co 涂层也正在替代镀 Cr 被应用于转向辊[88]。

与铁和钴合金相比,热喷涂 WC(10% ~15%) – Co 涂层具有优越的耐液态金属冲蚀性能,用于电镀器件上[89-91]。然而,这种情况下,该涂层能否实现并提高熔解锌中 Co 的耐蚀性,取决于 WC 和 Co 相之间的反应。

Murakawa 和 Watanabe[92]研究表明,经过等离子喷涂 WC – Co 的涂层、真空熔结和热等静压处理,不仅可以提高拉伸模的寿命和产量,还能改进其产品的表面粗糙度。Picas 等[93]已证实,热喷涂 CRC – NiCr 可以替代硬铬,作为汽车发动机活塞和阀门的表面涂层。

氧化物陶瓷在高温、熔融金属环境中具有熔点高、硬度大、耐磨性强和化学性能稳定的优点[94, 95]。许多氧化物,特别是氧化铝和氧化钇稳定氧化锆,不受锌液浸润,因此特别耐腐蚀。这些特性使得许多氧化物基涂层特别适用于高温、高铝含量和镀铝锌浴,因为在这些情况下,常见的 WC – Co 基涂层无法有效抵御金属溶液的冲蚀[96]。

钢铁在模具中凝固时,需由一组挡辊支撑以确保它沿垂直方向向水平铸漏床流出并进行切割。铸造过程中会不时地出现中断堵塞,致使辊子必须要经受高温(稳态 500 ~600℃)和热循环[97]。这时辊子内部会产生巨大的应力,这是由凝固钢壳内的钢铁水静压差和钢绞线自身重量引起的[97]。为解决这个问题,模具出口的 4 个面全部由排列紧密的辊子支撑,而下来在铸造线上则只需支撑 2 个面。在冷却水喷雾发生蒸汽氧化时即出现锈蚀,并引发热裂化[97]。氧化钢、铸造渣和矿物沉积都会对辊子表面造成磨损磨蚀,从而使辊子直径减小并超出允许限度[97]。Wang 等[98,99]对爆炸喷涂 Cr_3C_2 – 25NiCr 涂层的性能进行了评估,他们指出,未做涂层处理的辊子在受热 3740 次后表面出现"皲裂",而带有涂层的辊子在受热 12000 次无任何变化[99]。Sanz[97]追踪研究了几种化学硬化 TS 涂层(超声速火焰喷涂料 WC – 17% Co 涂层加覆一层致密的 Cr_2O_3 + SiO_2 + Al_2O_3 混合物氧化层),结果显示,比起全新的焊接覆盖涂层,这些涂层耐磨性强,而磨损率低(焊接成分:Fe、Nb 0.637,Ni 13.78,Mo 1.39,Cr 17.43,Mn 3.58,Si 0.67,C 0.062)[98]。

1.8 未来研究方向

科技需求的永无止境推动着热喷涂涂层技术、材料和结构的日新月异。新时期热喷涂技术发展的方向应该是超硬涂层,应加大力度进一步开发新的复合材料以及功能热喷涂涂层。未来几年,智能热喷涂涂层发展的重点,一是有针对性地解决一些外部因素,如应力和温度等;二是喷涂技术的革新,如热喷涂、混合热喷涂、等离子辅助热喷涂等。

近年来,热喷涂技术的一个重要突破就是冷喷涂工艺。冷喷涂需使用氦气,尽管它成本高昂,但却可以令该技术得以有效发挥。冷喷涂工艺最大的优势在于其对恢复过程的有效改进。喷嘴设计的改进、喷粉质量和喷涂工艺的不断优化还将继续提高涂层的各项性能。然而,迄今为止只有少量的喷涂原料适用于冷喷涂。

热喷涂的另一个重要发展是在近净型部件中的应用。改良移动心轴、改进复杂形状是未来研究的主要方向。预计在不久的将来,在净型易磨部件方面就会出现各种各样的涂层,它们的用途也会日趋广泛。

过去数十年里,人们研制出各种传感器,无论是间接用于热喷涂工艺的,还是能够克服恶劣环境在喷涂时直接操作的[100]。如今,测量运动粒子的轨迹、温度、速度、大小和形状都会用到传感器[101-106]。为了监控在预热、喷涂和冷却阶段基体和涂层的温度变化,常常用到红外摄像机和高温计[107-115]。测量涂层内部不同的应力和喷涂时涂层厚度的变化也会使用不同的传感器[116]。未来的研究将进一步提高其测量的精度。一些新兴技术,如影像图和激光,已经使粒子直径的测量达到了史无前例的精度。传感器的不断发展将实现热喷涂的实时控制,从而进一步提高涂层的质量和可靠性。

至今尚没有关于金属陶瓷涂层不同成分摩擦性能的综合数据库,未来的研究应致力于金属陶瓷涂层的高温耐磨性及其在腐蚀液的抗蚀性等方面的数据生成。

参 考 文 献

[1] Tucker RC Jr (1994) Thermal spray coatings. In: Surface engineering, vol 5, ASM handbook. ASM, Materials Park, OH, p 497.

[2] Kharlamov YA (1987) Mater Sci Eng 93A:1.

[3] Fauchais P, Vardelle A, Dussoubs B (2001) J Therm Spray Technol 10:44.

[4] Pawlowski L (1995) The science and engineering of thermal spray coatings Wiley, Chichester.

[5] Wood RJK (2010) Int J Refract Met Hard Mater 28:82.

[6] Roy M, Pauschitz A, Franek F (2002) In: Proceedings of the 15th international corrosion congress, Grenada, Spain, 22 – 27 Sept 2002.

[7] Roy M, Narkhede BE, Paul SN (1999) In: Prashad H (ed) Tribology in 2000 and beyond. alajyothi, Hyderabad, India, p 205.

[8] Kear BH, Sadangi RK, Jain M, Yao R, Kalman Z, Skandan G, Mayo WE (2000) J Therm Spray Technol 9:399.

[9] Roy M, Pauschitz A, Benardi J, Franek F (2006) J Therm Spray Technol 15(3):372.

[10] He J, Lavernia EJ (2000) Metall Mater Trans 31A:555.

[11] Guilemany JM, Calero JA (1997) In: Berndt CC (ed) A united forum for scientific and technological advances. ASM, Materials Park, OH, p 15.

[12] Roy M, Sundararajan G (1971) In: Proceedings of the 12th international colloquim of tribology, Stuttgart/Ostfilderm, Germany, Jan 2000.

[13] Mohanty M, Smith RW, De Bonte M, Celis JP, Lugscheider E (1996) Wear 198:251.

[14] Marshall BD, Noma T, Evans AG (1982) J Am Ceram Soc 65(10):C175.

[15] Leigh SH, Lin CK, Berndt CC (1995) J Am Ceram Soc 80(8):2093.

[16] Walpole RE, Myers RH (1978) Probability and statistics for engineers and scientists, 2nd edn. Macmillan, New York.

[17] Lin CK, Berndt CC (1995) J Mater Sci 30:111.

[18] Antis GR, Chantikul P, Lawn BR, Marshall DB (1981) J Am Ceram Soc 64:533.

[19] Evans AG, Charles EA (1976) J Am Ceram Soc 59:371.

[20] Niihara K, Morena R, Hassleman DPH (1983) In: Bradt RC, Evans AG, Hassleman DP, Lange FF (eds) Fracture mechanics of ceramics. Plenum, New York, p 97.

[21] Niihara K, Morena R, Hassleman DPH (1982) J Mater Sci Lett 1:13.

[22] Roy M, Pauschitz A, Franek F (2006) Tribol Int 39:29.

[23] Greenwood JA, Williamson JBP (1966) Proc R Soc Lond A 295:300.

[24] Lim SC, Ashby MF (1987) Acta Metall 35:11.

[25] Zhao XQ, Zhou HD, Chen JM (2006) Mater Sci Eng A431:290.

[26] Roy M, Pauschitz A, Franek F (2004) Wear 257:799-811.

[27] Zhu YC, Ding CX (1999) Nanostruct Mater 11:319.

[28] Rodríguez J, Martın A, Fernandez R, Fernández JE (2003) Wear 255:950.

[29] Roy M (2009) Trans Indian Inst Met 62:197.

[30] Lenling WJ, Smith MF, Henfling JA (1990) In: Proceedings of the third thermal spray conference, Long Beach, CA, p 227.

[31] Ito H, Nakamura R, Shiroyama M, Sasaki T (1990) In: Proceedings of the third thermal spray conference, Long Beach, CA, p 223.

[32] Stewart A, Shipway P, Maccartney DG (1998) Surf Coat Technol 105:13.

[33] Khameneh Asl S, Hyderzadeh Sohi M, Hadavi SMM (2004) Mater Sci Forum 465-466:427.

[34] Khameneh Asl S, Hyderzadeh Sohi M, Hokamoto K, Umera M (2006) Wear 260:1203.

[35] Guilemany JM, Miguel JM, Vizcaino S, Lorenzana C, Delgado J, Sanchez J (2002) Surf Coat Technol 157:207.

[36] Stoica V, Ahmed R, Itsukaichi T (2005) Surf Coat Technol 199:7.

[37] Stoica V, Ahmed R, Itsukaichib T, Tobe S (2004) Wear 257:1103.

[38] Stoica V, Ahmed R, Golshan M, Tobe S (2004) J Therm Spray Techn ol 13:93.

[39] Mateos J, Cuetos JM, Vijande R, Farnandez E (2001) Tribol Int 34:345.

[40] Bolelli G, Rauch J, Cannillo V, Killinger A, Lusvarghi L, Gadow R (2009) J Therm Spray Technol 18:35.

[41] Sudaprasert T, Shipway PH, MaCartney DG (2003) Wear 255:7.

[42] Maiti AK, Mukhopadhyah N, Raman R (2007) Surf Coat Technol 201:7781.

[43] Berget J, Rohne T, Bardal E (2007) Surf Coat Technol 201:7619.

[44] Chivavibul P, Watanabe M, Kuroda S, Shinoda K (2007) Surf Coat Technol 202:509.

[45] Lee CW, Han JH, Yoon J, Shin MC, Kwun SI (2010) Surf Coat Technol 204:2223.

［46］Karimi A, Verdon C, Barbezat G (1993) Surf Coat Technol 57：81.

［47］Ozdemir I, Tekmen C, Tsunekawa Y, Grund T (2010) J Therm Spray Technol 19：384.

［48］Hawthorne HM, Arsenault B, Immarigeon JP, Legoux JG, Parameswaran VR (1999) Wear 225 – 229：825.

［49］Levy AV, Wang B (1988) Wear 121：325.

［50］Barbezat B, Nicoll AR, Sicknger A (1993) Wear 162 – 164：529.

［51］Wood RJK, Mellor BG, Binfield ML (1997) Wear 211：70.

［52］Kim HJ, Kweon YG, Chang RW (1994) J Therm Spray Technol 3：169.

［53］Roy M, Narkhede BE, Paul SN (1999) In：Proceedings of the 2nd international conference on industrial tribology, Hyderabad, India, 1 – 4 Dec 1999, p 205.

［54］Hearley JA, Little JA, Sturgeon AJ (1999) Wear 233 – 235：328.

［55］Wang BQ, Verstak A (1999) Wear 233 – 235：342.

［56］Smith RW, Mohanty M, Stessel E, Verstak A, Ohmori A (eds) (1995) Thermal spraying – current status and future trends. In：Proceedings of ITSC'95, High Temperature Society of Japan, Osaka, Japan, p 1121.

［57］Verstak A, Vitiaz P, Lugscheider E (1996) DVS Berichte 175：71, German Welding Society.

［58］Tayor ML, Murphy JG, King HW (1997) In：Proceedings of ASM symposium on tribological mechanism and wear problems in materials, ASM International, Materials Park, OH, p 143.

［59］Li CJ, Yang GJ, Ohmori A (2006) Wear 260：1166.

［60］Tsai PC, Lee JH, Chang C – L (2007) Surf Coat Technol 202：719.

［61］Kulu P, Hussainova I, Veinthal R (2005) Wear 258：488.

［62］Uusitalo MA, Vuoristo PMJ, Mäntyla TA (2002) Wear 252：586.

［63］Wang BQ, Lee SW (1997) Wear 203 – 204：580.

［64］Guilemany JM, Cinca N, Fernández J, Sampath S (2008) J Therm Spray Technol 17：762.

［65］Dent AH, DePalo S, Sampath S (2002) J Therm Spray Technol 11：551.

［66］Abdel – Samad AA, El – Bahloul AAM, Lugscheider E, Rassoul SA (2000) J Mater Sci 35：3127.

［67］Gawne DT, Qui Z, Zhang T, Bao Y, Zhang K (2001) J Therm Spray Technol 10：599.

［68］Liu Y, Fischer T, Dent A (2003) Surf Coat Technol 167：68.

［69］Habib KA, Saura JJ, Ferrer C, Damra M S, Gimenez E, Cabedo L (2006) Surf Coat Technol 201：1436.

［70］Nerz JE, Kushner BA, Jr, Rotolico AJ (1991) In：Proceedings of 4th national thermal spraying conference, Pittsburg, PA, 4 – 10 May 1991.

［71］Lee HC, Gurland J (1978) Mater Sci Eng 33：125.

［72］Kumari K, Anand K, Bellaci M, Giannozzi M (2010) Wear 268：1309.

［73］Stewart DA, Shipway PH, McCartney DG (1998) Surf Coat Technol 105：13.

［74］Wang Q, Chen ZH, Ding ZX (2009) Tribol Int 42：1046.

［75］Wirojanupatump S, Shipway PH, McCartney DG (2001) Wear 249：829.

［76］Zum Ghar KH, Eldis GT (1980) Wear 64：175.

［77］Thakare MR, Wharton JA, Wood RJK, Menger C (2008) Tribol Int 41：629.

［78］Stewart DA, Shipway PH, McCartney DG (1999) Wear 225 – 229：789.

［79］Qi X, Eigen N, Aust E, Gartner F, Klassen T, Bormann R (2006) Surf Coat Technol 200：5037.

［80］Kim JH, Baik KH, Seong BG, Hwang SY (2007) Mater Sci Eng A449 – 551：876.

[81] Jordan EH, Gell M, Sohn YH, Goberman D, Shaw L, Jiang S, Wang M, Xiao TD, Wang Y, Strutt P (2001) Mater Sci Eng A301:80.

[82] Gell M, Jordan EH, Sohn YH, Goberman D, Shaw L, Xiao TD (2001) Surf Coat Technol 146 – 147:48.

[83] Baik KH, Kim JH, Seong BG (2007) Mater Sci Eng A449 – 551:846.

[84] McGrann RTR, Shanley JR (1997) In: Berndt CC (ed) Thermal spray: a united forum for scientific and technological advances. ASM International, Materials Park, OH, p 341.

[85] Wheeler DW, Wood RJK (2005) Wear 258:526.

[86] Lavin P (1998) Coating of continuous casting machine components. International Patent, Publication Number WO 98/21379. Monitor Coating and Engineering Limited.

[87] Sato Y, Midorikawa S, Iwashita Y, Yokogawa A, Takano T (1993) Service life extension technique for cold rolling rolls. Kawasaki Steel Technical Report No. 29, p 74.

[88] Kasai S, Sato Y, Yanagisawa A, Ichihara A, Onishi H (1987) Development of surface treatment techniques for process rolls in steelworks. Report No. 17, p 81.

[89] Ren X, Mei X, She J, Ma J (2007) Materials resistance to liquid zinc corrosion of surface of sink roll. In: Proceedings of Sino – Swedish structural materials symposium 2007, p 125.

[90] Sawa M, Oohori J (1995) In: Ohmri A (ed) Thermal spraying: current status and future tends. Proceedings of 14th international thermal spray conference, Kobe, Japan, 22 – 26 May 1995. High Temperature Society of Japan, p 37.

[91] Seong BG, Hwang SY, Kim MC, Kimin KY (2000) In: Berndt CC (ed) Thermal spray: surface engineering via applied research. Proceedings of 1st international thermal spray conference, Montreal QC, 8 – 11 May 2000. ASM International, Materials Park, OH, p 1159.

[92] Murakawa M, Watanabe S (1989) In: Proceedings of 2nd international conference on hot isostatic processing, theory and applications, Gaitherburg, MD, 7 – 9 June 1989.

[93] Picas JA, Forn A, Matthaus G (2006) Wear 261:477.

[94] Dong Y, Yan D, He J, Zhang J, Li X (2006) Surf Coat Technol 201:2455.

[95] Hollis K, Peters M, Bartram B (2003) In: Moreau C, Marple B (eds) Thermal spray 2003: advancing the science and applying the technology. Proceedings of the 2003 international thermal spray conference, Orlando, FL, 5 – 8 May 2003. ASM International, Materials Park, OH, p 153.

[96] Fukubayashi HH (2004) In: Proceedings of the international thermal spray conference 2004, Osaka, 10 – 12 May 2004. ASM International, Materials Park, OH, p 125.

[97] Sanz A (2004) Surf Coat Technol 177 – 178:1.

[98] Wang J, Zhang L, Sun B, Zhou Y (2000) Surf Coat Technol 130:69.

[99] Wang J, Sun B, Guo Q, Nishio M, Ogawa H (2002) J Therm Spray Technol 11(2):261.

[100] Fauchais P, Verdelle M (2010) J Therm Spray Technol 19:668.

[101] Fauchais P (1992) J Therm Spray Technol 1:117.

[102] Li CJ, Wu T, Li C – X, Sun B (2003) J Therm Spray Technol 12:80.

[103] Marple BR, Voyer J, Bisson JF, Moreau C (2001) J Mater Process Technol 117:418.

[104] Landes K (2006) Surf Coat Technol 201:1948.

[105] Gougeon P, Moreau C (1993) J Therm Spray Technol 2:229.

[106] Planche MP, Liao H, Coddet C (2004) Surf Coat Technol 182:215.

[107] Verdelle M, Renault T, Fauchais P (2002) High Temp Mater Process 6:469.

［108］Doubenskaia M, Bertrand P, Smurov I (2006) Surf Coat Technol 201:1955.

［109］Xiaa W, Zangb H, Wanga G, Wanga Y (2009) J Mater Process Technol 209:1955.

［110］Salimijazi HR, Pershin L, Coyle TW, Mostaghimi J, Chandra S, Lau YC, Rosenzweig L, Moran E
(2007) J Therm Spray Technol 16:580.

［111］Kuroda S, Fukushima T, Kitahara S (1988) Thin Solid Films 164:157.

［112］Kuroda S, Clyne TW (1991) Thin Solid Films 200:49.

［113］Clyne TW, Gill SC (1996) J Therm Spray Technol 5:401.

［114］Matejicek J, Sampath S (2003) Acta Mater 51:863.

［115］Matejicek J, Sampath S, Gilmore D, Neiser R (2003) Acta Mater 51:873.

［116］Nadeau A, Pouliot L, Nadeau F, Blain J, Berube SA, Moreau C, Lamontagne M (2006) J Therm Spray
Technol 15:744.

第2章 抗磨损纳米复合涂层的应用

2.1 引言

　　由至少两个分离相组成的新一代薄膜已经产生,其中一个相为纳米晶相或非晶态相,这种薄膜称为纳米复合涂层。这些涂层通常由 3 个或更高阶系统构成,并且至少包含 2 个不可混合的相。最为广泛研究的纳米合成涂层是三相、四相或甚至更多相的复杂系统,这些系统中有过渡金属氮化物的纳米晶粒,其中包括氮化物(如氮化钛、氮化铝、氮化铬、氮化锆、氮化硼等),碳化物微粒(如碳化钒、碳化钨、碳化锆、碳化钛等),硼化物(如硼化钨、二硼化锆、二硼化钛、二硼化铬、二硼化钒等),氧化物(如三氧化铝、二氧化钛、三氧化二钇、二氧化锆等)或硅化物(如二硅化钛、二硅化铬、二硅化锆等)的纳米晶微粒。这些微粒被非晶态矩阵所包围。Veprek 等指出纳米晶微粒的大小为 5~10nm,相互之间被 2~5nm 的非晶态相分隔[1]。

　　这些涂层在机械[2-5]、物理[6,7]和功能[8-11]方面都表现出很强的优势,性能的提升主要原因是界面多以及纳米复合涂层特有的纳米效应。在这些涂层中,大量原子停留于界面,它们的行为与块体材料不同,其晶体大小不到 100nm。对固体材料进行处理的很多方法可以达到几个纳米的厚度。如今,纳米复合涂层以其可以制备大量不同纳米合成薄膜的优势而备受研究者的关注。

　　对于纳米复合涂层的研究兴趣进一步升温,主要是由于进行涂层沉积的 PVD 和 CVD 系统可以制备由更小微粒构成的涂层,这些微粒比常规方法制备出的小得多。另一个原因是,许多在处理纳米晶粒材料时遇到的问题都可以通过这些沉积技术轻易解决。随着测试技术的大幅发展,对微结构特征和力学性能进行更加精密的控制已成为可能。可以针对结构和化学方面信息进行原位压痕硬度测试,摩擦试验进一步推动了表面工程领域新涂层的设计和发展。

　　本章将介绍最先进的纳米复合薄膜以及它们的摩擦性能和应用。第 1 章已经介绍过了使用热喷技术制备纳米复合涂层,本章只介绍 CVD 或 PVD 技术制备纳米复合涂层。

2.2　纳米复合薄膜的沉积

纳米复合涂层通常至少包括两个相,即纳米晶相被非晶态相包围。因此,制备这样的涂层主要是通过对纳米晶相和非晶态相的同时沉积来实现,如 nc – TiN、nc – TiS$_2$/a – Si$_3$N$_4$[12]、nc – TiB$_2$/BN[13]、nc – TiAlN/a – Si$_3$N$_4$[14]、nc – TiC/a – C[15]、W$_2$N/a – Si$_3$N$_4$[16]、nc – WC/a – C[17],等等。进行纳米复合薄膜沉积的方法很多,其中最为常见的是等离子体辅助物理气相沉积(PAPVD)[18]、离子束磁控溅射[19,20]、同时使用 PVD 和 PACVD[1]两种方法,以及混合使用磁控溅射和激光烧蚀的方法[21]。工业上使用的是磁控溅射,因为该方法制备易于调节,适用于工业领域的各种应用。另外,该方法的沉积可在低温下实现。并且该技术可以用于任何材料。

化学气相沉积(CVD)技术是另一种制备纳米复合薄膜[23,24]的很有潜力的技术。该技术的主要优点表现在它可以容易地为复杂几何形状制备规格统一的沉积,并且沉积速度快。四氯化钛、四氯化硅和硅烷这 3 种反应气体的腐蚀性及其可能带来火灾危险是该方法存在的主要问题。化学气相沉积的制备温度相对较高,因此,在许多应用中无法使用。另外,因为有氯化物,保护涂层无法在需要的时间内持续承受高温。

等离子体增强化学气相沉积法(PECVD),也称为"辉光放电法",一般使用低压力的 PECVD 方法,如直流放电(CD)或射频放电(RF),其工作压力为 10 ~ 100mTorr①。在 RF – PECVD 系统中,压力为 0.1Torr 时,电子和离子密度大约为 10^{11} cm^{-3},分子的数量密度为 10^{15} cm^{-3}。Finger 等[25]用高频化学气相沉积技术(VHF – CVD)制备了纳米复合硅膜。这种技术能提高沉积速率。热丝化学气相沉积(HW – CVD)制备的纳米复合薄膜质量优异[26,27],但在这种方法下,钨丝高温挥发又成了另一个问题,因为挥发会导致材料的污染。另外,钨丝的易脆性会引起一些问题,如制备大面积涂层时会造成涂层不均匀的现象。

电子回旋共振化学气相沉积(ECR CVD)系统引起了人们对低温制备纳米复合薄膜的兴趣[28]。在该系统中,等离子体的电子能量是可控的,不会产生有破坏作用的离子。会破坏薄膜质量的更大基本粒子也得到了有效地抑制。因此,通过电子回旋共振化学气相沉积(ECR CVD)系统可在 120℃下制备高结晶化的薄膜。电子回旋波共振化学气相沉积(ECWR CVD)可以提供更好的等离子体耦合。因此,该方法可用于大面积沉积。

用阴极电弧蒸发(CAE)来制备抗磨损涂层[29]已经有十多年了,制备的涂层

①　1Torr = 133.322Pa。

主要用于切割工具[30]和汽车部件的抗磨损上。由于该方法具备沉积速率快、离化率高、粒子能量高(20～120eV)的特点,用途非常广泛。然而,使用该方法,靶材必须具备良好的导电性、合理的机械强度和最佳熔点。这些问题大都可以通过溅射来解决,而溅射过程的一个主要缺点是离化率低。所幸这一缺点也已被非平衡测控溅射(UBM)[22]和高功率脉冲磁控溅射(HPPMS)[32]解决。

直流磁控溅射过程中,在低压惰性气体真空环境下,对靶材施加负电压会产生辉光放电。在靶材后放置磁场可提高溅射[33]过程中的沉积速率。非平衡磁控溅射可以大大增加靶材附近区域所产生的等离子体密度[34]。闭合场非平衡磁控溅射可产生高密度离子流[34]。磁控溅射的一个重要改进是通过反应沉积制备陶瓷涂层和复合涂层。然而,对绝缘材料的沉积会导致在正极形成绝缘层,使正极消失,靶材上的绝缘层使靶材"中毒"。为了解决这一问题,出现了"射频磁控溅射法"(RF)。但该方法沉积速率低、成本高、还会产生高温。鉴于以上问题,近来又出现了"脉冲直流磁控溅射"。在正常脉冲过程中,常规直流溅射会对靶材施加负溅射电压。靶材的负电位会阶段性地被正脉冲电压阻断。在闭合场结构中,反应溅射中要使用两个或更多磁控管。这些磁控管可同时以脉冲模式工作,产生不同的模式组合。对磁控管电极的脉冲既可以是交替性的双极模式,也可以是同时的双极模式,这样可以产生更多不同的沉积条件。通过这些沉积技术可以产生高密度等离子。

目前,单极模式的高功率脉冲磁控溅射被广泛应用。使用高功率脉冲在溅射源前面产生高密度等离子,同时将被溅射的原子大量离化[35]。有报告称,高功率脉冲直流磁控溅射可将离化率提高70%以上[36]。这些具有高能量、高度离化的离子可以控制涂层的制备过程,从而生产出高质量的涂层。近年来,通过结合阴极电弧蒸发和磁控溅射形成的混合涂层制备技术可以制备多种纳米复合涂层。

2.3 纳米复合涂层的重要特点

2.3.1 纳米复合涂层的微观结构特点

研究纳米复合涂层微观结构的主要目的是了解其结构与性能之间的关系,从而建立原子结构和宏观性能之间的桥梁。在这一点上,最重要的一步就是要明确适合相关制备过程的长度尺度,以及这种测量的物理依据。尽管有了高分辨率透射电镜后可以得到与各界面相关的许多信息,但是仍然缺少原子层面必要的化学信息。场离子显微镜成像原子探针是用来获取该信息最重要的工具。当然,还有其他可以获得该信息的技术,如探针直径不超过0.5nm的离散能量光谱超高分辨率场发射(FEG)透射电镜。可以说,电子显微定性辅以有益的技术,对于理解定量的电子显微信息和涂层特性之间的关系至关重要。

如图 2.1 所示,扫描电子显微(SEM)图像显示了 W – S – C 纳米复合涂层横截面形态的变化,通过反应溅射碳的含量增加了。随着涂层微孔数量的大量减少,涂层密度不断增大,进而导致吸收氧元素的外露表面积减少。随着碳含量的减少薄膜成为非晶体。使用非平衡磁控溅射沉积法制备的 nCTiC/a – C: H 薄膜的微观结构特性在下面描述。随着钛浓度的降低,4 个样本的选区衍射(SAD)图以顺时针方向合并,如图 2.2 所示[38]。衍射环可以显示出随机取向的多晶结构。左上角的衍射图符合主要衍射为(101),(120),(122)平面的钛相密排六方晶格(晶格常数为 0.295nm 和 0.468nm)。以顺时针方向看到的下一个衍射图显示出,随着碳含量的减少,结构出现了变化。对衍射图的仿真表明晶格常数为 0.43nm 的立方碳化钛以及图中的主要衍射与(111),(002),(202),(222)平面相符。衍射图谱没有随着碳含量的增加而变化,但是衍射图谱从 40% 碳含量开始变得更加分散(T303 试样),表现为 TiC 纳米晶尺寸减小和非晶型的 C: H 嵌入 TiC 相中。在钛浓度很低的情况下(T305 试样),在选区衍射图中看不到任何结构。高度扩散的衍射图符合碳化钛纳米晶扩散数量减少的 C: H 基体。以上结果与图 2.3 所示的明、暗场显微图中晶粒尺寸变小相吻合。透射电子显微图确定了晶粒尺寸为纳米量级。

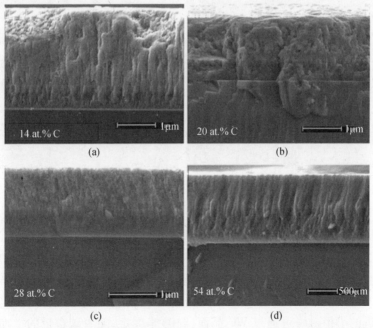

图 2.1　WS$_2$ 薄膜基体中包含纳米晶粒 WC 的 W – S – C 薄膜扫描电子显微图

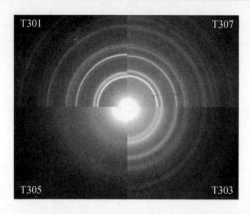

图 2.2　用非平衡磁控溅射沉积的 4 个 nCTiC/a – C: H 薄膜样本的选区
衍射图（按顺时针方向，钛浓度不断降低）

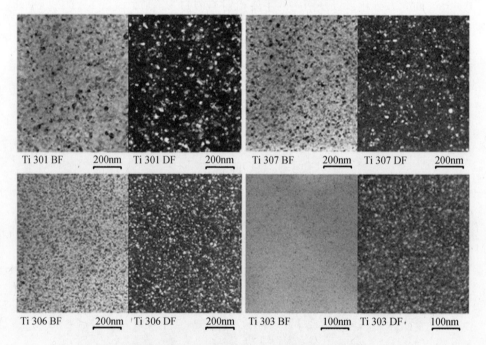

图 2.3　用非平衡磁控溅射（UM·SD）沉积的 nCTiC/a – C: H
薄膜的明、暗场透射电子显微图（钛浓度不段降低）

图 2.4 所示为在二硫化钨膜基体中含有碳化钨纳米晶粒的一系列 W – S –
C 薄膜的 XRD 衍射图谱，值得指出的是选区的 XRD 衍射图的主要非对称峰
$(10L, L = 0, 1, 2, 3)$ 对应着密排六方结构 WS_2 相晶面堆垛结构[39]。2θ 角在
70℃附近的小衍射峰可通过 WC 晶面（110）来标定，随着碳含量的增加晶格角
度减小表现为衍射峰宽化或衍射峰强度减小（随着碳含量的增加结晶度也在不

断增加,要么不断扩展,要么衍射峰不断降低),除了一些小的特征结构以外,在主衍射峰右侧很难发现其他相结构,其与 W－C 相的出现有关。因此,薄膜的微观组织结构为富碳非晶层中含有 W－S 纳米晶的纳米复合材料(某些情况下是 W－C 纳米晶)。

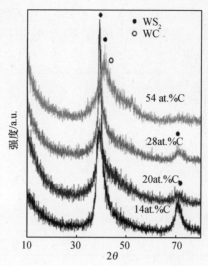

图 2.4　WS$_2$ 薄膜基体中包含纳米晶粒 WC 的 W－S－C 薄膜 XRD 图

通过不同溅射工艺获得相似纳米复合涂层的拉曼光谱,如图 2.5 所示。3 种涂层波峰在 1360cm^{-1} 对应 sp^3 键而另外一个波峰在 1560cm^{-1} 段。纯金刚石价键对应的波段为 1330cm^{-1}。1560cm^{-1} 处的波峰对应于 G 峰的石墨微晶。G 峰的出现证明涂层中有 sp^2 键。532nm 段的拉曼测量对 sp^2 碳比 sp^3 碳敏感。由于这些薄膜中出现的缺陷,复合材料和目标试件共溅制备薄膜的 G 峰峰值比反应溅射制备的峰值更加分散,且对应于 WO$_3$ 的衍射峰没有出现。

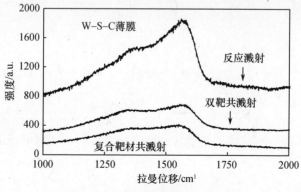

图 2.5　W－S－C 薄膜的拉曼光谱图

W-S-C 纳米复合薄膜的 X 射线光电子能谱结果表明该薄膜中的 C 含量几乎达到 50%,反应溅射制备的 W-S-C 纳米复合薄膜的 XPS 图谱如图 2.6 所示,它是氩离子溅射清洗后测量到的光谱。C 衍射峰在 285eV 附近可以看到 C-C 和 C-H 键,S 对应的衍射峰位于 162eV 附近,O 对应的衍射峰在 531eV 附近,和 W 对应的衍射峰分别在 35eV、245eV、257eV、425eV。这个结果表明,虽然在 X 射线光谱中能够证明 WO₃ 峰的存在,却不能在拉曼光谱中测出,进一步说明了 W 的氧化反应仅仅是发生在表面。

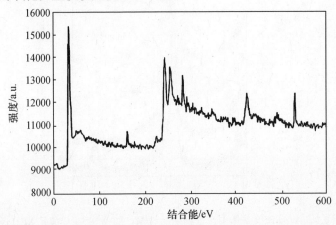

图 2.6　含有 50% C 的 W-S-C 纳米复合涂层的 X 射线光电子能谱

2.3.2　纳米复合涂层的力学性能

如前所述,纳米复合涂层的力学性能很突出[40-43],尤其是硬度极高,摩擦系数低。这些优良的性能与纳米复合涂层的纳米效应有关。

1. 纳米复合涂层的变形

纳米复合涂层的硬度比混合定律所给出的硬度高很多,有

$$H(A_aB_b) = \frac{aH(A) + bH(B)}{a + b} \tag{2.1}$$

式中:$H(A)$ 为 A 的硬度;$H(B)$ 为 B 的硬度;a,b 为混合物中 A 和 B 的组成部分,$H(A_aB_b)$ 为混合物的硬度。

对常规晶粒大小构成的涂层来说,改变晶粒尺寸是增加硬度的一种方法。随着晶粒尺寸的减小,位错的增殖和运动受到了阻碍,根据 Hall-Petch 方程,材料的硬度也得以增加[44,45]:

$$H_d = H_0 + Kd^{-\frac{1}{2}} \tag{2.2}$$

纳米复合涂层优异的机械特性[40-43]与其特有的变形机理有关。可以说,纳

米复合涂层的内在变形机理与纳米复合块体材料中的相似。样品的几何因素、应力状态和基底效应等外部因素的变化会改变宏观力学性能,但内在变形行为不会改变。纳米复合涂层变形的主要特点是反 Hall-Petch 行为,表现为随着晶粒尺寸的减小,涂层要么饱和,要么屈服应力降低[46,47]。在这种情况下,常规位错滑移在纳米复合涂层中占主导地位,晶粒尺寸大于临界值。涂层中的晶界变形占主导地位,晶粒尺寸很小。虽然就目前文献显示,对这种机制中的机理的了解还不够,同时也存在分歧[48-54],但是以下变形机制应该会出现在纳米复合涂层中,且晶粒尺寸小于临界值:

(1) 晶格位错滑移;

(2) 晶界滑移;

(3) 晶界扩散性蠕变;

(4) 三叉晶界扩散性蠕变;

(5) 通过晶界向错运动产生的旋转变形;

(6) 晶界释放出的不全位错造成的孪晶变形。

晶格位错滑移是晶粒尺寸大于临界值为 10~30nm 材料的主要变形机理。在纳米复合涂层中,由于界面效应和纳米效应,晶格位错滑移具备一些独有的特性。当晶粒尺寸很小时,晶格位错滑移会出现严重位错,因此屈服应力会偏离典型的 Hall-Petch 关系。据一些研究者称[55,56],随着粒子尺寸的减小,晶界会不断吸收位错,导致低位错密度和低流变应力。虽然理论和试验数据关联性较大,但晶格位错是否存在,在纳米复合涂层中起到的作用是否与在常规材料中的作用一样仍存在疑问。有研究指出[57],不论在自由纳米粒子还是纳米晶粒中存在晶格位错都似乎是极为不利的。

晶界滑移主要由平行于晶界平面、具有较小伯格斯矢量的晶界位错导致。根据 Hahn 等的研究[58],晶界迁移是一种调节机制,与晶界滑移一起在纳米复合涂层中产生变形局部化。在这种情况下,由于纳米晶阵列中的部分胞状位错和缺陷的运动导致晶界平面互相平行[59]。在另一种情况下,晶界滑移以及在三叉晶界附近的缺陷结构相变可以产生强化的作用。因此,纳米复合涂层通过晶界滑移变形,要么由于三叉晶界的位错相变而得到强化,要么由于局部晶界迁移而软化。强化与软化之间的竞争极大地影响着纳米复合涂层的变形。

晶界扩散性蠕变(或称科布尔蠕变)和三叉晶界扩散性蠕变也会导致纳米复合涂层的塑性变形,晶粒尺寸很小。随着晶界体积比和三叉晶界相的增加,这些塑性变形机理的重要性也不断增加。当涂层的晶粒尺寸很小,且由此导致晶界滑移受到阻碍,科布尔蠕变成为重要的变形机理。有些纳米复合涂层中没有可以产生晶界滑移的可动位错晶界,在这类涂层中,科布尔蠕变和三叉晶界扩散性蠕变就成了重要的工作机理。

纳米复合涂层的旋转变形是一种伴随着晶格旋转的塑性变形。旋转塑性变形的主要载体是晶界相错的偶极子[60]。晶界相错是一种线缺陷,使两个位向差不同的晶界碎片分开。相错偶极子的运动会导致塑性变形和晶格旋转[61]。在纳米复合涂层中这种变形有时非常剧烈,相错偶极子的弹性能迅速发散,加大相错之间的距离[62]。如此,靠近的偶极子对于晶界相错非常有利。纳米复合涂层中相邻晶粒之间的距离极其微小。另外,三叉晶界的数量在常规晶界和旋转变形交叉处很高。

2. 纳米复合涂层的硬度、断裂韧性和残余应力

薄膜的硬度是由装有 Berkovich 三棱锥金刚石探针的纳米压痕仪确定的,探针的标称角度为 63.5°。使用这种方法时,对整个加载和卸载过程中的位移(如穿透深度)会持续记录,从而获得 Ti – C: H 纳米复合涂层的典型载荷 – 位移图,如图 2.7 所示。

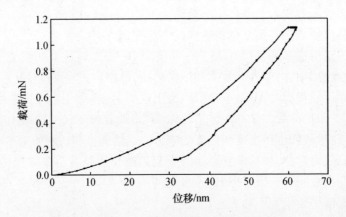

图 2.7　Ti – C: H 纳米复合涂层载荷 – 位移图

接触深度 h_c 由载荷位移曲线计算,有

$$h_c = h_{max} - \varepsilon \frac{P_{max}}{S} \tag{2.3}$$

式中:h_{max} 为最大压痕深度;P_{max} 为压入载荷峰值;S 为接触刚度;ε 为根据压头几何特点确定的一个常量。根据 Berkovich,$\varepsilon = 0.76$。

通过计算压头在接触深度为 h_c 时的形状函数得到接触面积 A,有

$$A = f(h_c) \tag{2.4}$$

形状函数 f 与截面区域的硬度计压头距其尖端的距离有关。玻氏硬度计的形状函数为

$$f(h_c) = 24.56 h_c^2 \tag{2.5}$$

当接触面积由载荷位移曲线确定时,硬度为

$$H = \frac{P_{max}}{A}$$ (2.6)

弹性模量可通过其他方法算出[63]。使用下述方程可算出弹性模量:

$$\frac{1}{E_r} = \frac{(1-\nu^2)}{E} + \frac{(1-\nu_i^2)}{E_i}$$ (2.7)

$$E_r = \frac{0.89S}{\sqrt{A}}$$ (2.8)

式中:S 为卸载曲线初始部分的斜率(N/m);A 为基体与压头之间的接触面积(m^2);E,E_i 和 ν,ν_i 分别为薄膜和基体的弹性模量和泊松比。

WS_2 作基体并含有 WC 晶粒的复合材料薄膜的硬度和弹性模量如图 2.8 所示[37]。硬度和弹性模量随着碳含量的增加先增大后减小,碳含量达到 54% 时硬度最大;然而,碳含量为 28% 时弹性模量最大。如文献所述[64],这一变化是由于薄膜随着碳含量的增加而更加致密。此外,XPS 测试可以证明涂层中 W - C 晶粒的形成以及碳的含量,并进一步阐述硬度最大的原因。当碳含量达到饱和,继续增加碳只会导致碳化钨纳米晶含量减小。这个现象体现为涂层硬度和弹性模量的减小。

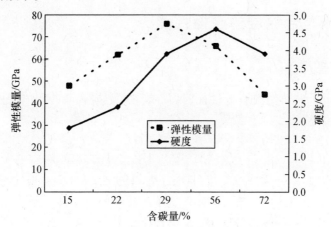

图 2.8　包含 WS_2 中 WC 晶体的 W - S - C 纳米复合薄膜的硬度和弹性模量

断裂韧性是纳米复合涂层另一个重要的特性。根据 Li 和 Bhushan 的理论分析[65],纳米复合涂层断裂韧性为

$$K_{1C} = \left[\left(\frac{E}{1-\nu^2 2\pi C_R} \right) \left(\frac{U}{t} \right) \right]^{1/2}$$ (2.9)

式中:E 为弹性模量;ν 为泊松比;$2\pi C_R$ 为薄膜平面上的裂纹长度;U 为断裂前后的应变能差;t 为薄膜层的厚度。

众所周知,压头产生的薄膜或基底的弹性塑性变形由加载位移曲线下方的区域显示,U 由加载和卸载曲线的峰值估算出。通过计算可得,一些薄膜的断裂韧性为 $1.74 \sim 3.90 \mathrm{MPa}^{1/2}$[66]。

纳米复合薄膜的残余应力(σ)由热应力(σ_{T})、生长诱导应力(σ_{g})和结构失配诱导应力(σ_{m})这 3 个不同的应力得出,即

$$\sigma = \sigma_{\mathrm{T}} + \sigma_{\mathrm{g}} + \sigma_{\mathrm{m}} \tag{2.10}$$

因为大部分纳米复合薄膜都是无定形基体,没有产生任何基体失配应力,因此 $\sigma_{\mathrm{m}} = 0$。由于薄膜和基底的热膨胀系数不匹配产生了热应力。由此可得出由于热失配导致的薄膜应力为[67,68]

$$\sigma_{\mathrm{T}} = \frac{E_{\mathrm{f}}}{1 - \nu_{\mathrm{f}}} \int_{T_{\mathrm{dep}}}^{T_{\mathrm{rm}}} (\alpha_{\mathrm{s}}(T) - \alpha_{\mathrm{f}}(T)) \mathrm{d}T \tag{2.11}$$

式中:T_{rm},T_{dep} 分别为室温和沉积温度;E_{f},ν_{f} 分别为薄膜的弹性模量和泊松比;$\alpha_{\mathrm{f}}(T)$,$\alpha_{\mathrm{s}}(T)$ 分别为薄膜和基底的热膨胀系数。

生长应力由基底温度、气体压力和离子动能决定。一般情况下,功率密度的增加会增大动能,进而增加应力。功率密度的增大会导致残余应力从 0 增加到 150MPa。应力有时是压缩的,有时是拉伸的。

2.4 纳米复合涂层的摩擦性能

2.4.1 摩擦行为

对材料进行表面处理提升性能时,需要注意磨损表面的本体温度。在滑动磨损中的本体温度(T_{b})为[69,70]

$$T_{\mathrm{b}} = T_0 + \frac{\alpha \mu F v l_{\mathrm{b}}}{A_{\mathrm{n}} K_{\mathrm{m}}} \tag{2.12}$$

式中:T_0 为室温;α 为热分布系数,是一个常量;μ 为摩擦系数;F 为外施载荷;v 为滑动速度;l_{b} 为平均热扩散距离;A_{n} 为标称接触面面积;K_{m} 为金属的热导率。

凸点接触温度,也称闪热温度,其表达式为[69,70]

$$T_{\mathrm{f}} = T_{\mathrm{b}} + \frac{\mu v r}{2 K_{\mathrm{e}}} \left(\frac{H_0 F}{N A_{\mathrm{n}}} \right)^{\frac{1}{2}} \tag{2.13}$$

式中:H_0 为氧化物的硬度;N 为微凸体的数量;r 为接触区域的半径;K_{e} 为等价热导率,其他符号与前述相同。

从以上两个方程可以清晰看出,在特定的摩擦环境下,本体温度或闪温都是由摩擦系数控制的,如果摩擦系数增加,这些温度就会增加。如果闪温上升且超过某些值时,磨损的机理就会从塑性为主的磨损变为轻度氧化磨损。另外,如果

本体温度高,降解层的硬度会下降,导致塑性磨损的磨损率增加。降低温度的一个方法就是降低磨损系数。鉴于此,大部分纳米复合涂层包含一个非晶基体相。这些非晶相的特点是摩擦系数低[71,72]。含有碳相石墨结构的薄膜摩擦系数更低,因为石墨结构可以作为润滑介质降低摩擦系数。

　　Sánchez - López 等的观察研究可以支持以上论述[73]。他们发现随着非晶碳相体积比的增加,摩擦系数会降低。通过对磁控溅射制备的、不同碳含量的 TiC/a - C, WC/a - C 和 TiBC/a - C 进行对比,他们评估了由金属碳化物和非晶碳构成的纳米复合薄膜的摩擦性能。结果显示,摩擦系数与整体碳含量相关。通过估算非晶润滑相中碳原子的百分比,对选定的样本进行了对比分析,得到了相似的摩擦系数(约 0.2)。拉曼对球相对面的分析证明了在摩擦中(如那些有更高非晶碳含量的材料),类石墨材料的形成能够增加薄膜的润滑度。在由亚稳态碳化物或非化学计量比碳化物(TiBC/a - C 和 WC/a - C)构成的纳米复合薄膜中,可将摩擦系数降低到 0.2 以下的非晶碳[xa - C]的含量有不同程度的减少,从 55% ~60% (TiC/a - C) 到 30% ~40% 不等。这个碳含量的减少是因为在摩擦过程中由于这些化合物分解或相变导致部分碳释放到了接触面。

　　图 2.9 所示为 xa - C 润滑成分的变化与摩擦系数变化的关系。WC/a - C 和 TiBC/a - C 的摩擦系数在 a - C 含量超过 40% 时会迅速从 0.6 ~0.8 降到 0.2 以下。要使 TiC/a - C 纳米复合涂层的摩擦系数也降到同样低的水平,a - C 含量需要上升到 60%。如果要进一步降低摩擦系数,使之低于 0.1,需要继续增加润滑成分的比例,但是对于 WC/a - C 和 TiBC/a - C 薄膜来说,需要的成分总比 TiC/a - C 薄膜少。Feng 等[74]曾混合使用化学气相沉积和物理气相沉积(CVD-PVD)辅助感应耦合等离子体制备了 Ti - C: H 涂层。该涂层由嵌在 a - C: H 基体的 TiC 纳米晶团簇构成,是 TiC_y 非晶碳氢化合物(a - C: H)纳米复合材料薄膜。试验结果表明,当钛合成物的原子百分比为 20at.% 时,摩擦系数相对稳定,保持在 0.1。这种低摩擦系数是硬碳基涂层的特点。当钛合成物的原子百分比大于 30at.% 时,摩擦系数也相对稳定。但摩擦系数会增加两倍多,到 0.25。这个范围的摩擦系数是包括金属碳化物和金属氮化物在内的陶瓷材料间在无润滑滑移时的典型摩擦系数[75]。

　　使用 100Cr6 钢珠对 nc - TiC/a - C(Al)涂层($C_{56}C_{31}Al_{13}$)和 nc - TiC/a - C 涂层($C_{64}Ti_{36}$)进行对比研究。研究发现,尽管 a - C 含量低,nc - TiC/a - C(Al)涂层的摩擦系数也比 nc - TiC/a - C 涂层的低,因为 nc - TiC/a - C 涂层比 nc - TiC/a - C(Al)涂层的硬度大、粗糙度高。这些纳米复合涂层的摩擦系数比纯 a - C 涂层的高,是因为这些涂层中的石墨相数量少、硬度高。但是,这些纳米复合涂层的摩擦系数比目前工业使用的 TiN、CrN、TiC 等涂层的摩擦系数都低[76-81]。Lindquist 等[82]和 Stuber[83]等也做了类似的研究,他们研究了非晶 a - C

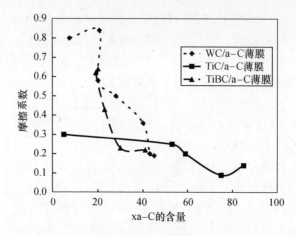

图 2.9 xa – C 润滑成分与摩擦系数的变化[73]

相的存在会降低纳米复合涂层摩擦系数以及增加非晶 a – C 相来降低摩擦系数。

另一个可以降低摩擦系数的方法是增加弹性模量和涂层的硬度。弹性模量和硬度的增加会降低犁切部件的摩擦力,即[84]

$$\mu_p = C \frac{K_{1C}^2}{E \sqrt{HN}} \tag{2.14}$$

式中:C 为一个常量;K_{1C} 是一次断裂的断裂韧性;E 为弹性模量;H 为硬度;N 为正常载荷。

Kelly 等[85] 使用双脉冲磁控溅射系统制备了 CrN/Ag、ZrN/Ag、TiN/Ag 和 TiN/Cu 纳米复合涂层。随后,使用 100Cr6 钢垫圈在 30r/min、外施载荷为 100N 的环境下,对这些涂层进行了无润滑止推垫圈磨损试验[86]。研究结果如图 2.10 所示。摩擦系数为 0.16 到 0.19 不等。摩擦系数降低的原因是脉冲直流模式导致薄膜生长环境提升[87]。随后发现,当银或铜的含量增加,摩擦系数也会降低。ZrN/Ag 薄膜的摩擦系数降低最大。当银含量为 25.9% 时,摩擦系数从 0.19 降到了 0.11。这主要是因为增加了涂层的硬度和弹性模量,如式(2.14)所示。

Cheng 等[88] 使用大面积过滤电弧沉积(LAFAD)制备了厚度为 2.5μm 的 Ti-SiN 纳米复合涂层,其中,TiSi 靶材的硅含量不同。TiSiN 涂层的摩擦性能极大地依赖于涂层和试验钢球材料中硅的含量。当使用 Al_2O_3 和 302 不锈钢钢球进行试验时,TiSiN 涂层显示出相似的摩擦系数,如图 2.11 所示。

然而,硅含量的增加会导致 TiC/a – C 涂层摩擦系数的增加。在使用 Al_2O_3 钢球试验时,TiSiN 涂层的磨损率会随着涂层中硅含量的增加而下降。但是,当使用 302 不锈钢球时磨损率却会大大增加。在钢球表面形成的转移层是导致有硅涂层和钢球材料摩擦系数和磨损率变化的原因。

粗糙度是控制摩擦系数的一个重要参数。Shaha 等[89] 做的工作如图 2.12

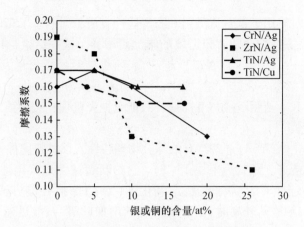

图 2.10　采用磁控溅射制备的 CrN／Ag、ZrN／Ag、TiN／Ag、TiN／Cu
纳米复合涂层的摩擦系数随 Ag 和 Cu 含量变化曲线[83]

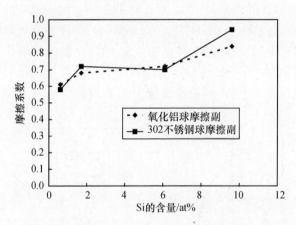

图 2.11　硅含量不同的 TiSiN 涂层在使用 Al_2O_3 和 302
不锈钢球进行试验时的不同摩擦系数[88]

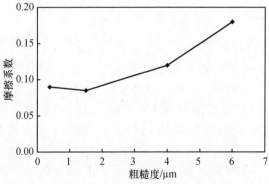

图 2.12　粗糙度对 TiC／a－C 涂层摩擦系数的影响[89]

所示。他们同时使用了钛直流溅射和石墨脉冲直流溅射制备了 TiC/a – C 薄膜。该研究显示,摩擦系数会随着粗糙度的增加而增加。这一结论与早期研究者所提出的机理是一致的[90,91]。粗糙度越高,表面粗糙峰的倾角越大,进而增大摩擦系数[90]。当两个表面进行相对运动时,由于粗糙峰相互挤压产生棘轮效应导致摩擦系数上升。与粗糙峰相互摩擦导致能量损失机理相关的第二个机理可能在此处同样有效。

钇稳定氧化锆(YSZ)具备特有的综合物理特性。该材料的弹性模量和热膨胀系数与金属接近。硬度为 11 ~ 15GPa。它的断裂韧性是氧化陶瓷中最高的,有良好的热稳定性[92]。关于钇稳定氧化锆(YSZ)摩擦性能方面已有大量研究[93-95]。当接触载荷较高时,由于硬磨粒的增加,摩擦系数迅速(在一百转的时间内)上升到 0.6 ~ 1.2,导致磨粒磨损[96],对于 YSZ 薄膜磨损机理的研究并不多[97-99]。关于该涂层目前公布的最常见问题是由于基底屈服和涂层残余应力导致的摩擦接触面脆性断裂[100]。对 YSZ 保护膜使用最成功的一个例子是给磁记录介质制备 20 ~ 50nm 涂层[101]。Voevodin 等[102] 使用金元素提升了 YSZ 膜的摩擦性,具体来说,是用非晶金基体将 YSZ 中硬而脆的纳米晶包围起来而实现的。他们的研究如图 2.13 所示。从图 2.13 可以看出,当增加 10% 的[71,72] Au,产生纳米复合结构,即便磨粒磨损值为 YSZ 膜通常的 773K 时,摩擦系数也会降低到 0.2。

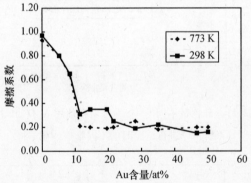

图 2.13　Au 含量对含金 YSZ 纳米复合涂层摩擦系数的影响

除此之外,大量不同的纳米复合涂层显示了优异的摩擦性能。Wang 等[103] 制备了具有优异抗磨损性能的不同 Al 含量的 CrAlN 纳米复合涂层,该涂层是通过对 Cr 和 Al 靶材在活性气体混合环境下进行反应磁控溅射制备而成。Scharf 等[104] 指出在室温下使用任何量的 Ti 进行共溅射都会导致微观结构的巨大改变。Ti 会阻止 WS_2 晶体的形成,使之成为含有分散纳米晶(1 ~ 3nm)析出相的非晶体。当薄膜中掺杂少量 Ti(5 ~ 14at. %)时,薄膜的寿命比纯 WS_2 的寿命长,但摩擦系数没有变化(0.1)。据 Low 等的研究[105],与不规则形状纳米二氧化钛离子构成的镍涂层相比,通过使用增强的瓦特镍电解液进行电沉积的方法制备的纳米复合镍涂层,再经规则形状钛酸盐纳米管(直径为 5nm,管长 30 ～ 500nm 的多层壁结构)强化后,该涂层在球形金刚石针尖磨损试验中,表面磨损下降了 22%,在三体浆料磨粒磨损试验(使用钢对磨体和 5μm SiC 颗粒)中,其抗磨损性能增加了 29%。

Ma 等[106]研究了一系列四元 Ti－Si－C－N 纳米复合涂层。该涂层是通过使用 $TiCl_4/SiCl_4/H_2/N_2/CH_4/Ar$ 混合气体、由脉冲直流等离子体增强化学气体沉积设备(PECVD)制备在 HSS 基体上,沉积温度为 823K。研究结果显示,硅含量低、碳含量高的 Ti－Si－C－N 纳米复合涂层在室温下的摩擦系数更低,为 0.17 ～ 0.35。硅含量为 12at.%、碳含量为 30at.% 的 Ti－Si－C－N 纳米复合涂层显示了优异的摩擦性能,在 773K 时,摩擦系数仅为 0.30 且磨损率较低。Neidhardt 等[107]使用反应电弧蒸发的方法从部分 Ti/TiB_2 金属阴极材料成功合成了抗磨损 Ti－B－N 复合涂层。由于该涂层中 N_2 含量高,产生了嵌于非晶 BN 基体内、热力学稳定性好的 TiN 纳米晶相。边界相的数量可以通过阴极的 Ti/B 比值进行调节。当 N_2 分压力较低时,研究人员观察了 $TiN－TiB_x$ 结构,发现 TiN 中出现了很明显的 B 替代固溶体。不论 Ti/B 阴极比值为多少,该替代固溶体都会导致使涂层的硬度(大于 40GPa)和抗磨损性能达到最大值。使用氧化铝球对磨时,所有涂层的摩擦系数为 0.7 ± 0.1。Lu 等[108]研究了在室温下使用反应性非平衡直流磁控溅射法在硅材料上制备的 Ti－B－N 薄膜。研究发现,在 TiN 中加入 B 或增加 B 的含量都会使涂层的摩擦系数和磨损率下降。当外施载荷增加时,摩擦系数上升,但具体的磨损率却呈下降趋势,同时,变形的磨损磨粒数量增加。在增加滑移速度时,产生了与增加外施载荷相似的结果,这有可能是应变率效应所致。H_2O 中氧参与到了涂层制备,并与之发生反应,形成了包括 TiO、TiO_2、Ti_2O_3 在内的 3 种钛氧化物,同时,在磨粒中形成了少量的 FeO。研究者认为磨粒中氧化物的形成对涂层抗磨损性能的提升起到了一定作用。

Lin 等[109]曾在不同的 Ar/N 混合气体下通过对 TiBC(TiB_2 占 80%(摩尔比),TiC 占 20%(摩尔比))复合靶材进行溅射,合成氮含量不同的 TiBCN 纳米复合涂层。在氮含量低于 5at.% 时,涂层显现出的特点为产生了嵌在少量非晶自由碳和 CN 基体中由 Ti(B,C)晶相构成的纳米柱状晶粒的混合物。这些涂层的硬度极高(大于 45GPa),但附着力、韧性和抗磨损性能都差,这是明显的 TiB_2 结构和缺乏非晶相所致。当氮含量增加至 8 ～ 15at.% 时,氮代替了 Ti(B,C)晶格中的 B 原子,Ti(B,C)相逐渐减少,Ti(N,C)和非晶 BN 相的体积比有所增加。这些涂层的微观结构特点显现为产生了嵌入非晶 BN、自由碳和 CN 基体的 Ti(B,C)和 Ti(B,C)纳米晶固溶体的混合物。这些涂层的硬度有少许下降(37 ～ 45GPa),但附着力和抗磨损性能得到了大大提高。然而,在 TiBCN 涂层中增加过量的氮(大于 20at.%)会导致硬 Ti(B,C)相的大大减少,同时形成大量非晶 BN,使硬度和抗磨损性能下降。

通过增加产生变形的滑移系的数量来降低摩擦系数是有可能的,这一点可以通过给一些滑移系添加 Si 来实现。所添加的 Si 可以改变晶面取向,从而增加可用滑移系的数量,同时形成 a-SiN 非晶相,降低摩擦系数。以上两种现象都会降低摩擦系数。Pilloud 等[110]就曾通过给 ZrN 薄膜添加 Si 来降低其摩擦系数。他们通过使用反应性磁控溅射法在钢和硅基体上制备 Zr-Si-N 涂层。ZrN 涂层表现出[111]的择优取向,而硅含量较低(小于 5.7 at.%)的 Zr-Si-N 涂层显现出[100]的择优取向。另外,纳米复合涂层呈柱状结构生长,当硅含量增加时,其粗糙度降低。通过此法制备的纳米复合薄膜摩擦系数下降。用钢球和铝球进行的摩擦试验显示,用钢球进行滑动摩擦试验后,除发现薄膜上附着了球体的材料外,Zr-Si-N 薄膜没有任何磨损,但在使用铝球进行试验时,发现除硅含量最高的非晶薄膜外,其他薄膜均受到显著磨损。

与上述试验类似,Aouadi 等通过使用反应性非平衡磁控溅射制备了 ZrN 和 ZrN-Ag 薄膜[111]。这些薄膜的微观结构由稠密的、均匀分布在 ZrN 基体中的晶粒均匀的 Me 纳米晶构成。在更大的基体偏压下,通过(111)择优取向使薄膜更加织构化。纳米划痕试验显示,银含量最大的薄膜磨损率最低,这很可能是进行这些测量时的高压所致。进行更加常规的球-盘摩擦试验时,发现薄膜的摩擦性能有所提升,这可能与涂层对纳米压痕测量法产生的塑性变形的抵抗力有所提升有关。总的来说,纳米压痕法、纳米磨损法和球-盘磨损法都证实了 ZrN-Ag 薄膜的力学性能比 ZrN 薄膜好。另外,Bao 等[112]使用闭场非平衡磁控溅射离子喷镀系统制备了具备纳米复合微观结构的 Cr-Si-N 涂层。其研究表明,随着硅含量的增加,掺硅 Cr-N 涂层的硬度和模量都会得到提高。Cr-Si-N 涂层硬度的提高是固溶体增强作用和复合涂层更高的密度所致。掺硅 Cr-N 涂层的摩擦系数更低的原因是非晶硅化合物的摩擦系数低。

2.4.2　摩擦性能

近年来,有研究证明除硬度和弹性模量外,H/E 比率也是一项非常重要的材料性能[113]。H/E 比率呈几何级数增加,这指的是塑性区直径与整个变形区的比值,可反映出塑性指数。塑性指数是用来描述接触表面的变形特性的。这个量也在各种对断裂韧性的描述中出现。有几位著作者认为用 H/E 率对材料进行排序的结果与用摩擦性能对其进行排序的结果极为接近[114]。自 Oberle 的早期研究[115,116]后,很多著作者都承认 H/E 率是一个重要的材料排序参数。

Lin 等的研究可以支持以上假设[119],如图 2.14 所示。在不同 Ar/N_2 混合气体环境下,他们在闭场非平衡磁控溅射系统中,使用脉冲磁控溅射处理一个

TiBC 复合靶材,制备了 TiBCN 纳米复合涂层。当涂层中的氮含量从 8at. % 增加到 15at. % 时,涂层的附着力、H/E 率和抗磨损性能同时提升,只有涂层硬度下降到 35 ~ 45GPa。涂层的微观结构由纳米柱状体改变为纳米复合结构。在该结构中,5 ~ 8nm 的 Ti(B,C) 和 Ti(N,C) 纳米晶化合物嵌入 BN、自由碳和 CN 相构成的非晶基体中。继续增加涂层中的氮含量,使之超过 20at. % 时,由于大量非晶BN 相的产生,纳米晶化合物的颗粒间距就会大大增加。非晶 BN 相的产生还会导致 TiBCN 涂层的硬度和抗磨损性能降低。

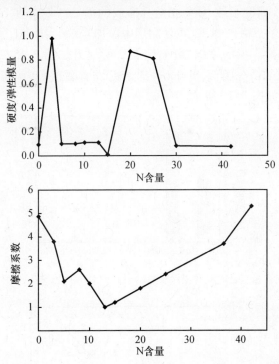

图 2.14　随着氮含量的变化,TiBCN 纳米复合涂层 H/E 率和抗磨损性能的变化[109]

Ti – Al – B – N 相位系统为设计不同用途且具备优良性能的涂层结构提供了很大可能。另外,给 TiN/TiB$_2$ 基纳米复合结构添加铝元素的做法为降低涂层弹性模量提供了空间(E_{Al} = 70GPa)。根据不同的沉积条件,硼元素的存在可以帮助制备软质、低模量(很可能是干润滑)h – BN 相、超硬(或极硬)且稳定的 c – BN 或非晶相[117 – 119]。除此之外,通过在钛基气体源材料中掺入几个原子百分比的硼元素制备出的纳米复合材料具备与工具钢极为近似的硬度和弹性性能,该材料作为陶瓷涂层的金属中间层非常适合[120]。在 TiN 膜中加入 2at. % ~ 3at. % 的硼可以制造比常规 TiN 硬度大得多(即大于 30GPa)的涂层,并且其滑动磨损会大大降低。除 Ti – Al – B – N 材料外,研究者对其他不同材料(如 W –

$C^{[121]}$ 和 $Cr-N^{[122]}$)也做了研究。研究显示,使用间隙掺杂制备的金属涂层,弹性模量比大部分陶瓷涂层低,硬度高,耐磨性好,且不同材料有不同的优点。

制备纳米复合涂层有两个主要的做法:①通过在同一涂层中将两个硬质非混相组合制备纳米复合结构(如 $nc-TiN/a-Si_3N_4$ 和 $a-TiSi_2-nc-TiSi_2$);②通过混合硬质非混相和软质非混相制备纳米复合涂层(如 $Zr-Cu-N$、$Cr-N-Cu$、$Ti-Cu-N$ 和 $Mo-Cu-N$)。对基于硬质组合相的纳米复合涂层的研究很多[123-126]。但较少有人关注基于软质、硬质组合相的复合涂层。

Ozturk 等[127]研究了软、硬质相组合形成的掺 CuTiN、CrN 和 MoN 涂层。他们的研究证实了在 TiN、CrN 和 MoN 涂层中添加 Cu 确实改变了晶粒的尺寸和形态,但是只有 MoN 涂层的摩擦、磨损性能有所提升。图 2.15 为他们的研究结果。与摩擦系数的情况类似,Shaha 等的研究说明磨损率会随着表面粗糙度的增加而上升[89],如图 2.16 所示。

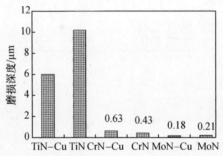

图 2.15　不同纳米复合涂层磨损深度显示出添加 Cu 对提升抗磨损性能的作用[127]

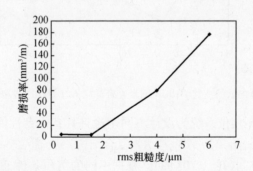

图 2.16　粗糙度对 $TiC/a-C$ 涂层磨损率的影响[89]

2.4.3　纳米摩擦性能

研究者对这些涂层在低载荷摩擦应用中的使用进行了探索,如在微机电系统、微机械装配等[71,128]。Kvasnica 等[38]对于加载 nN 载荷的 $n-TiC/a-C$ 纳米复合涂层的摩擦性能进行了研究,如图 2.17 所示。结果显示,对于 $n-TiC/a-$

C 纳米复合涂层,在这个载荷范围内,摩擦系数不受扫描速度和外施载荷的影响。在另一项由 Koch 等[37]做的研究中,使用了恒载划痕压头,发现 W – S – C 纳米复合涂层的摩擦系数随着碳含量的增加而下降,如图 2.18 所示。WS_2 在干燥环境下的摩擦性能比在潮湿环境下好。某些碳相却正好相反。因此,当在大气环境下进行试验时,富含碳相的涂层比其他碳含量少的涂层的摩擦系数低。在载荷很低的情况下,其他类似的性能,尤其是较好的摩擦性能,主要是由存在于薄膜中的氧所致。不论是吸附状态的氧还是由于氧形成的薄复合层都使摩擦系数增加。W – S – C 薄膜的潮湿问题主要是因为氧可以在基底层间形成很强的黏结阻止滑移,增加摩擦系数。当然,如果孔隙率增加,吸收氧或 H_2O 的表面会增加,进而促使这些黏结的形成。孔隙率和与氧发生反应的可能都会降低薄膜中碳的含量。这就导致在加大碳含量时,摩擦系数更低。研究还发现当外施载荷最低时摩擦系数达到最大值。这种情况很明显是由于当外施载荷较低时,摩擦系数主要由表面力决定。另外,摩擦系数还会由于滑距的变化而增加。在划痕针头划过测试材料表面时,在针头的针尖部堆积起被划掉的材料,增加了测试材料对针头划动的抵抗能力,进而摩擦力增加。除此之外,有报告称,对 WS_2 材料进行滑动磨损时,预制裂纹的扩展打破了共价键,制造出更多非饱和键。当材料在大气环境下进行滑动磨损时,这些非饱和键会与空气中的湿气发生反应,产生 WO_3,而 WO_3 会导致摩擦力增加。

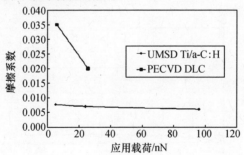

图 2.17　纳米复合和 DLC 涂层的不同载荷下的摩擦系数[38]

需要说明的是,划痕测试中,主要是使用金刚石 V 形针头对试样进行刻划。这种划痕测试模拟的是理想的单触点磨损过程。然而,这种单点粗糙面接触有几个缺点:一方面,它无法模拟可能出现的粗糙峰机械啮合。这种试验还无法模拟现实中几个粗糙峰上的不同载荷分布。另一方面,在实际应用中,自润滑薄膜主要用于滑动磨损。在磨粒磨损中材料变形的应力状态和热力学性质与在滑动磨损中有很大区别。例如,在磨粒磨损中应变率约为 $1s^{-1}$ 到 $10s^{-1}$,但在滑动磨损中应变率约为 $10^{-2}s^{-1}$ 到 $1s^{-1}$。相反,在滑动磨损过程中,材料变形的特点是约束等温变形[130],而滑动磨损的特点是受限等温变形。这样的话,使用精密温

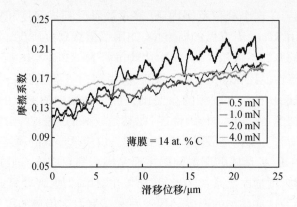

图 2.18 碳含量为 14 at.% 的 W – S – C 薄膜的
滑移距离不同导致不同的摩擦系数

度计进行球 – 盘摩擦研究只是模拟了理想的滑动磨损条件。在划痕试验中,可以将碳质石墨材料均匀地覆盖于整个接触面,但在往复滑动中,这是无法实现的。

为了克服上述缺点,研究者对 n – TiC/a – C 复合涂层进行了低载摩擦性能研究。该涂层在加载为 500mN 时,划痕长度对材料摩擦系数的影响如图 2.19 所示[131]。很明显,当划痕长度为 500μm 时,摩擦系数达到最小值。划痕长度为 1000μm 时,摩擦系数最大。

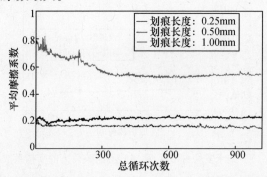

图 2.19 加载为 500mN 的 TiC/a – C 涂层,划痕长度对材料摩擦系数的影响

在测试中,当划痕长度为 500μm 和 250μm 时,摩擦系数保持恒定。当划痕长度为 1000μm 时,摩擦系数从一个较高的初始值开始下降,直至达到一个恒定值。

试验发现,在划痕长度处于中间值时,摩擦力最小。在划痕长度超过 1000μm 时摩擦系数非常高。当往复频率保持恒定时(0.8Hz),相互作用平面的平均速度随着划痕长度的增加而增加,这样会导致接触点温度的升高,进而形成更多的氧化物磨屑。在划痕长度更长时,这些氧化物磨屑会成为磨粒,增加磨擦系数。研究还发现,划痕长度更长时的摩擦系数会从一个较高的初始值下降到较低的一个恒定值。这主要是由于在往复划动过程中,划刻长度越长,接触温度就越高。因此,碳就会在磨损过程中石墨化,进而摩擦系数下降。经过一段时间,摩擦系数下降,接触温度无法达到足以产生石墨化的温度。因此,摩擦系数不会继续下降,而是保持在一个稳定状态值。以下研究发现也可解释为当滑动继续时,真实接触面积不断增大,导致平均压力下降,犁削减少。

研究人员使用不同溅射法制备了多个 W－S－C 纳米复合涂层,用 52100 钢球以低载荷制备磨损表面,扫描探针显微镜获得的表面形貌图如图 2.20 所示。在所有涂层中可以看到大量犁削。这个犁削力将材料推向表面沟槽两边的凸起处。这个移位的材料随后会被削掉,导致材料损失。这些沟槽主要是粗糙峰发生犁削时产生的。在不同部位、不同涂层的磨损痕迹上,沟槽的深度和宽度都不同。

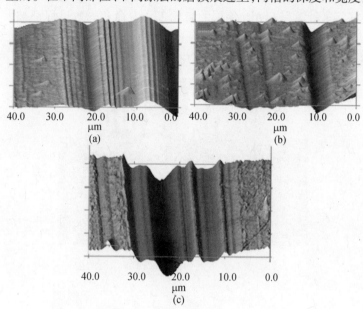

图 2.20　52100 钢球低载磨损不同溅射法制备的 W－S－C 涂层表面磨损 SPM 图
（a）反应溅射法；（b）双靶共溅射法；（c）复合靶材共溅射法。

2.5　纳米复合涂层的应用

内燃机活塞环是 nc－TiC/a－C(Al) 纳米复合涂层使用的潜在领域[132]。纯 a－C 涂层不能用于该领域,因为高残余应力会阻止厚涂层的沉积。涂层厚度低于 1.5μm 或几个微米,活塞环就无法满足工作要求。另外,纯 a－C 涂层的热稳定性、抗氧化力和脆性均表现不佳。相比之下,nc－TiC/a－C(Al) 纳米复合涂层的重要特点均表明,该涂层非常适用于这一领域。涂层残余应力低,可以制备厚涂层。在排量为 41mL 的二冲程汽油发动机活塞环上制备了 nc – TiC/a – C (Al)涂层,该发动机汽缸内径为 39.8mm,冲程为 32.55mm,活塞环厚度为 1.65mm,内部直径为 36.32mm,外部直径为 39.37mm。对该发动机进行了 610h 的测试。测试发现,镀上 nc – TiC/a – C(Al)涂层后,涂层磨损降低很多,并且在开始的 30h 内,节省了 3% 的燃油,在随后的 580h 里,节省 2% 的燃油。

正如上面提到的,纳米复合涂层是很有潜力的保护层,可以用于齿轮、切割工具、轴等发动机和其他工业的活动部件,并将会替代传统的 CrN 涂层。这类纳米复合涂层已经成功地制备在抛光机的大型齿轮(直径为 300mm,AISI 304 不锈钢)上了[133]。图 2.21 为镀有厚度约为 15μmCrAlN 涂层齿轮的整体图。可以明显发现,镀有涂层的轮齿表面很均匀、光滑且致密。另外,CrAlN 涂层与齿轮黏合很好。这种镀有 CrAlN 涂层的齿轮工作寿命和失效过程都被大大延长。图 2.22 为镀有 UniCoaT 600 和 UniCoat 700 法制备的纳米复合涂层(俄罗斯 Dextron Research Ltd. 公司)部件图,其中有涡轮叶片、切割工具等。

图 2.21　镀有厚度约为 15μmCrAlN 涂层的齿轮

图 2.22　含有纳米复合涂层(俄罗斯 Dextron Research Ltd. 公司)的部件图

nc $- (Al_{1-x}Ti_x)N/a - Si_3N_4$ 纳米复合涂层主要用于金属切削[134,135]。该涂层在干润滑和最小润滑条件下的切削性能优于目前最先进的 $(Al_{1-x}Ti_x)N$ 涂层 2 ~ 4 倍。在韧性钢进行干钻时,镀有 nc $- (Al_{1-x}Ti_x)N/a - Si_3N_4$ 涂层的硬质合金钻头的寿命比 $(Al_{1-x}Ti_x)N$ 涂层长 4 倍[136,137]。

Fox 等[138]采用同时沉积少量的 Ti、MoS$_2$、到基体的方法溅射制备 MoS$_2$/Ti 纳米复合涂层。该涂层的性能在其他文献中可查[139]。研究人员进行了钻孔试验,在高速 M6 钢质丝锥钻头上分别镀了 TiN、TiCN(低含碳量)、TiAlN(高含铝量)、"TiN + MoS$_2$/钛化合物"以及"TiCN(低含碳量) + MoS$_2$/钛化合物"纳米复合涂层。然后,分别在干燥条件下和有润滑条件下(水、油混合,可溶度为 20%)对这些钻头进行测试。测试主要是在 AISI400 不锈钢钢球(厚 11.7mm,HRB 为 60 ~ 70)上钻一个深度为 5.5mm 的孔。这些测试分别在转速为 530r/min 和 1061r/min 下进行。钻孔的数量被记录下来。干燥条件下,在 TiN 和 TiCN 等硬膜上使用 MoS$_2$/钛化合物使钻孔数量增加,比镀 TiN 薄膜钻头的钻孔多两倍,比镀 TiCN 薄膜钻头的多 4.1 ~ 4.8 倍[140]。研究人员为硬质合金端铣刀镀上 TiCN 涂层和 TiCN 加 MoS$_2$/钛化合物涂层,并进行测试。分别在干燥环境和润滑环境下对 AISI304 不锈钢钢球进行测试,切割速度为 150m/min,进给率为 0.04mm/r,切割深度为 4mm,径向切削深度为 3mm,轴向切削深度为 5mm。平均铣力、工具磨损和表面平整度被记录下来。通过该测试也发现,在干燥环境下,在 TiCN 硬膜上镀 MoS$_2$/钛化合物涂层使测试过程中的铣削距离增加,平均铣力降低,且提升了表面平整度[140]。研究者将在 TiCN 硬膜上镀有 MoS$_2$/钛化合物(1.2μm)的纳米复合涂层(3 ~ 3.5μm,该 TiCN 涂层由电弧蒸镀法制备)镀在冲压机上,并用该冲压机在厚度为 12mm 的低合金高强度钢上使用水溶性润滑剂(20%)打孔。在冲孔测试中,未镀膜工具在失效前可穿透 1.5 万个部件,镀有 TiCN 涂层的工具将这个数量增加到 5 万,在 TiCN 涂层上镀 MoS$_2$/钛化合物可继续将穿透部件数增加到 20 万[140]。

2.6 总结与展望

本章回顾了有关纳米复合涂层及其摩擦性能研究的最新进展。在过去的十年里,研究者在纳米复合涂层的研究与研制方面开展了大量工作,进而提供了大量与这些涂层的结构 – 性能关系和摩擦性能有关的信息。人们对抗磨损纳米复合涂层,特别是具备良好热稳定性的过渡金属氮化物涂层的关注越来越多,因为它们的使用非常广泛。这些涂层还有其他用途,如核燃料材料、扩散隔膜以及发光二极管电触头等。

设计超强硬度纳米复合涂层的一般性理念基于调幅相分离,通过自组织形成稳定的纳米结构。纳米复合涂层变形现象的典型特点由这些涂层的界面和纳米效应所控制。研究证明,对于摩擦性能来说,涂层硬度与弹性模量的比是一个重要的性能。这些纳米复合涂层具备了"适应性"和"变色龙"的特质。

对于纳米复合涂层制备还存在一个挑战,即研制一个新的涂层制备方法,通过该方法可以在涂层制备过程中控制晶粒尺寸、形状、晶体生长方向和晶格结构。这样的纳米复合涂层将有更好的光学、电学、磁、电子和光催化性能。

金属氧化物的掺杂有望制造出具有自愈功能的新一代纳米复合涂层。在制备具有光催化、自愈、防雾和抗菌性能的涂层方面已经有了较多研究[141,142]。目前的研究正在为该薄膜掺杂一种元素,通过形成纳米复合涂层将这些性能的活化从紫外线区域转移到可见光区域。

工业中纳米复合涂层的应用将涂层置于高温和有氧环境下。然而,对于氧化机理的具体研究还很罕见,尽管这些研究数据将有助于设计和修改用于承受热载荷的涂层。除此之外,对与扩散现象相关的研究还需进一步具体化,从而控制恢复、再结晶、分离、晶粒生长互扩散等现象,这样才能研制新一代纳米复合涂层。

人们还需要对另一个重要的领域增加了解,即纳米复合涂层的非线性弹性现象和塑性变形机理。很多纳米复合涂层在宏观上较脆,微观上较柔软。这个现象可能是材料的塑性失稳导致的。对于这些材料的塑性失稳的理解和控制非常重要。

参 考 文 献

[1] Veprek S, Nesladek P, Niederhofer A, Glatz F, Jilek M, Sima M (1998) Surf Coat Technol 108 – 109:138.

[2] Veprek S, Reiprich S (1995) Thin Solid Films 268:64 – 71.

[3] Budrovic Z, Van Swygenhoven H, Derlet PM, Van Petegem S, Schmitt B (2004) Science 304:273 – 276.

[4] Van Swygenhoven H, Specer M, Caro A (1999) Acta Mater 47:3117 – 3126.

[5] Provenzano V, Holtz RL (1995) Mater Sci Eng A204:125 – 134.

[6] Gleiter H (1989) Prog Mater Sci 33:223 – 315.

[7] Musil J, Vicek J (2001) Surf Coat Technol 142 – 144:557 – 566.

[8] Yip S (1998) Nature 391:532 – 533.

[9] Mazaleyrat F, Varga LK (2000) J Magn Magn Mater 215 – 216:253 – 259.

[10] Gusev AI (1998) Physics – Uspekhi 41(1):49 – 76.

[11] Maya L, Allen WR, Grover AL, Mabon JC (1995) J Vac Sci Technol B13(2):361 – 365.

[12] Veprek S, Niederhofer A, Moto K, Bolom T, Mannling HD, Nesladek P, Dollinger G, Bergmeier A (2000) Surf Coat Technol 133 – 134:52.

［13］ Park IW, Kim KH, Kumrath AO, Zhong D, Moore JJ, Voevodin AA, Levashov EA（2005）J Vac Sci Technol B23（2）:588.

［14］ Park IW, Kim KH, Suh JH, Park CG, Lee MH（2003）J Korean Phys Soc 42（6）:783.

［15］ Roy M, Kvasnica S, Eisenmenger – Stittner C, Vorlaufer G, Pauschitz A（2005）Surf Eng 21（3）:257.

［16］ Cavaleiro A, Louro C（2002）Vacuum 64（3）:211.

［17］ Voevodin AA, O'neil JP, Prasad SV, Zabinski JS（1999）J Vac Sci Technol A17（3）:986.

［18］ Veprek S（1999）J Vac Sci Technol A17:1521.

［19］ Musil J（2000）Surf Coat Technol 125:322.

［20］ Kelly PJ, Arnell RD（2000）Vacuum 56:159.

［21］ Voevodin AA, Zabinski JS（1998）Diam Relat Mater 7:463.

［22］ Seo SC, Ingram DC, Richardson HH（1995）J Vac Sci Technol B13（2）:2856.

［23］ Safi I（2000）Surf Coat Technol 127:203.

［24］ Choy KL（2003）Prog Mater Sci 48:57.

［25］ Finger F, Hapke P, Luysberg M, Carius R, Wagner H, Scheib M（1994）J Appl Phys Lett 65:2588.

［26］ Alpium P, Chu V, Conde JP（1999）J Appl Phys 86:3812.

［27］ Heintze M, Zedlitz R, Wanka HN, Schubert MB（1996）J Appl Phys 79:2699.

［28］ Wang KC, Hwang HL, Leong PT, Yew TR（1995）J Appl Phys 77:6542.

［29］ Knoteck O, Prengel HG（1991）Surf Modif Technol 4:507.

［30］ Tanaka Y, Ichimiya N, Onishi Y, Yamada Y（2001）Surf Coat Technol 146 – 147:215.

［31］ Merlo AM（2003）Surf Coat Technol 174:21.

［32］ Ehiasarian AP, Hopsipian PE, Hartman L, Helmersson U（2004）Thin Solid Films 457:270.

［33］ Kelly PJ, Arnell RD（1998）Surf Coat Technol 108 – 109:317.

［34］ Arnell RD, Kelly PJ（1999）Surf Coat Technol 112:170.

［35］ Kouznetsov V, Macak K, Schneider JM, Helmersson U, Petrov I（1999）Surf Coat Technol 122:190.

［36］ Ehiasarian AP, New R, Munz WD, Hartman L, Helmersson U, Kouznetsov V（2002）Vacuum 65:147.

［37］ Koch T, Pauschitz A, Roy M, Evaristo M, Caveleiro A（2009）Thin Solid Films 518:185.

［38］ Kvasnica S, Schalko J, Benardi J, Eisenmenger – Sittner C, Pauschitz A, Roy M（2006）Diam Relat Mater 15:1743.

［39］ Regula M, Ballif C, Moser JH, Lévy F（1996）Thin Solid Films 280:67.

［40］ Veprek S, Argon AS（2002）J Vac Sci Technol B20:650.

［41］ Patscheider J（2003）MRS Bull 28:173.

［42］ Veprek S（2003）Rev Adv Mater Sci 5:6.

［43］ Veprek S, Argon AS（2001）Surf Coat Technol 146 – 147:175.

［44］ Hall EO（1951）Proc Phys Soc Lond Sec B64:747.

［45］ Petch NJ（1953）J Iron Steel Inst 174:25.

［46］ Mohamed FA, Li Y（2001）Mater Sci Eng A298:1.

［47］ Padmanavan KA（2001）Mater Sci Eng A304:200.

［48］ Ovid'ko A（2002）Science 295:2386.

［49］ Ovid'ko A（2005）Int Mater Rev 50:65.

［50］ Kim HS, Estrin Y, Bush MB（2000）Acta Mater 48:493.

［51］ Liao XZ, Zhao F, Lavernia E, He DW, Zhu YT（2004）Appl Phys Lett 84:632.

［52］Chen MW, Ma E, Hemkar KJ, Sheng HW, Wang YM, Cheng XM (2003) Science 300:1275.

［53］Koch CC (2003) Scr Mater 49:657.

［54］Ovid'ko A (2005) Rev Adv Mater Sci 10:89.

［55］Malygin GA (1995) Phys Solid State 37:3.

［56］Evans AG, Hirth JP (1992) Scr Metall 26:1675.

［57］Romanov AE (1995) Nanostruct Mater 6:125.

［58］Hahn H, Mondal P, Padmanabhan KA (1997) Nanostruct Mater 9:603.

［59］Ovid'ko IA (2003) Philos Mag Lett 83:611.

［60］Seefeldt M (2001) Rev Adv Mater Sci 2:44.

［61］Yu Gutkin M, Ovid'ko IA (2003) Rev Adv Mater Sci 4:79.

［62］Ramanov AE, Valdimirov VI (1992) In: Nabarro FRN (ed) Dislocations in solids, vol 9. North Holland Pub, Amsterdam, p 191.

［63］Oliver WC, Pharr GM (1992) J Mater Res 7:1564.

［64］Nossa A, Cavalerio A (2004) J Mater Res 19:2356.

［65］Li X, Diao D, Bhushan B (1997) Acta Metall 45:4453.

［66］Ding J, Meng Y, Wen S (2000) Thin Solid Films 371:178.

［67］Fu YQ, Du HJ, Sun CQ (2003) Thin Solid Films 424:107.

［68］Slack GA, Bartram SF (1975) J Appl Phys 46(1):89.

［69］Lim SC, Ashby MF (1987) Acta Metall 35:11.

［70］Roy M (2009) Trans Indian Inst Met 62:197.

［71］Roy M, Koch T, Pauschitz A (2010) Adv Surf Sci 256:6850.

［72］Sánchez – López JC, Martínez – Martínez D, López – Cartes C, Fernández A (2008) Surf Coat Technol 202:4011.

［73］Sánchez – López JC, Martínez – Martínez D, Abad MD, Fernández A (2009) Surf Coat Technol 204:947.

［74］Feng B, Cao DM, Meng WJ, Rehn LE, Baldo PM, Doll GL (2001) Thin Solid Films 398 – 399:210.

［75］Hutchings IM (1992) Tribology, friction and wear of engineering materials. CRC, Boca Raton, FL.

［76］Singer ILS, Fayeulle S, Ehni PD (1991) Wear 149:375.

［77］Myake S, Kaneko R (1992) Thin Solid Films 212:256.

［78］Jamal T, Nimmaggada R, Bunshah RF (1980) Thin Solid Films 73:245.

［79］Zhang S, Bui XL, Li X (2006) Diam Relat Mater 15:972.

［80］Panjan P, Navisek B, Cekada M, Zalar A (1999) Vacuum 53:127.

［81］Zhang S, Fu YQ, Du HJ (2002) Surf Coat Technol 162:42.

［82］Lindquist M, Wilhelmsson O, Jansson U, Wiklund U (2009) Wear 266:379.

［83］Stuber M, Leiste H, Ulrich S, Holleck H, Schild D (2002) Surf Coat Technol 150:218.

［84］Briscoe J, Stolarski TA (1993) In: Glaeser WA (ed) Friction in characterisation of tribomaterials. Butterworth – Heinemann, Boston, MA, p 44.

［85］Kelly PJ, Li H, Benson PS, Whitehead KA, Verran J, Arnell RD, Lordanova I (2010) Surf Coat Technol 205:1606.

［86］Kelly PJ, Li H, Whitehead KA, Verran J, Arnell RD, Lordanova I (2009) Surf Coat Technol 204:1137.

［87］Kelly PJ, von Braucke T, Liu Z, Arnell RD, Doyle ED (2007) Surf Coat Technol 202:774.

［88］Cheng YH, Browne T, Heckerman B, Meletis EI (2010) Surf Coat Technol 204:2123.

[89] Shaha KP, Pei YT, Martinez – Martinez D, De Hosson JTM (2010) Surf Coat Technol 205:2624.

[90] Hayward IP, Singer IL, Seitzman LE (1991) Wear 157:215.

[91] Bull SJ, Chalkar PR, Johnston C, Moore V (1994) Surf Coat Technol 68:603.

[92] Wachtman JB (1996) Mechanical properties of ceramics. Wiley, New York, p 161, 392.

[93] Lancaster JK, Mashal Y, Salher R (1992) J Phys D 25:A205.

[94] Fischer TE, Anderson MP, Jahamir S, Salher R (1988) Wear 124:133.

[95] Stachowiak GW, Stachowiak GB (1989) Wear 132:151.

[96] Lee SW, Hsu SM, Shen MC (1993) J Am Ceram Soc 76:1937.

[97] Kao AS, Hwang C (1990) J Vac Sci Technol A 8:3289.

[98] Dugger MT, Chung YW, Bhushan B, Rothschild W (1993) Tribol Trans 36:84.

[99] Yamashita T, Chen GL, Shir J, Chen T (1988) IEEE Trans Magn 24:2629.

[100] Moulzolf SC, Lad RJ, Blau PJ (1999) Thin Solid Films 347:220.

[101] Theunissen GSAM (1998) J Mater Sci Lett 17:1235.

[102] Voevodin AA, Hu JJ, Fitz TA, Zabinski JS (2001) Surf Coat Technol 146 – 147:351.

[103] Wang L, Zhang G, Wood RJK, Wang SC, Xue Q (2010) Surf Coat Technol 204:1517.

[104] Scharf TW, Rajendran A, Banerjee R, Sequeda F (1999) Thin Solid Films 347:220.

[105] Low CTJ, Bello JO, Wharton JA, Wood RJK, Stokes KR, Walsh FC (2010) Surf Coat Technol 205:1856.

[106] Ma D, Ma S, Dong H, Xu K, Bell T (2006) Thin Solid Films 496:438.

[107] Neidhardt J, Czigány Z, Sartory B, Tessadri R, Mitterer C (2010) Int J Refract Met Hard Mater 28:23.

[108] Lu YH, Shen YG, Zhou ZF, Li KY (2007) Wear 262:1372.

[109] Lin J, Moore JJ, Mishra B, Pinkas M, Sproul WD (2010) Acta Mater 58:1554.

[110] Pilloud D, Pierson JF, Takadoum J (2006) Thin Solid Films 496:445.

[111] Aouadi SM, Bohnhoff A, Sodergren M, Mihut D, Rohde SL, Xu J, Mishra SR (2006) Surf Coat Technol 201:418.

[112] Bao M, Yu L, Xu X, He J, Sun H, Teer DG (2009) Thin Solid Films 517:4938.

[113] Musil J, Jirout M (2007) Surf Coat Technol 201:5143.

[114] Oberle TL (1951) J Met 3:438.

[115] Lancaster JK (1963) Br J Appl Phys 14:497.

[116] Halling J (1982) Tribologia 1(2):15.

[117] Rebholz C, Ziegele H, Leyland A, Matthews A (1998) J Vac Sci Technol A 16(5):2851.

[118] Rebholz C, Schneider JM, Voevodin AA, Steinebrunner J, Charitidis C, Logothetidis S, Leyland A, Matthews A (1999) Surf Coat Technol 113:126.

[119] Rebholz C, Leyland A, Matthews A (1999) Thin Solid Films 343 – 344:242.

[120] Rebholz C, Leyland A, Larour P, Charitidis C, Logothetidis S, Matthews A (1999) Surf Coat Technol 116 – 119:648.

[121] Rebholz C, Schneider JM, Leyland A, Matthews A (1999) Surf Coat Technol 112:85.

[122] Rebholz C, Ziegele H, Leyland A, Matthews A (1999) Surf Coat Technol 115:222.

[123] Musil J, Zeman P (1999) Vacuum 52:269.

[124] Abadias G, Tse YY, Michel A, Jaouen C, Jaouen M (2003) Thin Solid Films 43:166.

[125] Musil J, Żeman P, Hruby H, Mayrhofer PH (1999) Surf Coat Technol 120 – 121:179.

[126] He JL, Setsuhara Y, Shimizu I, Miyake S (2001) Surf Coat Technol 137:8.

[127] Ozturk A, Ezirmik KV, Kazmanlı K, Urgen M, Eryılmaz OL, Erdemir A (2008) Tribol Int 41:49.

[128] Tomala A, Gebeshuber IC, Pauschitz A, Roy M (2010) Int J Mater Res 101(7):845 – 851.

[129] Prasad S, Zabinski J (1997) Nature 387:761.

[130] Roy M (2006) In: Proceedings of the international conference on advances in materials and materials processing, Kharagpur, India, 3 – 5 Feb, p 202.

[131] Pauschitz A, Jisa R, Kvasnica S, Bernardi J, Koch T, Roy M (2008) Diam Relat Mater 17:2010.

[132] Zhang S, Bui XL, Sun D (2007) In: Zhang S, Ali N (eds) Nanocomposite thin films and coatings. Imperial College, London.

[133] Wang L, Zhang G, Wood RJK, Wang SC, Xue Q (2010) Surf Coat Technol 204:3517.

[134] Halubar P, Jilek M, Sima M (2000) Surf Coat Technol 133 – 134:145.

[135] Veprek S, Mannling HD, Jilek M, Halubar P (2004) Mater Sci Eng A366:202.

[136] Jilek M, Cselle T, Halubar P, Morstein M, Veprek – Heijman MGJ, Veprek S (2004) Plasma Chem Plasma Process 24(4):493.

[137] Cselle T (2003) Werkzeug Technick No 77, March 2 – 7.

[138] Fox VC, Renevier NM, Teer DG, Hampshire J, Rigato V (1998) In: Proceedings of the PSE conference, Garmisch Partenkirchen, 14 – 18.

[139] Teer DG, Hamphire J, Fox V, Bellido – Gonzalez V (1997) Surf Coat Technol 94(95):572.

[140] Renevier NM, Lobiondo N, Fox VC, Teer DG, Hampshire J (2000) Surf Coat Technol 123:84.

[141] Herman JM, Disdier J, Pichat P (1984) Chem Phys Lett 108:618.

[142] Asahi R, Morikawa T, Ohawaki T, Aoki K, Taga Y (2001) Science 293:269.

第3章 金刚石薄膜及其摩擦性能

3.1 引言

金刚石是目前世界上已知最硬的材料。最初人们认为它是有机材料,后来随着 X 射线衍射技术的发现和布拉格定律的形成,科学家和技术专家们认识到碳可以形成不同的形状,如立方形、六边形和不规则形状等。然而,金刚石是严格的面心立方体结构。该结构由 8 个角原子、6 个面心原子和相邻套构晶格中的其他 4 个原子构成。相临晶格之间的距离为单胞立方体对角线长度的 1/4。在金刚石晶体中,每个碳原子都以 sp^3 杂化原子轨道与另外 4 个碳原子形成 σ 键,构成正四面体。立方金刚石的 4 个(111)方向是沿着连接的方向。相位图 3.1 显示了金刚石、石墨和其他形态金刚石的稳定性范围[1]。

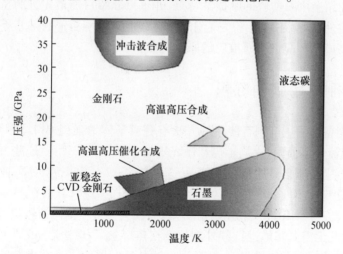

图 3.1 钻石、石墨和其他形态金刚石的稳定性范围相位图[1]

兼具功能和结构性能的硬涂层早已被广泛应用在提升机械零部件的摩擦性能上了,如切割和成型刀具[2]。金刚石薄膜以其一些突出的性能而广为人知,如机械强度高、导热性能好[3]、摩擦磨损性能优异[4,5]、耐腐蚀性好[6],等等。尽管金刚石薄膜摩擦性能研究过程非常复杂,但上述优点仍使其在抗摩擦应用中的应用潜力巨大。通常,金刚石涂层会对其配合面造成磨损,但对其本身却不会。由于这些涂层的柱状生长特性[7]，其粗糙度很大，使之不适合用于诸如微电子和光学部件等领域[8,9]。解决金刚石涂层粗糙度大这一问题的理想方法是使用光滑的纳米金刚石(NCD)薄膜。纳米金刚石薄膜现已迅速成为如微电子系统、生物传感器[10,11]和其他领域中高性能、机械摩擦表面理想的备选抗摩擦材料。

到目前为止，金刚石薄膜已经在多个基体上成功制备，但其中的化学反应也是不容忽视的[12]。不加中间层而只使用基体，反应性能较弱[13]。诸如 WC 和 SiC[14]等的陶瓷材料较为稳定，如 W、Mo 和 Si[15,16]等金属材料会迅速形成碳化层，使表面更为稳定。对于常规工具来说，使用硬质金属(WC-Co)制作其基体是非常重要的。因此，需要大量研究来解决金刚石涂层与硬质金属基体[17,18]的结合问题。由于金刚石薄膜与基体的结合对薄膜的摩擦性能起着关键性作用，因而研究人员开始采用不同方法提高薄膜的结合性，如过渡层的使用[19-21]、表面预处理的优化[22-24]和涂层制备方法的选择[25]。金刚石薄膜与基体的结合特性是由界面上的原子与成核金刚石碳原子之间的界面结合数量密度决定的，同时也受相应化学键强弱的影响。而这些特性又是由基体表面相位和相应涂层的生长环境决定的。

本章介绍金刚石薄膜的摩擦学特点，并重点介绍目前最先进的抗磨损金刚石涂层。另外，本章还会介绍在苛刻的摩擦环境下金刚石薄膜的重要应用。这也是这种高成本薄膜被不断推广的原因所在。

3.2　金刚石薄膜的沉积

用于制备高质量金刚石薄膜的方法有等离子体增强型 CVD、热丝 CVD、微波 CVD、直流电弧喷射、火焰燃烧和激光辅助 CVD 法[7,26-30]。这些方法都可以产生金刚石生长所必需的氢原子。

热灯丝 CVD 法是最早用于制备 CVD 金刚石的方法，该方法是由日本无机材料国家研究所(NIRIM)首先使用的。该方法会将整个基体加热到沉积所需要的温度，因此无需对基体进行额外加热。在热灯丝 CVD 法后，该研究所又很快设计出了微波等离子体增强型 CVD 法。这种反应器的一个重大缺陷是它无法独立控制基体和气体的温度。ASTeX 型反应器的研制解决了微波等离子体增强型 CVD 存在的这一问题，图 3.2 是 ASTeX 型反应器示意图。热灯丝 CVD 法的优点是成本低、简单易行、容易测量及在大面积基体上制备金刚石薄膜的能力。激光辅助 CVD 使用光作为加热源，可进行低温沉积、选区沉积或局部沉积，因其沉积能量低可以避免对薄膜的伤害[31]。

所有这些方法都有一个共同的制备顺序：首先必须通过使用等离子体或提

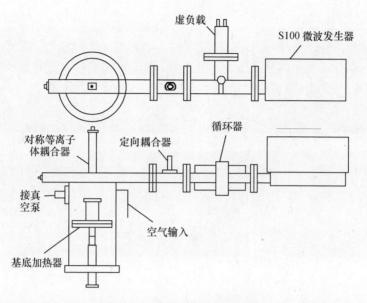

图 3.2　ASTeX 型反应器示意图

升温度的方法激活碳氢化合物、醇类等的含碳气相。然后添加少量 H_2O 或 CO_2。在良好的沉积环境下，如果有足够的氢原子以及碳过饱和度低的话，就可以制备高质量金刚石涂层[1,32]。当沉积条件有利时，金刚石中的缺陷数量就会增加，表面形态就会发生变化[33]。至少可以制备半刚石纳米金刚石[34,35]。

通过微波和热丝 CVD 可以制备纳米金刚石薄膜。要减小金刚石的晶粒尺寸必须改变气相，并使用额外的偏压增强成核（BEN）[36-39]。不同比例的氩气、甲烷和氢的混合体被用来制备纳米金刚石薄膜。增加甲烷/氢等离子体中甲烷的含量，可以提升成核率。人们曾使用微波辅助贫氢等离子体（$CH_4/H_2/Ar$）或氩浓度达到 97% 的 $C_{60}/H_2/Ar$ 来合成纳米金刚石薄膜，有时甚至不再增加氢分子[40-42]。

3.3　金刚石薄膜的特性描述

金刚石薄膜的特性可以通过多种技术研究得到，扫描电子显微镜（SEM）就是其中之一。金刚石薄膜的各种形态都可以通过扫描电子显微镜的显微图进行区分。图 3.3 所示为在不同条件下沉积得到的不同种类金刚石薄膜形态[43]。在最佳的沉积条件下，(111)晶面形成，并改变为(100)晶面和无小平面金钢石形态。如果沉积条件较差，就可以观察到含半刚石的石墨混合物[33]。为了研究薄膜生长的本质以及基体和膜之间界面的本质，需要使用扫描电子显微镜对横

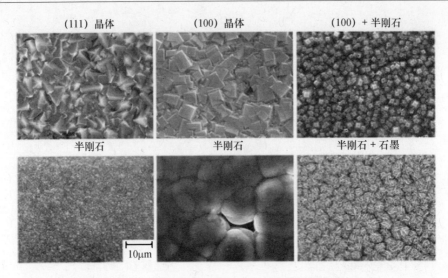

(111) 晶体　　　　　　(100) 晶体　　　　　(100) + 半刚石

半刚石　　　　　　　　半刚石　　　　　　半刚石 + 石墨

图 3.3　在不同条件下沉积得到的不同种类金刚石薄膜形态

截面进行分析。图 3.4 为纳米金刚石薄膜的横截面,通过该图可以观察到柱状结构以及 Si 基体与薄膜之间良好的界面。Van der 漂移生长机理可以解释这种结构[44]。透射电子显微镜(TEM)因为其高空间分辨率成为了可用于分析金刚石薄膜特性的另一有效方法,该方法可高效地区分纳米金刚石薄膜和一般的微晶金刚石薄膜。透射电子显微镜显示的金刚石薄膜结构如图 3.5 所示[45]。由于孔径较小,普通的透射电子显微镜无法清晰观测由纳米级晶粒构成的金刚石薄膜晶界。为了解决这个问题,出现了高分辨率电子显微术(HRTEM)。Jiao 等还进行了横截面透射电子显微分析[46]。需要指出的是,非晶碳层可通过物理气相沉积(PVD)的方法制备得到,这样的薄膜称为类金刚石(DLC)薄膜。这种薄膜的特性会因沉积条件的不同表现出很大差别。如果纳米金刚石的晶粒尺寸减小,非晶碳数量增加,这种薄膜最终成为类金刚石薄膜。

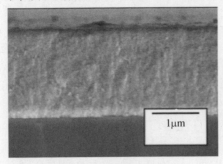

图 3.4　金刚石薄膜横截面
扫描电子显微图

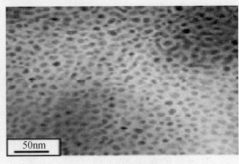

图 3.5　金刚石薄膜纳米
结构透射电子显微图

原子力显微镜(AFM)是研究金刚石薄膜形貌的重要手段。原子力显微镜显示的微晶金刚石薄膜和纳米金刚石薄膜的区别,如图 3.6 所示[47]。该图还显示了半刚石与微晶金刚石薄膜小面形态的差异,这些形貌图可用来测量薄膜的各种粗糙参数。表 3.1 总结了这些涂层之间差异较大的形貌参数。

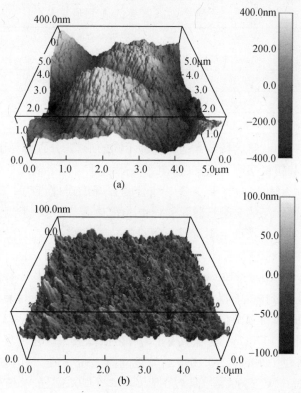

图 3.6　微晶金刚石薄膜与纳米金刚石薄膜原子力显微图对比

拉曼光谱仪是反映金刚石薄膜特征的一个非常有效的工具,广泛应用于化学制药和半导体行业中。使用拉曼光谱仪时,一束激光照射样本,然后收集散射光。散射光的波长和密度是分子官能基的度量单位。拉曼散射发生时伴随着分子的振动能、转动能和电子能的变化。拉曼散射对 P 键无定形碳和石墨的敏感度比对金刚石光子带的敏感度高 50 倍。因此,拉曼光谱仪可以通过计算薄膜中 sp^2 键碳的数量来确定金刚石薄膜的晶体质量。为了量化金刚石薄膜的质量,引入了金刚石质量因素,如下公式所示[48-50]:

$$q_D = \frac{75 \times \int I_D}{75 \times I_D + \sum_{ND} \int I_{ND}} \times 100\% \qquad (3.1)$$

式中:I_D 为金刚石的峰值强度;I_{ND} 是所有非金刚石碳相,如石墨、无定形碳等的峰值强度。

根据式(3.1),平滑纳米晶金刚石薄膜的金刚石质量为 75%。这主要是由于大量晶界的存在,以及大部分非金刚石相聚集在晶界处造成的。

表 3.1　不同金刚石薄膜的表面形貌参数

金刚石薄膜	参数			
	平均高度/mm	rms/nm	最小高度/nm	最大高度/nm
精细半刚石	− 66.0 ± 1.69	− 66.0 ± 1.3	− 67.6	− 64.3
精细半刚石	151.0 ± 9.	151.4 ± 7.8	152.2	209.6
小平面形态	29.9 ± 2.4	30.0 ± 1.7	27.9	33.0

从不同薄膜中获得的拉曼光谱有 3 种不同的形态,分别称为小平面形态、精细半刚石形态和粗糙半刚石形态,如图 3.7 所示[43]。3 个薄膜的强度均在波数 1340cm^{-1} 与 sp^3 键对应时达到峰值。纯金刚石峰的对应键为 1330cm^{-1}。粗糙半刚石和小平面形态的金刚石薄膜的峰值非常显著,而精细半刚石形态的金刚石薄膜的峰值较弱。精细半刚石形态薄膜的拉曼光谱显示,其微弱峰值出现在 1160cm^{-1},一个微弱的宽峰出现在 1300 ~ 1400cm^{-1} 之间,另一个宽峰出现在 1400 ~ 1650cm^{-1}。处于 1160cm^{-1} 和 1400 ~ 1650cm^{-1} 带的各个峰值分别属于金刚石纳米晶、G - 带微晶石墨、金刚石纳米晶。对处于 1300 ~ 1400cm^{-1} 之间的宽峰进行去卷积运算得到两个峰值 1330cm^{-1} 和 1370cm^{-1}。处于 1330cm^{-1} 的峰值属于金刚石,处于 1370cm^{-1} 的峰值属于 D - 带微晶石墨。粗糙半刚石形态的薄膜的拉曼光谱在 1400cm^{-1} 和 1650cm^{-1} 之间有一个宽峰。对其进行去卷积运算,得到 1470cm^{-1} 和 1560cm^{-1} 两个峰值。处于 1470cm^{-1} 的峰值通常存在于纳米晶金刚石薄膜中[51-53]。然而,Ferrari 和 Robertson[54]认为,该峰值属于处在金刚石纳米晶晶界处的乙炔。处于 1560cm^{-1} 的峰值属于 G - 带纳米晶石墨。G - 带的存在证明在薄膜中存在 sp^2 键碳。在这一点上,由于共振效应[55,56],拉曼测量(在 532nm 有激发态)对 sp^2 键碳比对 sp^3 键碳更敏感。粗糙半刚石形态的薄膜也在波数 1160cm^{-1} 处出现微弱峰值。这个峰值也可归为金刚石纳米晶。小平面形态的薄膜只有一个峰值。因此,有小平面形态的薄膜是最好的金刚石薄膜。

X 射线核心层反射和吸收光谱的位置具有对称性,光谱的量级和能量的位置特点包含了薄膜键合的信息。核心层光吸收的边缘处可用来量化薄膜的 sp^2 键和 sp^3 键的键合。它对材料的局部键级很敏感,这是因为类偶极子从有良好轨道角动量的核心状态跃迁到空电子状态(如反键)[57]。该技术可以用来确定最终状态的对称性。据此,也可辨明 sp^2 键和 sp^3 键的不同。另外,毫米级光子

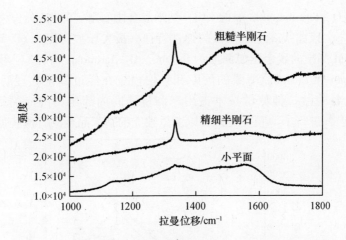

图 3.7　从不同薄膜中获得的拉曼光谱有三种不同的形态[43]

束的 NEXAFS(X 射线近吸收边精细结构)能够研究大面积薄膜。

电子能量损失谱(EELS)是研究材料电子结构的有力工具[58,59]。不同的晶体结构能量损失近边结构(ELNES)也不同。sp^2 键碳的 π^* 状态可在 282 ~ 288eV 之间观测到,σ^* 状态可在 290 ~ 320eV 之间观测到。sp^3 键碳的 σ^* 状态可在 289 ~ 320eV 之间观测到。因此,通过利用 EELS 和 ELNES 可以将金刚石和非金刚石相区分出来。从纳米晶金刚石薄膜中获得的 EELS 光谱如图 3.8 所示。特有的 σ^* 状态在 289eV 时体现得很明显。sp^2 键的峰值在 285.4eV 时是看不到的。薄膜强度在光谱形状接近 302eV 时达到最低值,表明获得的未填充状态的密度较低。

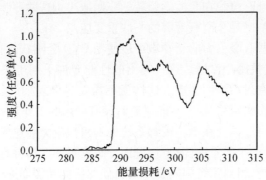

图 3.8　从纳米晶金刚石薄膜[45]中获得的 EELS 光谱

金刚石还有特殊的力学性能。但是由于粗糙度过高,很难测量微晶金刚石薄膜的力学性能。但纳米晶金刚石薄膜的力学性能可以通过纳米压痕技术测量。硬度、弹性模量,有时还包括压痕韧性,都可以通过压痕测试得到。H – ter-

minated 和 O – terminated 表面的 NCD(纳米晶金刚石薄膜)的载荷位移曲线如图
3.9 所示[60]。该曲线表现出很强的弹性特征。最大压痕深度为 60.7nm。而 H
– terminated 薄膜的残余压痕深度为 9.5nm。O – terminated 薄膜相对应的值分
别为 59.5nm 和 7.8nm。薄膜的硬度和弹性模量在经过氧化处理后有微量提
升。目前,各种微拉伸测试技术被用来测量薄膜内部压力的断裂韧性[61,62]。
Espinosa 等[62]进行了薄膜挠度试验以测量独立的纳米晶金刚石薄膜强度。

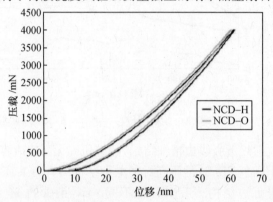

图 3.9 H – terminated NCD 薄膜和 O – terminated NCD 薄膜载荷位移曲线[60]

3.4 金刚石薄膜的摩擦学应用

金刚石薄膜的应用非常广泛,尽管它们有出色的摩擦性能,但在抗摩擦领域
应用却有限。金刚石薄膜在摩擦学领域的应用取决于这些薄膜是微晶体还是纳
米晶体。下面列举微晶金刚石薄膜的一些重要应用。

尽管已有一些有吸引力的新领域可以使用 CVD 金刚石薄膜,但这些薄膜依
然被用作低摩擦、抗磨损涂层。这一突出的性能允许采用工作介质同时用于润
滑和冷却的单一密封系统的制造。这样就不需要昂贵复杂的、有独立的密封和
降温系统的双工作密封系统[63]。即便暂时没有可用的工作液,镀有金刚石薄膜
的陶瓷密封系统也能承受在干转密封系统中的机械应力和热应力。没有金刚石
薄膜,无润滑面会产生大量摩擦热量,进而导致密封环变形并直接接触到快速旋
转的密封面。最终,密封系统因陶瓷摩擦对偶的脆性断裂而完全损坏。

镀有薄金刚石薄膜的切割和成形工具非常适合用于粗糙工件材料在极端条
件下(高速切割、干旋转)的加工和成形,如包含大量陶瓷分子、石墨、紫铜、黄铜
和耐火材料的金属复合材料(MMC)[64-66]。如果制备的薄膜质量够高(黏合、结
晶度、厚度、粗糙度方面),则它的高硬度、好的热导率、抗磨损、良好的化学稳定
性等内在特性将会延长工具的使用寿命并使之处于良好性能状态。木材加工用

的镀有金刚石薄膜的硬合金钻头如图3.10所示。

图3.10　木材加工用镀金刚石薄膜硬合金钻头(奥地利 Boehlerit GmbH 公司)

为能承受弯曲应力、剪应力、扭转应力和接触应力,许多动态装配机械都是用这种具有高硬度、强断裂韧性和较高抗折强度的材料制造的。很多情况下这些装配体必须在要求较高的摩擦环境下工作,所以需要镀上硬抗摩擦涂层,如金刚石薄膜[67]。然而,制备这种涂层需要沉积过渡层和昂贵的试验室反应器,从而才能为大量形状复杂的零件制备涂层。

轴承就属于此类机械部件,需要承受赫兹机械应力、表面牵引力和次表面剪应力[67]。这些极端条件要求在轴承表面制备硬度高的薄膜涂层。齿轮的内卷齿对部件抗磨损性能提出了比轴承更高的要求。在齿根和齿圆顶处,滑动部件的要求是最高的。人们想让金刚石涂层为这种部件提供更好的性能。镀有超纳米晶金刚石涂层的轴承和用于加工碳纤维复合材料的硬合金切割工具(Boehlerit GmbH 公司,奥地利)分别如图3.11(a)和图3.11(b)所示。

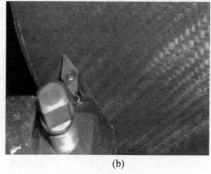

(a)　　　　　　　　　　　　　　　(b)

图3.11　(a)超纳米晶金刚石涂层轴承(先进金刚石科技公司,美国)和(b)正在加工碳纤维复合材料的金刚石涂层硬合金切割工具(CFC 碳纤维复合材料;
Boehlerit GmbH 公司,奥地利)

镀有金刚石薄膜的部件由于金刚石薄膜良好的抗磨损、抗侵蚀特性在医疗器械上得以应用。心脏泵匣就镀有金刚石薄膜。如图3.12所示的微型精密钛剪刀,得益于镀有金刚石涂层,使其使用寿命和功能性都得到了加强。许多刀具和其他生物医药器械都镀有金刚石涂层以提高摩擦性能。

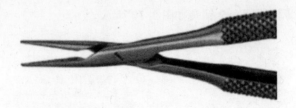

图 3.12　金刚石涂层钛微型精密剪刀（KLS Martin Group,德国）

3.5　金刚石薄膜的摩擦性能

现已有研究证实,有几个因素能够对金刚石薄膜的摩擦、磨损性能造成不良影响。

3.5.1　金刚石薄膜摩擦性能的重要特点

早些时候,人们认为金刚石的低摩擦是由其惰性、被动本质导致的[68]。但更多最新研究表明,杂质会对金刚石薄膜的摩擦性能产生很大的影响[69-71]。事实上,在没有任何剪切诱导的相变时,摩擦系数基本上是由大量悬键、重构键或吸附钝化表面键决定。当吸收的气体从金刚石薄膜滑动面移除的时候,悬键被激活而与对偶材料的原子形成强大的黏结结合,摩擦系数也因而增加。相反,如果金刚石表面暴露于杂质之下,摩擦系数则因悬键被再钝化而降低。研究发现,在各种吸收物质中,含有元素 H[72] 的摩擦系数最低,现在已经研制出新的有效方法对悬键进行钝化。通过增加元素 F,将金刚石和金刚石薄膜的磨损和摩擦系数降低[73-75]。随着温度的上升,一些悬键被重构,从而导致摩擦系数增加[76,77]。金刚石薄膜的摩擦性能也由薄膜的粗糙度和形态决定[78-80],还会受到微晶金刚石薄膜生长取向的影响。另外,对偶材料的种类也会大大影响金刚石薄膜[81,82] 的摩擦和磨损反应,这个现象将在下一节进行讨论。最后,也有研究者称,相变对金刚石薄膜的摩擦磨损性能发挥主要作用[79,83]。

用滑动距离对摩擦系数变化进行的分析可以发现不同的摩擦阶段以及相关的滑动机理转换[84]。摩擦系数中包含一个黏合成分和一个犁切成分。黏合成分可由下面的关系表示为[85]

$$\mu_{ad} = \frac{\tau_m}{H} \tag{3.2}$$

式中:H 为较软材料的硬度;τ_m 为接触粗糙峰的剪切强度,黏合成分取决于对接材料的黏合情况[86]。

犁切成分与表面塑性变形有关,该变形由硬粗糙峰划过较软对偶副表面产

生。如果打磨粗糙峰是一个角度为 θ 的锥形,则[85]:

$$\mu_{pl} = \tan\theta \tag{3.3}$$

如果金刚石粗糙峰的粗糙度会产生一个 30° 的平均攻击角,则由式(3.3)可以推断出犁切对摩擦产生的作用为 0.6。这个摩擦系数值已经多次在金刚石薄膜中观测到,尤其是在最初的磨合过程中。一旦薄膜经过持续的滑动变得平滑时,粗糙成分会减少,黏合成分开始发挥影响作用。在这样的机理下,由于犁切成分的增加,摩擦系数从一个较低的值开始增加。金刚石涂层的摩擦系数一般随滑动距离的变化而降低。Liu 等[87]和 Erdemir 等[88]将这个摩擦系数降低的情况归结为式(3.2)中 τ_m 的下降和富含石墨的过渡层的形成。有时也会发现摩擦系数大幅增加的情况,主要是由于涂层发生层裂导致的。总的来说,层裂是由拉伸应力或压缩应力导致的。对于压缩应力,层裂主要是由于皱曲或楔入导致的[89]。皱曲层裂通过结合破坏区域的核化在涂层和基底的结合界面上产生,并且沿着界面延伸。要获得皱曲开始的值,必须满足(从欧拉关系中获得)[89]:

$$\sigma_b = \frac{E_c}{3}\left(\frac{t\pi}{a}\right)^2 \tag{3.4}$$

式中:σ_b 为涂层的压缩应力;t 为涂层的厚度;α 为结合破坏区域的长度。

有些条件下会出现由楔入导致的层裂。由楔入导致的涂层损坏是典型的断裂过程,通常发生在脆性材料受到压缩应力时。当压缩剪切应力 σ_{sh}(当与表面成 45° 角时)达到一个临界值时,楔入就会产生,例如[89]:

$$\sigma_{sh} = \frac{K_{IIC}}{Y\sqrt{\pi a}} \tag{3.5}$$

式中:K_{IIC} 为模式涂层应力强度因子;Y 为常量;α 为涂层中一个缺陷的临界尺寸。

3.5.2　滑动磨损

研究者对各种摩擦机理中的金刚石薄膜滑动摩擦进行了大量研究。下面将介绍金刚石薄膜滑动摩擦的重要特点。

1. 粗糙度的影响

上面提到,多晶金刚石薄膜非常粗糙。除了环境特点和表面化学性质,金刚石薄膜的摩擦和磨损性能很大程度上是由涂层的表面粗糙度决定的。当表面粗糙度增加时,金刚石薄膜的摩擦系数会增加。几位研究者对金刚石薄膜摩擦系数与粗糙度进行了系统研究,结果如图 3.13 所示。更高的粗糙度会增加粗糙峰的坡度,进而增加摩擦系数[90]。有两个既定的机理可以解释摩擦系数会随着粗糙度的增加而增加:一是棘轮机理,粗糙峰相互摩擦会产生两个界面的相对运动;二是能量损失机理,粗糙峰相互推动。在滑动的最初阶段,也可能有其他工作机理发生作用。

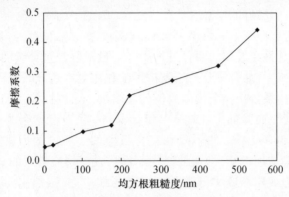

图 3.13　粗糙度对摩擦系数的影响

　　总的来说,涂层的粗糙度会随着时间而降低,摩擦系数也会降低。不论是机械原因还是化学原因[91],如果涂层被抛光,那么在滑动开始的时候摩擦系数就已经达到一个较低的值[92]。如果对偶界面材料不是金刚石,粗糙度对摩擦系数的影响就更加明显了。涂层粗糙度越高,就会导致对磨体磨损更大[93,94]。多晶金刚石涂层的摩擦、磨损性能以及接触界面的磨损极大地依赖于涂层和对偶材料的表面粗糙度、形态、晶体结构。用 Al_2O_3 球在表面粗糙、粗糙峰尖锐的(111)结构金刚石薄膜上滑动,摩擦系数要比(100)结构涂层的高很多,并且对偶材料磨损也很高[95]。在对金刚石薄膜抛光后,表面粗糙度、摩擦系数和对偶磨损都会大幅度下降。

2. 形态的影响

　　形态是另一个会影响金刚石薄膜的摩擦和磨损性能的重要参数。尽管很难将形态从粗糙度中分离出来,但仍能够观测到一个大致趋势。制备金刚石薄膜的目标是产生有小平面的金刚石层,即便在非最优生长条件下也能发现半球多晶金刚石(工业用球面金刚石)[96,97]。CVD 工业金刚石涂层也称为菜花状、球形金刚石涂层。通过很多小平面金刚石层可以获得大量沉积参数。这些方法通过激活 CH_4/H_2 混合气体来产生大量原子氢和碳自由基[98]。如果在气相中碳过度饱和,小平面金刚石的生长条件就会恶化,会生产出高密度孪晶和层错[34]。这样最终会导致"工业金刚石类"无小平面多晶金刚石的辐射性生长[99]。

　　SEM 图像显示的不同金刚石薄膜的形态如图 3.3 所示。不同金刚石薄膜的形态和结构差异很大。对 3 种不同形态的金刚石薄膜,如精细工业金刚石(D1)、粗糙工业金刚石(D2)和有小平面金刚石(D3)的摩擦系数、磨损特点进行了描述并发现:精细半刚石形态的金刚石薄膜相对来讲没有突出特点。D2 金刚石薄膜中显示有辐射性生长的粗糙半刚石形态,并且该形态可在金刚石生长条件与小平面金刚石相似时获得[100]。在 CH_4 含量为 2% 条件下生长的 D3 金刚石薄膜含有小平面形态的晶体,呈立方体–八面体和二十面体对称。薄膜在石墨附近生长时可以观察到这一半刚石形态。3 种薄膜在时间的作用下,摩擦系数的变化如图 3.14 所示。3 种薄膜的摩擦系数都从一个较高的初始值开始下降,直到达到一个稳定的较低的值。这种性能表现与纳米晶金刚石薄膜的情况一致[101],与一些微晶金刚石薄膜情况相反[102]。它通常与粗糙峰的严重塑性变形和第三体的产生有关[103]。3 种薄膜的摩擦系数都很低,为 0.2 ~ 0.3。其中,D2 薄膜的摩擦系数最低,D3 薄膜的摩擦系数最高。据一些研究人员的报告称,这个低摩擦系数是由于薄膜上的碳质材料转移到了对磨体上的原因[104]。使用电涡流传感器对包含薄膜和对磨球的摩擦系统的厚度磨损进行监测。在线摩擦研究结果如图 3.14 所示。很明显,3 个薄膜的总磨损高度变化率从一个较高的初始值开始下降,直到一个较低的值。D3 薄膜与其他两个薄膜相比,摩擦系数较高,是因为有小平面形态的 D3 薄膜在滑动过程中发生了断裂,产生磨粒。这些磨粒被"第三体"摩擦,从而增加了摩擦系数和磨损率。相反,有半刚石形态的 D1 和 D2 薄膜中的石墨碳质材料是使其摩擦系数低的原因。虽然小平面形态金刚石薄膜是金刚石薄膜中质量最好的,表面形貌参数也是最佳的,但在高载荷摩擦学应用领域中,要求低摩擦系数和低磨损率时,还是建议使用半刚石形态的金刚石薄膜[105]。

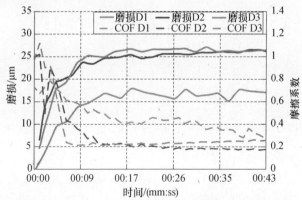

图 3.14　形态对金刚石薄膜的摩擦系数和磨损的影响

3. 环境的影响

如果对磨金刚石上进行有润滑剂的滑动时,金刚石薄膜的摩擦会大幅下降。目前,这个摩擦下降的原因到底是由滑动碎片的形成导致的,还是由表面产生化学变化而导致的仍不明确。Gardos 及其团队研究表明[106,107],无论是否镀有 SiC 薄膜,在气体压力低的时候,金刚石的摩擦系数都很低。摩擦系数随着温度的升高而上升,又随着试验温度的下降而下降。他们把这种现象归结为悬键的存在。个别研究人员还发现,由于石墨层的形成,摩擦系数会随着温度的上升而下降。也有其他研究者发现[108-110],在温度不断升高时,金刚石逐渐被氧化和石墨化,因此不适宜在高温下应用。

4. 对磨材料的影响

对磨材料对金刚石薄膜摩擦系数的影响可通过 Habig[81,111] 的研究得到。柱形图 3.15 显示了粗糙金刚石薄膜与不同滑动销对磨时的摩擦系数。正如预料的一样,金刚石薄膜相互对磨时摩擦系数较小。与其他对磨材料对磨时,摩擦系数很高。与摩擦系数情况一样的是,与金刚石薄膜对磨时,Si_3N_4 金刚石的磨损也很低。然而,即使摩擦系数很高,Si_3N_4 对磨销的磨损也很低。与所有对磨材料进行对磨,金刚石薄膜的摩擦系数会随着粗糙度的增加而增加。然而,Mohrbacher等[112]发现,金刚石薄膜的摩擦系数可以分为两类。当对磨材料是脆性材料,如金刚石或 Al_2O_3 时,摩擦系数低于 0.1;而当对磨材料为金属材料,如钢或 WC - Co 时,摩擦系数一般超过 0.5。以上的反应都是式(3.2)中所描述的转移膜的特性及其剪切应力强度 τ_m 所导致的。

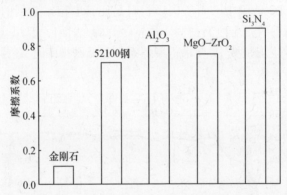

图 3.15　粗糙金刚石薄膜与各种滑动销摩擦时的摩擦系数柱状图

5. 转移膜和转移晶屑的影响

已被证实的是,摩擦的黏合成分与接触面的化学性质有关。如果产生的晶屑的特性和结构与原来的金刚石薄膜不同的话,摩擦特性也会变化。如果金刚石与金刚石进行对磨,形成的晶屑不是金刚石,而是石墨或无定形碳相,它的氧含量也比原先的金刚石高[69]。使用拉曼光谱学、电子能量损失光谱法、电子衍射和透射电子显微镜法进行的研究显示,大部分晶屑颗粒是高度杂乱的石墨微观结构。在摩擦测试中,在进行一定时间摩擦后大部分金刚石薄膜的摩擦系数下降了,这主要是由剪切强度更低的转移膜的形成或是低黏合强度的摩擦转移层的形成导致的[113]。因为对磨体一般比金刚石薄膜软,所以材料会被转移到金刚石薄膜上[114,115]。如果 Al_2O_3 在潮湿环境下与金刚石薄膜对磨,产生的晶屑会被改变,并在金刚石表面形成自润滑转移膜,进而减小摩擦系数。类似减小摩擦系数的方法还包括在金刚石薄膜上使用 MoS_2 自润滑层[116]。

3.5.3　磨粒磨损

在磨粒磨损条件下金刚石薄膜由于其高硬度而性能优异[117,118]。在很多情况下,薄膜会因为基体较差的力学性能而失效[119]。在摩擦过程中,摩擦系数有时高达 0.3,导致薄膜基底界面失效[120]。Alahelisten[121] 的研究显示,用 SiC 或 Al_2O_3 进行磨粒磨损时,金刚石薄膜的寿命会随着涂层厚度的增加而增加。在用金刚石磨粒进行的摩擦试验中,金刚石涂层与硬金属(WC‐Co)、Ti(C,N) 和 TiC 涂层进行对磨,金刚石涂层表现出很强的抗磨损性能[122,123]。金刚石涂层的磨损在突出的粗糙峰钝化时开始,一直持续到表面磨平为止。Tolkowsky 的研究表明,当金刚石与带有金刚石粉末的盘进行摩擦时,磨损掉的材料的量与旋转的圈数成正比,与旋转速度无关[124]。这表明,摩擦进程不是热激活的。摩擦进程与摩擦的方向有关[117]。

金刚石薄膜的粗糙度对对磨材料的摩擦磨损性能也有影响。粗糙度可在镀膜过程后期进行控制,如抛光或在镀膜时通过改变形态进行控制等。微波辅助化学气相沉积制备的涂层粗糙度随着甲烷浓度的不同而变化。摩擦试验表明,随着甲烷浓度的增加,铝制对磨材料的磨损率会下降。

Buijnsters 等[13]研究了基底温度和甲烷浓度对热丝 CVD 在钼基底上制备的多晶金刚石薄膜的结合力的影响。研究方法分别是压痕法、划痕法和沙粒磨损试验。通过压痕和划痕结合力试验发现,沉积温度高,结合力会更强,而甲烷浓度的增加会导致结合力下降。然而,沙粒摩擦试验显示,在甲烷浓度为 4.0% 时生长的薄膜的寿命是甲烷浓度低于这个值时生长的薄膜寿命的 3~8 倍,如图 3.16 所示。

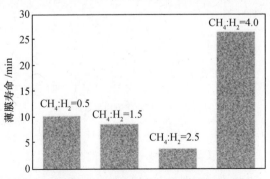

图 3.16　甲烷浓度对金刚石薄膜磨损率的影响

Gahlin 等使用 AFM 技术研究了金刚石薄膜与金刚石磨料对磨时,高双向应力对金刚石薄膜磨损率的影响[125]。他们的研究显示,高应力薄膜的磨损率是无应力涂层(自支撑涂层)的 5% ~20%。磨损机理的不同主要与裂纹扩展的方向有关。高应力涂层裂纹扩展的方向多与材料表面平行。{111} 晶面的抗磨损力比 {100} 晶面高很多[126]。因此,<111> 织构的金刚石薄膜晶面 {111} 与滑动平面平行,抗磨损力应该比 <100> 织构金刚石薄膜好[127]。磨损系数是一个能够反映主要磨损机理的重要参数。在金刚石薄膜与金刚石粒对磨时的磨损系数非常低,为 10^{-5}。其他 PVD 涂层,如 TiN 和 CrN 的磨损系数为 10^{-2}。这个值在严重摩擦时非常典型。在严重磨损过程中,材料去除是由微切削成形和微裂纹导致的。由于金刚石薄膜的磨损率为 10^{-5},微切削成形和微裂纹会在后续出现。在这种情况下,可能的磨损机理应该是由重复接触磨料导致的表面疲劳。这个机理涉及与磨料进行循环高应力接触导致的裂痕成核与扩展。

3.5.4 冲蚀磨损

对于金刚石薄膜的冲蚀磨损的研究结果非常少。冲蚀性能是由断裂和分层现象所决定的。Wheeler 和 Wood[128]指出,金刚石涂层的冲蚀率随着涂层厚度的增加而增加。Kral 等[129]的研究如图 3.17 所示。他们指出,镀有金刚石的 Si 材料的抗冲蚀力最好,镀有金刚石涂层的 Ti - 6Al - 4V 材料的抗冲蚀力比无涂层基底的好。由于涂层基底界面的高残余应力和应力集中,涂层会因为分层而失效。

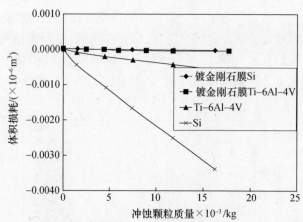

图 3.17　镀金刚石膜 Si、Ti - 6Al - 4V 基底与
未镀膜 Si、Ti - 6Al - 4V 基底的冲蚀率[129]

Head 和 Harr[130]建立了一个脆性材料磨损率模型。根据该模型,参数 D 为单位体积的抗冲蚀力,由以下等式获得:

$$D = H_t - \alpha \left\{ \frac{H_t - T}{\pi/2} \right\} \tag{3.6}$$

式中：T 为韧度模量，由以下等式获得：

$$T = \frac{\varepsilon_u}{2}(\sigma_y + \sigma_u) \tag{3.7}$$

回归分析给出了脆性材料的冲蚀率 W 为

$$W = \frac{V^{3.06}\alpha^{2.69}H_P^{2.08}D^{0.03}}{H_t^{3.64}} \tag{3.8}$$

式中：ε_u 为极限拉应变；σ_y 为 2% 屈服强度；σ_u 为极限拉强度；α 为冲蚀角度；H_t 为目标硬度；H_P 为冲蚀粒子硬度。

将 Head 和 Harr[130] 所预计的理论冲蚀率与试验结果进行比较，试验结果比理论值低 $0.2 \times 10^{-3} \sim 7 \times 10^{-3}$。

Feng 等[131] 研究了冲蚀角度为 90°，冲蚀速度在 34m/s 和 59m/s 的条件下，在 Si 和 Si$_3$N$_4$ 两种基体上厚度为 6～15μm 的金刚石薄膜的抗冲蚀性能。研究发现，CVD 金刚石与天然金刚石的特性相似。主要的区别是材料去除方式不同。在试验中，金刚石薄膜与基底发生分层，但对于天然金刚石，当环状断裂或锥形裂纹交叉，将少量金刚石从材料上分离出来时，发生了材料去除现象[132]。Alahelisten 等[133] 使用 46m/s 和 72m/s 的冲蚀速度，发现冲蚀率随着涂层的厚度而增加。然而，这些结果是在厚度为 1.5～6μm 的非常薄的涂层上获得的。Wheeler 和 Wood[134] 的研究表明，与无涂层 SiC 相比，镀上厚度为 15μm 的 CVD 金刚石薄膜后，材料的抗冲蚀性能会大幅提升。在 SiC 材料上沉积的 CVD 金刚石薄膜的抗冲蚀性能比多晶金刚石薄膜高出 200 倍。研究结果还显示，当冲蚀速度为 268m/s 时，钨基底上的厚度为 39～47μm 的 CVD 金刚石薄膜的冲蚀率为硬质 WC－7Ni 合金的 1/7。该研究结果如图 3.18 所示，与其他材料相比，CVD 金刚石薄膜可以大幅提高材料的抗冲蚀力。

Wheeler 和 Wood[128] 还发现，在冲蚀速度为 268m/s 时，多层厚 CVD 金刚石薄膜的冲蚀率比碳化物硬质合金的低一个数量级。他们还指出，与类似厚度的单层涂层相比，多层涂层的冲蚀性能要高出 3～4 倍。该研究表明，对于厚度为 60～160μm 的多层涂层，冲蚀率与厚度基本无关。Wheeler 和 Wood[135] 的另一项研究揭示出，试验中使用不同冲蚀角度，都会发现环状裂纹和销孔。另外，环状裂纹的直径和高宽比与冲角无关，而前者与涂层的厚度有关。当涂层厚度为 60μm 时，其裂纹直径大于厚度为 37～43μm 涂层上的裂纹。这就提供了更多的证据证实 Hertzian 理论无法解释环状裂纹形成的机理。涂层冲蚀率随厚度变化规律如图 3.19 所示。

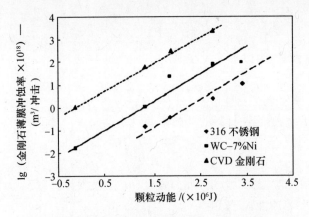

图 3.18 颗粒动能对 W、烧结 WC – 7% Ni 和 316
不锈钢上重叠的金刚石薄膜冲蚀率的影响

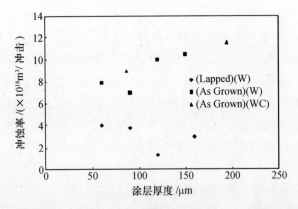

图 3.19 涂层厚度对重叠 W、WC 基体金刚石薄膜和单层薄膜冲蚀率的影响

3.5.5 振动磨损

金刚石薄膜的主要用途是模拟微动磨损,但人们对金刚石薄膜微动磨损的研究也是极为有限的。在钢球表面进行金刚石涂层的微动试验表明,两者接触条件下的磨损机理主要是疲劳。根据 Alzoubi 等[136]的研究,金刚石涂层厚度增加,其磨损率也随之增加。因为相对较软的钢球不可能对相对较硬的金刚石涂层造成磨损,磨损机理应当就是疲劳。因此可以得出结论,如果疲劳磨损就是磨损机理,较厚的涂层比较薄的涂层磨损速度更快。当摩擦双方均为金刚石涂层时,在微动条件下的磨损机理就是磨损行为本身[137,138]。一般情况下,在脆性非金属材料上滑动时摩擦系数低,而在金属材料上振荡滑动时摩擦系数则很高。根据 Liu[139]等的研究,振荡滑动刚开始时的摩擦系数高,这与涂层的形态、结构和与金刚石晶体的大小和方向有关。Miyoshi 对观测结果的总结如表 3.2 所列。

正如 Miyoshi 所述,作为可沉积和碳注入的金刚石涂层能够作为自润滑膜而使用。呈现碳离子注入和微粒状的金刚石薄膜可作为具有抗磨损并能自润滑功能的涂层而有效加以使用,不仅可以在潮湿的空气和干燥的氮气中使用,而且可以在超高真空中使用。基金刚石薄膜在真空中摩擦系数相对较高,不适合在真空中使用。Skopp 和 Klaffke[141] 指出,在磨合期间系统磨损主要是由磨料磨损造成,并发生材料向金刚石涂层转移的情况。最初的磨损阶段之后,在 100Cr6 上的磨损机理主要是粘着磨损,在 Al_2O_3 上摩擦主要是化学摩擦磨损机制,且会形成有效的"摩擦反应层"。依据试验条件、测试持续时间和对磨体材料,摩擦系数为 $0.03 \sim 0.7$,磨损率低于 $1 \times 10^{-7} mm^3/m$,按照同样的金刚石涂层、同样的试验装置和同样的测试配置,测定了磨损率 $1 \times 10^{-5} mm^3/m$。相对湿度对磨损率也起到至关重要的作用。在图 3.20 中,Skopp 和 Klaffke[141] 的研究表明,金刚石薄膜的磨损体积随着相对湿度的增加而增加。这种变化归因于水化层的形成,而去掉水化层则很容易。

表 3.2　金刚石薄膜的摩擦学特性总结

环境	特性	细粒度	粗粒度
未处理金刚石涂层			
处于空气和干燥氮气	磨合期摩擦系数	0.15	>0.4
	30000 次往复后摩擦系数	$0.03 \sim 0.04$	$0.03 \sim 0.04$
	磨损率/(m^3/m)	10^{-17}	$10^{-17} \sim 10^{-16}$
处于真空中	磨合期摩擦系数	1.2	1.2
	30000 次往复后摩擦系数	1.7	1.7
	磨损率/(m^3/m)	10^{-13}	$1 - 4 \times 10^{-13}$
碳离子注入金刚石涂层			
处于空气中	磨合期摩擦系数	0.1	0.3
	30000 次往复后摩擦系数	0.08	0.1
	磨损率/(m^3/m)	10^{-16}	10^{-16}
处于干燥氮气中	磨合期摩擦系数	0.06	0.12
	30000 次往复后摩擦系数	0.05	0.08
	磨损率/(m^3/m)	10^{-16}	10^{-16}
处于真空中	磨合期摩擦系数	$0.1 \sim 0.15$	0.2
	30000 次往复后摩擦系数	<0.1	0.35
	磨损率/(m^3/m)	10^{-15}	10^{-15}

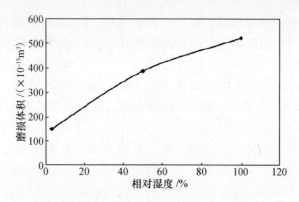

图 3.20   相对湿度对金刚石薄膜磨损体积的影响

3.6   纳米晶体金刚石薄膜的摩擦学

在过去的几年中,纳米晶体金刚石(NCD)薄膜一直是研究热点。金刚石薄膜的特有属性,如高硬度、刚性、热传导率、摩擦系数低、耐化学腐蚀和不透水,使其成为很多工程应用领域的最佳材料,包括刀具和机械装配设备等[10,142]。在减少不同陶瓷材料的摩擦磨损方面,纳米晶体金刚石薄膜的潜力也已得到了证实,并在一些文献中被提及[143-147]。试验测试了球形硬金属基板上沉积的纳米晶体金刚石涂料在干燥和涂上润滑剂(水、油)的硬质合金、滚珠轴承钢、不锈钢、钛和铝上滑动的特性[144]。总之,研究表明,光滑的纳米晶体金刚石表面能够显著降低干燥和水润滑条件下金属材料滑动时所产生的摩擦及磨损。应指出对氮化硅基板的氢等离子体预处理能够使处于纳米晶体金刚石涂层摩擦压力之下的分层阈负载产生有益的影响[145]。涂层与基板之间足够的附着力对摩擦学的应用是至关重要的。由于热膨胀系数低,沉积无应力高附着纳米晶体金刚石涂层的氮化硅和碳化硅陶瓷成了潜力巨大的材料[146]。正因为如此,纳米晶体金刚石涂层材料的摩擦研究主要是以氮化硅和碳化硅作为基板材料样本而开展的。

一般来说,使用纳米晶体金刚石薄膜会显著降低摩擦磨损特性[148-150]。这种对摩擦磨损的降低不仅在周围润滑及非润滑的条件下可以观察到,还可以在生理溶液下观察到。在大多数的操作中,我们可以观察到在短暂的磨合期间,首先是较低而稳定的摩擦状态,接着才是较高的摩擦状态。这种反应通常是由于碳质层的形成。多数研究发现,深层次的磨损主要是由微磨损引起的。

对纳米晶体金刚石磨损研究中,有润滑剂作用下涂层样本的表面粗糙度为 $Ra = 0.02 \sim 0.04\mu m$ 时,摩擦系数和摩擦副的磨损如图 3.21 和图 3.22 所示[151]。研究表明,润滑油的性质对摩擦系数和磨损几乎没有影响。然而,在使用各种薄膜时,润滑剂能够略微降低摩擦系数。在大多数情况下摩擦值高于 0.1(0.11~0.17),对于所选择的恶劣测试条件,这个结果是可接受的。在这种情况下 H-terminated 样本和 O-terminated 样本之间没有显著差异。然而最佳结果却是通过对 O-terminated 样本加涂层而取得的。测试刚开始时比压很高(计算出的赫兹压力约为 1800N/mm^2)。测试结束时,H-terminated 样本和 O-terminated 样本表面接触比压估计分别可达 50~60N/mm^2 和 80~82N/mm^2,涂层表面没有太大的磨损。总体来说,纳米金刚石涂层的 O-terminated 样本具有更好的摩擦性能。

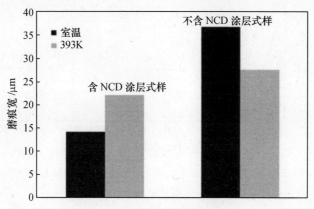

图 3.21　NCD 涂层试样摩擦副磨损[151]

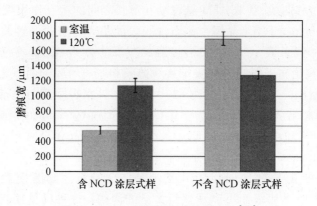

图 3.22　NCD 涂层试样摩擦副磨损[151]

3.7　微米和纳米级金刚石薄膜摩擦学

由于微晶体金刚石(MCD)薄膜表面非常粗糙,所以人们没有对微晶体金刚石薄膜的微摩擦或纳米摩擦磨损行为进行研究,这种研究仅局限于纳米晶体金刚石薄膜。MEMS 和 NEMS 的发展使得微米摩擦和纳米摩擦学相互关联。新设备和超高速计算机的进步使得这种研究成为可能。图 3.23 显示了 H-terminated 和 O-terminated 纳米晶体金刚石薄膜在负载为 200mN 的钢球上滑动时摩擦系数的变化[45]。摩擦系数由开始的最高值到最后稳定降低。O-terminated 薄膜的摩擦系数一直高于 H-terminated 薄膜的摩擦系数。

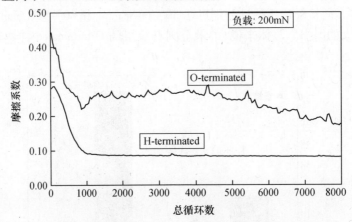

图 3.23　在负载为 200mN 时 H-terminated 和 O-terminated NCD
薄膜在钢球上滑动的摩擦系数变化[45]

对纳米晶体金刚石薄膜的纳米摩擦磨损行为可以通过 AFM 进行研究。通过记录挠度位移曲线,获取 AFM 悬臂端和薄膜之间的相互作用特性。H-terminated 和 O-terminated 纳米晶体金刚石薄膜表面距离与悬臂偏转关系如图 3.24 所示。深色的线条表示 AFM 尖端接触到减摩金属表面,而浅色的线条代表 AFM 尖端脱离金属表面。AFM 尖端接触薄膜和脱离薄膜的两点之间的垂直间隔就是可测量出的分离力(附着力)的大小。这种水平距离与尖端的弹簧常数(0.1nN/nm)相乘就是分离力[152]。H-terminated 和 O-terminated 薄膜的分离力分别是 12.8nN 和 406.9nN。因此,O-terminated 纳米晶体金刚石表面的分离力明显高于 H-terminated 纳米晶体金刚石表面的分离力。

利用 AFM 获得的 H-terminated 纳米晶体金刚石薄膜磨损表面图像如图 3.25 所示[45],在薄膜表面可以观察到大量的沟槽。这种沟槽使材料沿凹槽的两侧向上。这些偏离表面的材料在摩擦过程中被切离,导致材料损失。这些凹槽是由于表面微凸体和碎片的犁削而形成的。摩擦过程中形成的残留金属氧化物是永久性沟槽形成的主要原因,这些沟槽在 O 型薄膜上分布更加均匀,间距更小,且高度更大。

梁等[153]采用微波等离子体化学蒸气沉积系统下的镜面抛光 Ti – 6Al – 4V 基板上沉积纯净无掺杂硼和掺杂硼的纳米晶体金刚石薄膜。结果发现,对于金

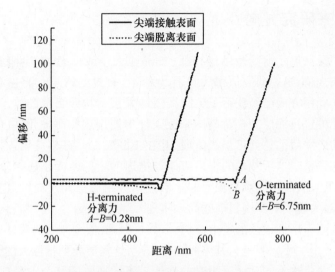

图 3.24 AFM 悬臂的偏转与 H-terminated 和 O-terminated NCD
薄膜表面距离之间的关系

图 3.25 从 H-terminated 纳米薄膜磨损表面获得的 AFM 图像

刚石或金刚石载片而言,载荷增加,其摩擦系数降低。同时也发现,掺硼的纳米晶体金刚石薄膜的磨损率高于纯净无掺杂的纳米晶体金刚石薄膜磨损率约 10 倍。研究发现纯净无掺杂的纳米晶体金刚石薄膜磨损率约为 $5.2 \times 10^{-9} \mathrm{mm}^3/\mathrm{m}$。这个磨损值可堪比最著名的抛光多晶体金刚石薄膜的磨损值。纯净无掺杂的纳米晶体金刚石薄膜尽管表面没有变形,但可观察到其薄膜分层或微裂缝,而掺硼的纳米晶体金刚石薄膜则在正应力为 2.2GPa 时出现严重失效,正应力超过 2.2GPa 时,其表面变形是显而易见的。

3.8 未来研究方向

目前还无法揭示薄膜微结构特征(如晶粒大小或形态)对金刚石摩擦磨损行为的影响规律,这些研究值得我们予以关注。在过去的几十年里,制备技术和金刚石薄膜利用方面已经获得了突飞猛进的发展。按照目前的技术水平,对大量的摩擦元件进行涂层并在苛刻的摩擦条件下使用这些摩擦元件已成为可能。许多这样的应用目前还处于初级阶段,并在不断发展。许多应用正接受可靠性和耐久性的评估。这项技术的很多应用被推迟的主要原因是成本较高、结合力差、可靠性低。虽然这些难以获得的涂层技术会给摩擦元件提供更多的发展空间,但它们被大规模的利用目前还尚未实现。

由于金刚石惰性极强的特点,对大多数材料来说,金刚石薄膜的内在结合力很差,其中一个主要原因是与基体的结合力差,这需要我们把巨大的精力投入到研究金刚石薄膜在不同基体沉积时的性能。不同薄膜的结合力呈现差异性,这取决于基体和过渡层材料。结合力也因采用不同的沉积技术和处理方法而有所改变。我们需要对评价和提高金刚石薄膜与不同基体的结合力而进行全面的研究。

金刚石薄膜表面粗糙度大是其大规模应用到微电子领域的另一大障碍。可用化学气相沉积法来降低金刚石薄膜的粗糙度。虽然此方法的效果远未能令人满意,但通过改进处理参数、过程控制和过程创新可能会促进该技术方向的发展。

自支撑金刚石薄膜正越来越多地用于微电子机械系统中。因其较高的可靠性和改进的力学性能,自支撑金刚石薄膜的开发和发展近年来吸引了研究人员的极大关注。金刚石薄膜的这种发展将伴随后处理技术,如精密加工、精密磨削等的改进而有所发展。

参 考 文 献

[1] Bundy FP (1980) J Geophys Res 85(B12):6930.

[2] Lux B, Haubner R (1998) CVD diamond for cutting tools. In: Dischler B, Wild C (eds) Low pressure synthetic diamond. Springer, Berlin, p 223.

[3] Sigals I, Caveney RJ (eds) Diamond materials and their applications, Verlag GmbH, p 479.

[4] Donnet C (1996) Surf Coat Technol 80:139.

[5] Zehnder T, Patscheider J (2000) Surf Coat Technol 133–134:138.

[6] Wu RLC, Miyoshi K, Vuppuladhadium R, Jackson HE (1992) Surf Coat Technol 54(55):576.

[7] Haubner R, Lux B (1993) Diam Relat Mater 2:1277.

[8] Kohzaki M, Higuchi K, Noda S, Uccida K (1992) J Mater Res 7:1769.

[9] Miyoshi K, Wu RLC, Garscadden A (1992) Surf Coat Technol 54(55):428.

[10] Olszyna A, Smolik J (2004) Thin Solid Films 459:224.

[11] Gerbi JE, Birrel J, Sardela M, Carlisle JA (2005) Thin Solid Films 473:41.

[12] Köpf A, Lux B, Haubner R (2001) New Diam Front Carbon Technol 11:11.

[13] Buijnsters JG, Shankar P, van Enckevort WJP, Schermer JJ, ter Meulen JJ (2005) Thin Solid Films 474: 186.

[14] Deuerler F, Lemmer O, Frank M, Pohl M, Heising C (2002) Int J Refract Met Hard Mater 20:115.

[15] Wang WL, Liao KJ, Fang L, Esteve J, Polo MC (2001) Diam Relat Mater 10:383.

[16] Zeiler E, Klaffke D, Hiltner K, Grogler T, Rosiwal SM, Singer RF (1999) Surf Coat Technol 116:599.

[17] Haubner R, Schubert WD, Lux B (1998) Int J Refract Met Hard Mater 16:177.

[18] Haubner R, Kalss W (2010) Int J Refract Met Hard Mater 28:S. 475.

[19] Glozman O, Halperin G, Etsion I, Berner A, Schectman D, Lee GH, Hoffman A (1999) Diam Relat Mater 8:859.

[20] Glozman O, Berner A, Schectman D, Hoffman A (1998) Diam Relat Mater 7:595.

[21] Haubner R, Lux B (2006) Int J Refract Met Hard Mater 24:380.

[22] Avigal Y, Hoffman A (1999) Diam Relat Mater 8:127.

[23] Iijima S, Aikawa Y, Baba K (1990) Appl Phys Lett 57:2646.

[24] Wolter SD, Okuzume F, Prater JT, Sitar Z (2003) Thin Solid Film 440:145.

[25] Haubner R, Köpf A, Lux B (2002) Diam Relat Mater 11:555.

[26] Tachibana T, Ando Y, Watanabe A, Nishibayashi Y, Kobashi K, Hirao T, Oura K (2001) Diam Relat Mater 10:1569.

[27] Ahmed W, Sein H, Ali N, Garcio J, Woodswards R (2003) Diam Relat Mater 12:1300.

[28] Matsumoto S, Sato Y, Kamo M, Setaka N (1982) Jpn J Appl Phys 21:L183.

[29] Butler JE, Windischman H (1998) MRS Bull 23:22.

[30] Lux B, Haubner R, Holtzer H, Devaries RC (1997) Int J Refract Met Hard Mater 15:263.

[31] Choy KL (2003) Prog Mater Sci 48:57.

[32] Lindlbauer A, Haubner R, Lux B (1992) Int J Refract Met Hard Mater 11:247.

[33] Joksch M, Wurzinger P, Pongratz P, Haubner R, Lux B (1994) Diam Relat Mater 3:681.

[34] Lux B, Haubner R, Holzer H, De Vries RC (1997) Int J Refract Met Hard Mater 15:263.

[35] Haubner R, Lux B (2002) Int J Refract Met Hard Mater 20:93.

[36] Lee ST, Pang HY, Zhou XT, Wang N, Lee CS, Bello I, Lifshitz Y (2000) Science 287:104.

[37] Zhou XT, Lee Q, Meng FY, Bello I, Lee CS, Lee ST, Lifshitz Y (2002) Appl Phys Lett 80:3307.

[38] Chen HG, Chang L (2005) Diam Relat Mater 14:183.

[39] Liu H, Dandy DS (1995) Diam Relat Mater 4:1173.

[40] Popov C, Kulisch W, Gibson PN, Ceccone G, Jelinek M (2004) Diam Relat Mater 13:1371.

[41] Wu K, Wang EG, Cao ZX, Wang ZL, Jiang X (2000) J Appl Phys 88:2967.

[42] Zhou D, McGauley TG, Qin LC, Krauss AR, Gruen DM (1998) J Appl Phys 83:540.

[43] Bogus A, Gebeshuber IC, Pauschitz A, Roy M, Haubner R (2008) Diam Relat Mater 17:1998.

[44] Drift A (1967) Philips Res Rep 22:267.

[45] Roy M, Ghodbane S, Koch T, Pauschitz A, Steinmüller – Nethl D, Tomala A, Tomastik C, Franek F

(2011) Diam Relat Mater 20:573.

[46] Jiao S, Sumant A, Kirk MA, Gruen DM, Krauss AR, Auciello O (2001) J Appl Phys 90:118.

[47] Roy M, Vorlaufer G, Pauschitz A, Haubner R (2010) J Tribol Surf Eng 1:1.

[48] Schade A, Rosiwal SM, Singer RF (2007) Surf Coat Technol 201:6197.

[49] Griesser M, Grasserbauer M, Kellner R, Bohr S, Haubner R, Lux B (1995) Fresenius J Anal Chem 352:763.

[50] Bühlmann S, Blank E, Haubner R, Lux B (1999) Diam Relat Mater 8:194.

[51] Gruen DM, Pan X, Krauss AR, Liu S, Luo J, Foster CM (1994) J Vac Sci Technol A 12:1491.

[52] Nemanich RJ, Glass JT, Lucovsky G, Shroder RE (1988) J Vac Sci Technol A 6:1783.

[53] Prawer S, Nugent KW, Jamieson DN, Orwa JO, Bursill LA, Peng JL (2000) Chem Phys Lett 332:93.

[54] Ferrari AC, Robertson J (2001) Phys Rev B 63:121405.

[55] Night DS, White WB (1989) J Mater Res 4:385.

[56] Okada K, Kanda K, Komatsu S, Matsumoto S (2001) J Appl Phys 88:1674.

[57] Gruen DM, Krauss AR, Zuiker CD, Scsencsits R, Terminello LJ, Carlise JA, Jimenez I, Sutherland DGJ, Shuh DK, Tong W, Himpsel FJ (1996) Appl Phys Lett 68:1640.

[58] Kimoto K, Sekiguchi T, Aoyama T (1997) J Electron Microsc 46:369.

[59] Bridson R (2001) Electron energy loss spectroscopy. Springer, New York.

[60] Roy M, Koch T, Steinmuller D, Pauschitz A (2009) In: Proceedings of the 3rd Vienna conference in nanotechnology, Vienna, 18 – 20 Mar 2009.

[61] Sharpe WN, Jackson KM, Hemkar KJ, Xie Z (2001) J Microelectromech Syst 10:3.

[62] Espinosa HD, Porok BC, Peng B, Kim KH, Moldovan N, Auciello O, Carlise JA, Gruen DM, Mancini DC (2003) Exp Mech 43:256.

[63] Hallman P, Bjorkman O, Alahelisten A, Hogmark S (1998) Surf Coat Technol 105:169.

[64] Collins JL (2001) In: Kneringer G, Rodhammer P, Wildner H (eds) Proceedings of the 5th international Plansee seminar, vol 2, HM 94, Reutte. Plansee AG, pp 711 – 725.

[65] Layendecker T, Lemmer O, Jurgens A, Esser S (1999) Surf Coat Technol 48:253.

[66] Schafer L, Gabler J (2000) In: Batz W (ed) Proceedings of the 12th international colloquium tribology 2000 plus, vol III, 11 – 13 Jan 2000, Esslingen.

[67] Braza JF, Sudarshan TS (1992) Mater Sci Technol 8:574.

[68] Bowden FP, Hanwell AE (1966) Proc R Soc Lond A295:233.

[69] Gardos MN (1999) Surf Coat Technol 113:183.

[70] Miyoshi K, Wu RLC, Garscadden A, Barnes PN, Jackson HE (1993) J Appl Phys 74:4446.

[71] Chandraseka S, Bhushan B (1992) Wear 153:79.

[72] Gardos MN, Gebelich SA (1999) Tribol Lett 6:103.

[73] Miyake S (1994) Appl Phys Lett 65:1109.

[74] Smentkowski VS, Yates JT Jr (1996) MRS Symp 416:293.

[75] Molian PA, Janvrin B, Molian AM (1993) Wear 165:133.

[76] Dugger D, Peebles E, Pope LE (1992) In: Chung YW, Homolo AM, Street GB (eds) Surface science investigation in tribology, ACS symposium series 485, American Chemical Society, Washington, DC, p 72.

[77] Gardos MN (1994) In: Spears KE, Dismukes JP (eds) Emerging CVD science and technology. Wiley, New York, p 419.

［78］ Hayward IP（1991）Surf Coat Technol 49:554.

［79］ Erdemir A, Halter M, Fenske GR, Zuiker GR, Csencsits C, Krauss R, Gruen DM（1997）Tribol Trans 40:667.

［80］ Erdemir A, Fenske GR, Krauss R, Gruen DM, McCauley T, Csencsits C（1999）Surf Coat Technol 121: 589.

［81］ Gangopadhyay AK, Tamor MA（1993）Wear 169:221.

［82］ Hayward IP, Singer IL, Seitzman LE（1992）Wear 157:215.

［83］ Gardos MN, Ravi KV（1994）Diam Films Technol 4:139.

［84］ Lim SC, Ashby MF, Brunton JH（1997）Acta Metall 35:1342.

［85］ Hutchings IM（1992）Tribology. Edward Arnold, London.

［86］ Rabinowicz E（1965）Friction and wear of materials. Wiley, New York.

［87］ Liu Y, Erdemir A, Meletis EI（1996）Surf Coat Technol 82:48.

［88］ Erdemir A, Bindal C, Pagan J, Wilbur P（1995）Surf Coat Technol 76 – 77:559.

［89］ Strawbridge A, Evans HE（1995）Eng Fail Anal 22:85.

［90］ Hayward IP, Singer IL, Seitzman LE（1991）Wear 157:215.

［91］ Thorpe TP, Morrish AA, Hanssen LM, Butler JE, Snail KA（1990）In: Proceedings of the diamond optics – Ⅲ, San Diego, July 1990, p 230.

［92］ Blau PJ, Yust CS, Heatherly LJ, Clausing RE（1990）In: Dawson D, Taylor CM, Godets M（eds）Mechanics of coatings. Leeds Lyon symposium 16（Tribology series 17）. Elsevier, Amsterdam.

［93］ Wong M S, Meilunas R, Ong TP, Chang RPH. In: Pope LE, Fehrenbacker LL, Winer WO（eds）New materials approaches to tribology. Proceedings of Material Research Society Symposium.

［94］ Bühlmann FS, Blank E, Haubner R, Lux B（1999）Diamond Relat Mater 8（2 – 5）:194.

［95］ Fu Y, Yan B, Loha NL, Sun CQ, Hing P（2000）Mater Sci Eng A282:38.

［96］ Haubner R, Lux B（2000）Diam Relat Mater 9:1154.

［97］ Lindlbauer A（1992）Int J Refract Met Hard Mater 11:247.

［98］ Michler J, Stiegler J, von Kaenel Y, Moeckli P, Dorsch W, Stenkamp D, Blank E（1997）J Cryst Growth 172:404.

［99］ Joksh M, Wurzinger P, Pongratz P, Haubner R, Lux B（1994）Diam Relat Mater 3:681.

［100］ Chromik RC, Winfrey AL, Lüining J, Nimanich RJ, Wahl KJ（2008）Wear 256:477.

［101］ Erdemir E, Fenske GR, Krauss AR, Gruen DM, Macauley T, Csencsits RT（1999）Surf Coat Technol 120 – 121:565.

［102］ Godet M（1984）Wear 100:437.

［103］ Grillo SE, Field JE（1997）J Phys D Appl Phys 30:202.

［104］ Bogus A, Gebeshuber IC, Pauschitz A, Roy M, Haubner R（1998）Diam Relat Mater 17（2008）.

［105］ Gardos MN, Ravi KV（1989）In: Proceedings of the international symposium on diamond and diamond like carbon, vol 89. Electrochemical Society, p 475.

［106］ Gardos MN, Soriano BL（1990）J Mater Res 5:2599.

［107］ Erdemir A, Fenske GR（1996）Tribol Trans 39:787.

［108］ Erdemir A, Fenske GR, Wilbur P（1997）In: Pauleau Y, Barna B（eds）Protective coatings and thin film synthesis, characterisation and applications, Nato ASI High Technology Series, vol 21. Kluwer Academic, Dordrecht, p 667.

[109] Kohjaki M, Higuchi K, Noda S, Uchida K (1992) J Mater Res 7:1769.

[110] Hayward IP, Singer IL, Mowery R, Pehrsson PE, Colton RJ (1990) In: Proceedings of the AVS 37th annual symposium, Toronto, 8 – 12 October.

[111] Habig KH (1995) Surf Coat Technol 76 – 77:540.

[112] Mohrbacher H, Blanpain B, Celis JP, Ross JR (1993) Surf Coat Technol 62:583.

[113] Grillo SE, Field JE, Van Bouwelen FM (2000) J Phys D Appl Phys 33:985.

[114] Jahamir S, Deckman DE, Ives LK, Fieldman A, Farabaugh E (1989) Wear 133:73.

[115] Schmitt M, Paulmier D (2004) Tribol Int 37:317.

[116] Hayward IP, Singer IL (1991) In: Proceedings of the 2nd international conference on new diamond science and technology, Washington, DC, September 1990. Materials Research Society, Pittsburgh, PA.

[117] Wilks J, Wilks EM (1979) In: Field JE (ed) Properties of diamond. Academic, New York, p 351.

[118] Kohzaki M, Higuchi K, Noda S (1990) Mater Lett 9:80.

[119] Rickerby DS, Burnett PJ (1987) Surf Coat Technol 33:191.

[120] Doerner MF, Nix WD (1988) Crit Rev Solid State Mater Sci 14:232.

[121] Alahelisten A (1995) Wear 185:213.

[122] Alahelisten A, Olsson M, Hogmark S (1992) Tribologia 11(3):34.

[123] Alahelisten A, Olsson M, Hogmark S (1993) In: Proceedings of the 6th international congress on tribology, Eurorrib'93, Budapest, vol 3, p 280.

[124] Tolkowsky M (1920) D. Sc. Thesis, University of London.

[125] Gahlin R, Alahelisten A, Jaconson S (1996) Wear 196:226.

[126] Wilks EM, Wilks J (1959) Philos Mag 4:158.

[127] Schade A, Rosial SM, Singer RF (2006) Diam Relat Mater 15:1682.

[128] Wheeler DW, Wood RJK (1999) Wear 225 – 229:523.

[129] Kral MV, Davidson JL, Wert JJ (1993) Wear 166:7.

[130] Head WJ, Harr ME (1970) Wear 15:1.

[131] Feng Z, Tzeng Y, Field JE (1992) Thin Solid Films 212:35.

[132] Field JE, Nicholson E, Seward CR, Feng Z (1993) Philos Trans R Soc Lond A 342:261.

[133] Alahelisten A, Hollman P, Hogmarkm S (1994) Wear 177:159.

[134] Wheeler DW, Wood RJK (1999) Wear 233 – 235:306.

[135] Wheeler DW, Wood RJK (2001) Wear 250:795.

[136] Alzoubi MF, Ajayi OO, Woodford JB, Erdemir A, Fenske GR (2002) Lubric Eng 58:21.

[137] Mohrbacher H, Blanplain B, Celis JP, Roors JR (1993) Diam Relat Mater 2:879.

[138] Mohrbacher H, Blanplain B, Celis JP, Roors JR (1993) Surf Coat Technol 62:583.

[139] Liu E, Blanplain B, Celis JP, Roors JR, Alverez Verven G, Priem T (1996) Surf Coat Technol 80:264.

[140] Miyoshi K (1996) Mater Sci Eng A209:38.

[141] Skopp A, Klaffke D (1998) Surf Coat Technol 98:1027.

[142] Kraussa AR, Aucielloa O, Gruena DM, Jayatissaa A, Sumanta A, Tucek J, Mancini DC, Moldovan N, Erdemir A, Ersoy D, Gardos MN, Busmann HG, Meyer EM, Ding MQ (2001) Diam Relat Mater 10:1952.

[143] Hollaman P, Wänstrand O, Hogmark S (1998) Diam Relat Mater 7:1471.

[144] Abreu CS, Amaral M, Oliveira FJ, Fernandes AJS, Gomes JR, Silva RF (2006) Diam Relat Mater 15:

2024.

[145] Belmonte M, Fernandes AJS, Costa FM, Oliveira FJ, Silva RF (2003) Diam Relat Mater 12:733.

[146] Erdemir A, Fenske GR, Krauss AR, Gruen DM, McCauley T, Csencsits RT (1999) Surf Coat Technol 120 – 121:565.

[147] Popov C, Kulisch W, Jelinek M, Bock A, Strnad J (2006) Thin Solid Films 494:92.

[148] Chromik RR, Winfrey AL, Luning J, Nimanich RJ, Wahl KJ (2008) Wear 265:477.

[149] Amral M, Abreu CS, Oliveira FJ, Gomes JR, Silva RF (2007) Biotribological performances of NCD coated Si3N4 bioglass composites. Diam Relat Mater 16:790.

[150] Abreu CS, Amaral M, Fernandes AJS, Oliveira FJ, Silva RF, Gomes JR (2006) Diam Relat Mater 15:739.

[151] Schneider A, Steinmueller – Nethl D, Roy M, Franek F (2010) Int J Refract Met Hard Mater 28:40.

[152] Bhushan B(1999)Principles and applications of tribology. Wiley, New York. ISBN 0 – 471 – 59407 – 5.

[153] Liang Q, Stanishevsky A, Vohra YK (2008) Thin Solid Films 517:800.

第4章 表面扩散处理摩擦学

4.1 概述

扩散处理是指间隙原子或置换原子从外部进入到部件表面,从而改变表面化学成分和性能的一种表面改性方法。扩散过程强烈依赖于温度,在高温下效果更为显著,因此扩散处理方法通常在较高的温度下进行。利用高温改变表面化学成分,这些处理方法称为热化学扩散处理。虽然没有特意的新建材料,但由于基体和表面扩散层的密度不同,材料在一定程度上发生了微小的变化。扩散速度既取决于存在于扩散物和基体之间的浓度梯度,也取决于基质材料的扩散率和扩散处理的持续时间。表层改性的主要目的是增强耐磨性[1,2]和耐腐蚀性[3,4],因此处理部件的摩擦磨损性能很重要。在所有的扩散中,渗碳、渗氮或几者的结合应用在工业中得到了广泛的应用以提高部件的耐磨性。因此,本章主要综述各种扩散过程和部件扩散处理后的摩擦磨损行为,且着重介绍渗碳和渗氮工艺。其他主要用于抗腐蚀但很少用于抗磨损的扩散处理方法在本章也进行了介绍。

4.2 表面扩散处理的分类

扩散处理方法可以分为间隙法和置换法,如果扩散元素进入并占据晶体结构或平衡位置表面的间隙,这就是间隙法;如果扩散元素对处理过的基体的一些元素进行了置换,这就是置换法。间隙处理法的例子如渗碳[5]、碳氮共渗[6]、渗氮[7]和氮碳共渗[8]。与之相对的是置换法,如渗铝[9]、渗铬[10]和渗硅[11]。这些处理方法除了增强耐磨性,也增强了耐腐蚀性。下面详细介绍这些处理方法。

4.2.1 渗碳

渗碳是指在高温环境下碳扩散进入低碳钢中形成预定深度的一种表面处理方法。选择较高的温度是为了确保钢位于铁碳相图中奥氏体相区,这是因为在该相区内碳的溶解能力较强。但碳含量不允许超过该处理温度下奥氏体的溶解极限。如果超过溶解限制,网状碳化物就会在奥氏体晶界周围形成,导致脆性增大。此外,在随后的磨削过程中,网状碳化物会引起裂纹产生裂缝。

渗碳处理包括以下步骤:

把部件加热到奥氏体温度,并保持足够长的时间以便于碳元素渗透到所需的深度,并在油或聚合物中进行淬火处理。之后,进行低温回火处理来消除淬火应力,低温通常低于 473K。

快速冷却能够抑制铁素体 – 珠光体阶段的形成,并把奥氏体转变为马氏体。与铁素体和珠光体等以扩散基平衡结构不同,根据晶格剪切机制,马氏体相变产生,这是一种欠扩散的组织。马氏体的特点是高密度的晶体结构,这也就解释了其高硬度的原因。因为马氏体的硬度取决于碳含量,所以含碳量较高的表面,硬度就高。表面硬度高和相对较软的内部结合使得部件适合应用于高耐磨性和高韧性的环境。

硬化是通过对表层淬火处理而形成马氏体达到的。虽然渗碳大体上局限于对钢的处理,但是渗碳也应用于有色金属材料。通常采用等离子体碳渗碳对钛进行处理,这是因为在高温环境下,暴露的 Ti 表面会形成 TiO_2 层,从而阻止了碳元素由表面到内部扩散。研究者也正在尝试对钴基合金进行渗碳处理。由于马氏体的脆性、碳化物的复杂性和残留奥氏体等原因,钢渗碳过程中允许的最高碳含量为 1%,温度为 1123 ~ 1223K。

1. 碳化反应

渗碳反应取决于 3 个因素,即碳势[12]、时间和温度。

1）碳势

碳势是指与纯铁周围碳化介质处于热力学平衡状态下纯铁中的含碳量。因此,碳势要遵循以下原则,即介质(大气)所提供的碳势必须高于基体中碳势转移方可发生。碳势存在差异是渗碳发生的驱动力。

渗碳过程中发生在部件表面的化学反应主要是还原反应。如果不考虑所使用的渗碳介质,金属表面的实质反应为[13]

$$2CO \Leftrightarrow C + CO_2 \tag{4.1}$$

游离的碳被吸收在钢的表面。形成的二氧化碳与碳介质中的碳发生反应进一步提供了碳化所需的一氧化碳。

$$C + CO_2 \Leftrightarrow 2CO \tag{4.2}$$

为了使式(4.1)给出的反应方程式继续发生反应,反应过程中必须始终存在过量的 CO。

任何温度下,根据式(4.1),奥氏体中平衡含碳量如下:

$$K = P_{CO}^2 / a_c P_{CO_2} \tag{4.3}$$

式中:P_{CO},P_{CO_2} 分别为一氧化碳和二氧化碳受到的局部压力;a_c 为碳元素的活度。碳势建立后,渗碳层深度取决于从部件表面到内部的碳扩散时间。

2）时间

扩散也取决于碳处理的持续时间，按照哈里斯(Harris)提出的关系：

$$X(渗碳层深度) = K \cdot \sqrt{t} \tag{4.4}$$

式中：K 为一个常量；t 为碳化时间。

3）温度

碳化过程中第三个因素，也是最重要的因素就是奥氏体温度。与温度的紧密关系可以从下面给出的这个扩散系数方程式看出：

$$D = 0.47 \exp\left(-1.6C - \frac{37000 - 6600C}{RT}\right) \tag{4.5}$$

式中：D 的单位为 $cm^2 \cdot s^{-1}$；C 为每种碳的重量；T 为温度(K)；R 为气体常数。

由于在较高的奥氏体温度下，渗碳过程加快，渗碳能够在最佳状态的高温下进行以确保不会发生晶粒粗化。从商业角度上来讲，渗碳处理是经济节约的。不同温度下渗碳深度随时间的变化如图 4.1 所示[14]。图中也表明了渗碳时间、温度和渗碳层深度三者之间的关系。

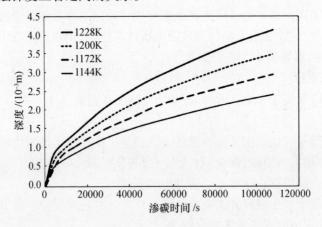

图 4.1　不同温度下渗碳深度随时间的变化

2. 碳化过程

各种渗碳工艺是：

①包埋渗碳；②气相渗碳；③液相渗碳；④真空渗碳；⑤等离子体渗碳。

1）包埋渗碳

包埋渗碳是最简单和最古老的渗碳工艺。各种详细的渗碳工艺可以参照其他参考资料[15-17]。这种处理方法不能用于大部件。然而，由于此方法简单，对设备要求最低，所以在实践中此方法依旧沿用。通过对包埋的零件进行淬火处理或再加热并淬火可实现部件表面硬化。

这个方法是把零部件紧密包埋在含有固体碳化物介质的箱子里。介质通常是活性炭和催化剂如碳酸钡以加速渗碳过程。然后箱子在保温箱中加热很长一段时间,直到温度可使渗碳层达到预定的深度,然后冷却至室温。取出零部件,再加热至硬化温度,然后在油或聚合物介质中进行淬火处理。这种方法最大的不足是无法控制碳势,导致网状碳化物产生。此方法工作量大、耗时长。考虑到这些因素,目前工业中几乎不采用包埋渗碳处理工艺。

2)气相渗碳

气相渗碳有许多优点,如经济实惠、处理效率高以及好的控制性,因此在工业中得到广泛应用。使用的气体雾主要是饱和的烃类气体如甲烷、丙烷和丁烷。常见的做法是使用混合气体如吸热气体和天然气来提供碳势。气相渗碳的主要优点是可以精确控制碳势,其原理通过把氧探头与可实时调节载体气体和碳化物气体流动的控制器相连接而得以实现。这样,表面形成的有害碳化物最少。

气相渗碳原料可以是碳氢化合物气体或者氮和甲醇的混合物。用于气体碳化的熔炉要么是一个井式碳化炉,要么是整体的(密封)淬火炉。后者的优势是受热部分的温度可传递到所控制的气体中的淬火介质,从而除掉表面的氧化层。

图 4.2 为部件气相渗碳后微观结构。图 4.2(a)为渗碳层的微观结构。针状特征的出现表明基体是马氏体。位于针状体之间的白色相是奥氏体。基材是 17CrMoNi6。由于过高的碳势,晶粒边界周围呈现网状碳化物,如图 4.2(b)所示。气相渗碳导致表面晶粒间发生氧化,深度为 0.015mm。基材是 17CrMoNi6。由于无法控制渗碳参数,气相渗碳呈现有害特征,如图 4.2(c)所示。深度达 0.108mm 的高比例(达到 1.2%)残留奥氏体伴随着高的碳势引起的网状碳化物的出现而出现。

(a) (b) (c)

图 4.2 气体碳化部件的微观结构

(a)碳化层;(b)网状碳化物;(c)沿网状碳化物分布的大量网状碳化物。

3)液相渗碳

液相渗碳是在盐水中进行[18]。由于盐水溶液具有优越的热转移特征,相比气相渗碳,在短的周期内液相渗碳加热速度更快。大多数液相渗碳含有氰化物。

然而,有些仅包含特殊等级的碳。液相渗碳形成的渗层含氮量较低但含碳量却很高。此外,与氰处理层的深度只有 0.25mm 相比,液相渗碳渗层深度明显更高(约 6.4mm)。这是因为大多数盐浴中含有氰化物,因此废物的处理是一个问题。由于氰化物有毒,只有将它经过化学处理为无毒废弃物后才能进行处理。

4）真空渗碳

真空渗碳的优点是完全不结垢,不会有任何表面反应。渗碳层表面保持很好的清洁度,且组织成分分布和渗碳层深度非常均匀。真空渗碳的过程控制现在也极为精确。

由于渗碳部件是在无氧气体中加热的,因此可以采用极高的温度加热而不必担心表面或晶界氧化。高温提高了碳在奥氏体中的固溶度,促进了碳更快地扩散,从而使得渗碳时间急剧减少。考虑到使用的压力低,真空渗碳对碳化物气体的要求也低。然而,在某种程度上,减少气流是不利的。因为低的碳势,深凹处和隐蔽的孔没有发生渗碳。这就造成渗碳层深度不均匀。如果通过增加气体压力来克服这个问题,可能会形成自由碳原子或炭黑。因此,必须动态调整以达到一种微妙的处理环境平衡,从而获得均匀的渗碳层深度,同时避免出现炭黑等风险。

5）等离子体（离子）渗碳

离子渗碳[19-20]比其他碳化处理方法效果更有效,这是因为等离子体渗碳避免了能够产生活跃的可溶性碳的几次离解过程。由于工件高的负电位,碳氢化合物气体的辉光放电离解现象直接发生在钢板表面。准备好的可用性的活性炭和真空高温环境的使用加速了渗碳过程。而且,这一过程发生在真空中,可以采用高温。等离子体渗碳装置如图 4.3 所示。离子渗碳或等离子体渗碳甚至可以在形状非常复杂的零件上形成均匀性极好的渗碳层深度。另外,使得原子活跃的等离子体的出现,导致其可以始终对独立零部件进行渗碳处理。因此,离子碳化可一次性对允许范围内的钢铁进行渗碳处理。此外,任何类型的碳氢化合物都可以用作气源。

4.2.2　渗氮

渗氮是将气体氮扩散到金属表面,从而形成硬的表层结构的过程。虽然渗氮比渗碳获得更坚硬的表面,但这个过程比渗碳过程更慢,通常也更为复杂。渗氮不仅是通过固溶强化来提高表面硬度,更重要的是在表面形成硬的氮化物。氮含量约为 6% 时,渗氮钢就会导致 γ 相形成,其主要成份为 Fe_4N。在氮含量大于 8% 时,平衡反应的结果是 Fe_3N,此时形成的硬质表层不理想,这是因为它很脆,在使用过程中很容易破碎。一般来说,将这一层在使用之前去除或通过改进渗氮过程来减少这一层厚度或使其不那么脆弱。尽管可以对大量各种各样的金

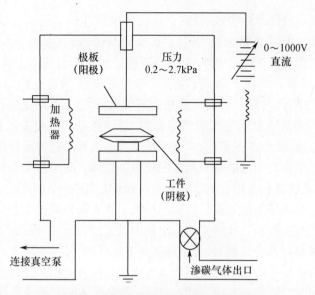

图 4.3　等离子体碳化装置的示意图

属和合金进行渗氮处理,但对含 1% 铝的钢进行渗氮处理效果更好。渗氮时,铝形成离散粒子的 AlN 复合物,这种复合物可以形成铁素体晶格,使得金属得到强化和表面硬化。除了铝之外,铬、钛、钼、钒和钨也可以形成坚硬化合物。典型的渗氮奥氏体 4140 不锈钢组织如图 4.4[21] 所示。除了渗氮复合层,也可以看到中间转化的奥氏体区。

图 4.4　等离子渗氮后的 AISI 4140 低合金钢的扫描电子显微镜微观图

　　渗氮在铁素体中应用,即它是一个亚临界硬化过程。这个过程不涉及淬火或后续热处理。一些钢进行硬化和热处理时,其渗氮层的深度随渗氮时间的增加而增加。然而,渗氮时间越长,越可能形成白色层,且形成的白色层就越厚。渗氮的另一个重要特征是会形成残余压应力。这种残余压应力是非常有利的,它可以提高材料疲劳强度。各种渗氮过程如下:

气相渗氮是最简单的渗氮过程,在此过程中当部件达到渗氮温度时引入氨气(NH_3)。氨气电解成氮和氢[22]。氮扩散到基体,而氢保留在渗氮炉的空气中。气相渗氮需要在753~863K温度范围内进行。渗氮可以在盐水溶液中进行,就是液相渗氮。类似于渗碳,盐溶液渗氮需要使用氰化物镀液,在783~893K的温度范围内进行。渗氮镀液里含有氰化钠($NaCN$)、氰酸钠($NaCNO$)、氰化钾(KCN)和其他盐。与气相渗氮相比,盐浴渗氮的优点是容易操作,不需要密封的反应罐,操作成本更低,大的处理能力。渗氮工艺的差异在于白层的消除。盐浴渗氮最重要的问题是氰化盐的处理。目前发展了几类常见的非氰化物的渗氮工艺,这些过程与传统的盐浴渗氮过程还是有些许不同的。

辉光放电等离子体渗氮是最重要的等离子体表面处理技术之一。等离子体渗氮装置如图4.5所示。在过去的几十年中,它已在工业中得到广泛应用,以提高各种金属材料如低合金钢、钛合金和热加工工具钢[23-26]的硬度、抗磨损性、抗腐蚀性和疲劳强度。等离子体渗氮的基本原理是等离子体和金属表面之间的反应,形成铁氮化合物($Fe-N$)沉淀物。此外,等离子体的大规模转移对于氮化物沉淀物的形成起着重要作用[27]。表面形成的氮化物沉淀相由几个不同的阶段构成,如$\gamma-Fe_4N$沉淀阶段、$\varepsilon-Fe_{2-3}N$沉淀阶段以及M_xN_y沉淀阶段。这些沉淀物的形态受等离子体渗氮过程中气体成分、温度和时间的影响[28]。与其他渗氮过程相比,离子渗氮过程有极大优势:①在离子渗氮过程中,可以使用氢和氮的简单混合物,从而在环境和处理方面问题较少;②在离子渗氮过程中,采用更广泛和更低的温度可以消除很多渗氮的后处理工艺;③在离子渗氮过程中,渗氮时长可以得到大幅缩减;④在离子渗氮过程中,对零件的遮盖尤其简单[29]。

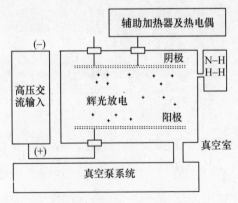

图4.5　等离子体渗氮装置图

4.2.3　碳氮共渗

碳氮共渗是一种渗碳处理的改进形式,在此过程中,氮随着碳也扩散到部件内部[30]。此处理方法的温度能够确保钢处于奥氏体相区。引入的氨伴随着碳的渗入分离出氢和氮。氨在加热的钢表面催化分解,使得新生的氮通过扩散进入钢表面。通常,氨是在渗碳周期的最后阶段引入,而此时温度也低于碳渗碳温度。在碳氮共渗周期最后阶段时,部件进行油淬以获得马氏体表层。通常,碳氮共渗的硬化层深度比渗碳情况下的渗碳层深度要薄[31]。碳氮共渗与氮碳共渗的差异在于,后者是在铁－氮－碳的铁素体体系内,在温度低于 863K 时进行。氮碳共渗不需要淬火,因为表面硬度的增加不是由于马氏体的形成造成的,而是由复合层的形成引起的[32]。

氮提高了钢的淬透性,因此氮使得普通的低碳钢形成马氏体钢,但实际上成就马氏体钢硬度的是丰富的表面碳。在表面,氮形成碳氮化合物,增强了耐磨性和抗磨损性,就这一点来说,碳氮共渗的表层比渗碳的表层优越。此外,高温下,氮的存在能够抑制材料软化。众所周知,要在 493K 温度下对一些金属回火,这也正是对齿轮进行碳氮共渗处理以满足优越的耐磨性和抗磨损性的应用需求的原因。

然而,作为一个奥氏体的稳定器,氮增加了表层残留奥氏体的含量。残留的奥氏体是一种软相组织,因此对马氏体的抗磨损性产生了不利影响。此外,氮水平的增长有形成孔隙的趋势,而孔隙又会再次影响耐磨性。因此,我们习惯上把氮限制在 0.40%,以便使残留奥氏体最小化,并控制孔隙水平。然而,孔隙的存在并不会显著降低耐磨性,甚至有助于保留磨损时的润滑油。如果认为残留奥氏体对磨损有害,硬化后可以进行零度以下处理以把残留奥氏体转换为马氏体。

碳氮共渗的硬化层深度通常要浅很多,一般不超过 0.75mm。这是因为此处理方法的温度较低,约为 1143K;由于碳氮共渗的时间较长使氨处于不受控制的游离状态,增强了氮的可用性,也造成残留奥氏体的百分比增加,引起不良影响。没有采用更高的温度是因为新生的氮会重新组合形成氮分子,进而削弱了渗碳能力。

低碳和低碳合金钢适合碳氮共渗。渗氮后材料淬透性的提高是由于其降低了冷却速率以形成马氏体,得到的表面硬度比仅用渗碳处理方法更高更均匀,特别是对普通的低碳钢。在一些特殊的情况下,中碳钢和中碳合金钢也要进行碳氮共渗处理。除了提高研磨料的耐磨性,碳氮共渗也提高了胶黏剂的耐磨性。这种属性有利且可以很方便的应用到用于金属间滑动和金属间滚动的组件上,如齿轮、凸轮和轴等。

对于如电解铁坯块的金属粉末冶金部件来说,碳氮共渗是很理想的选择[33]。但是由于淬透性、马氏体转变的高温要求和引发影响材料深层渗透的高程度孔隙,渗碳在这些材料部件上应用存在很多困难。在温度约为 1153K 时,碳氮共渗的相对较低温度处理,因为表面硬化,能够保证一定的碳保持低的扩散速率,且能很好地控制渗层深度。此外,氮有助于抑制油淬火时珠光体的形成。

把渗碳和碳氮共渗相结合有几个优势:①碳化温度升高至1220K且持续很长时间时,能够形成更深的硬化深度;当温度降到不足1173K时,在渗碳空气中加入氨以促使氮扩散。②碳氮共渗阶段的持续时间远远短于渗碳时间。③材料由表面附近耐磨性高的较深的渗碳层构成时,提高了抗疲劳性能。④两种方法相结合,硬化层深度达到3mm效果就可能实现。

4.2.4 氮碳共渗

另一种类型的表面硬化是把碳和氮引入到铁素体钢里,这个过程就是氮碳共渗。相比于碳氮共渗,氮碳共渗过程就是把碳和氮加入到铁素体中。

与传统的气体渗氮相比,液相氮碳共渗技术(扩散渗氮/软氮化)在较高温度(500K)中进行,其必需的持续时间是同样渗碳层深度时长的1/2。因此,同时也表明采用此方法对复杂形状表面处理时,零部件不会发生变形。液相氮碳共渗能产生性能更高的抗磨损和耐腐蚀的氮化层,提高疲劳强度和韧性。而且,液体氮碳共渗比其他非传统渗氮技术如等离子体渗氮或离子渗氮以及液相渗氮更经济、更简单。因此,在工业上得到广泛应用。在液相氮碳共渗时,温度保持在 $Fe-N$ 相图的共析点(591K)以下,使得氮和碳原子同时扩散进入铁素体内,形成氮碳共渗体。氮碳由两层构成:第一层,在处理过的表面最上层,是一种化合物或白层,主要由 $\varepsilon-$ 氮碳混合物的 $Fe_{2-3}(C,N)$ 组成。与气体渗氮时传统的 $\varepsilon-$ 氮阶段形成的韧性相比,此种结构韧性更高;在干燥摩擦或加润滑剂摩擦条件下,由于其六边形的层式结构和微孔性,使其拥有很高的耐磨性[34]。位于其下面的第二层是扩散区,主要由氮原子和碳原子在铁素体基体空隙里溶解形成的 $\alpha-(Fe,N)$ 固溶体构成,从而提高了抗疲劳强度[35-36]。采用普通碳钢、低合金中碳钢和工具钢开展的系统研究表明,氮碳共渗的处理温度从铁素体阶段温度提高到奥氏体阶段温度,从而提高 $\varepsilon-$ 碳氮化合物渗层的硬度和厚度。由于溶盐腐蚀行为和渗氮行为的加强,碳氮化合物提高了多孔特征的产生。通过把奥氏体转变为马氏体和贝氏体,再经过长时间深冷处理后能够加强渗层区和渗层以下区域的硬度。氮碳共渗低合金中碳钢(En19)在温度843K处理后的微观组织如图4.6(a)所示。靠近渗层的大概有 $10\mu m$ 厚的扩散区中含有网状氮化结构,这些白色的网状物首先在铁素体晶粒边界出现。此外,在渗层和扩散区有如 $\gamma-Fe_4N$ 和少量的 $\zeta-Fe_2N$ 的合金氮化物和碳氮化合物的沉淀。考虑到在采用的温度范围内,碳在 $a-Fe$ 中的扩散系数大约是氮的扩散系数的1%,因此可以认为这种化合物层中含有丰富的碳。试件在温度分别为923K和973K的奥氏体区处理后的微观结构如图4.6(b)、(c)所示。在更高的温度下氮碳共渗处理会形成更大的渗层厚度,进而会出现白色的残留奥氏体层区。当这些试样经过深冷处理后,进行时效处理,奥氏体残留层就会转化为马氏体层和贝氏体层,如图 4.6(d)、(e)所示。氮碳共渗也可在等离子体中进行。近来,氮碳共渗/淬火[37]和氮碳共渗/氧化[38]复合技术的提出得以获得更高耐磨性的金属部件。

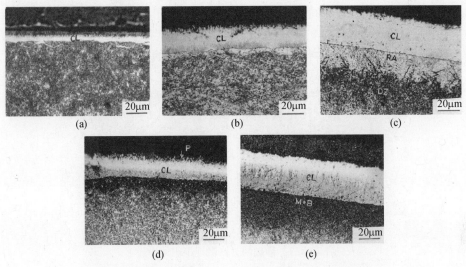

CL—复合物层；RA—奥氏体残留；DZ—扩散区域；M + B—马氏体层和贝氏体层。

图 4.6　氮碳共渗低合金中碳 En19 钢的微观组织结构图

(a) 843K；(b) 923K；(c) 973K；(d) 深冷处理和时效处理试样(843K)；

(e) 深冷处理和时效(973K)处理试样。

4.2.5　渗硼

　　渗硼是通过将硼扩散到金属表面产生硬层达到提高耐磨性目的的过程。硼与碳一样,可以强化金属。渗硼主要包括以下几个处理方式:金属沉积法、包埋渗硼、化学气相沉积、气相渗硼、离子渗硼等[39-43]。在化学气相沉积过程中,把部件放入反应罐,然后对其加热。随后把含有气体的硼引入到反应罐,这个过程在 673K 的温度中进行。包埋渗硼类似于渗碳过程,在温度约为 873K 时进行。包埋渗硼的混合物由 5% 的碳化硼原料、5% 的氟硼酸钾催化剂和 90% 的碳化硅稀释剂组成[44,45]。渗硼并不需要通过淬火获得硬化表层。硼化层的性能取决于基体和渗硼过程[46]。随着硼扩散到钢内部,硼化铁(FeB,Fe$_2$B)产生,而硼化层的厚度决定于渗硼过程的温度和时间[47,48]。两层的晶体结构表明柱状结构朝向扩散轴,并沿扩散轴排列[49]。一般来说,在 FeB 和 Fe$_2$B 层之上首先形成的是锯齿状单物相(Fe$_2$B)[39,45]。含硼丰富的 FeB 相,其含硼量为 16.23%(质量分数),却很少采用,这是因为与含硼量为 8.83%(质量分数)的 Fe$_2$B 相相比,FeB 相有低脆性[50]。渗硼层因其含有锯齿形态结构,能更强地附着在基体材料上。渗硼层的脆性随其厚度的增加而增加[39,51]。而且,由于 FeB 和 Fe_2B 相的热膨胀系数不同,在 FeB 和 Fe_2B 两层的结合处经常发现有裂纹的形成。机械载荷下,这些裂纹经常会导致渗层剥落和破碎[50]。通过控制渗硼参数,即控制硼化粉成分、温度和处理时间,包埋渗硼法能够稳定地形成 Fe_2B 相[39]。如可以形成硬度为 1500～2000HV 的各种坚硬硼化物。渗硼能够在各种黑色金属和有色金属中进行[41,51]。13Cr－4Ni 钢渗硼和渗硼回火后的微结构如图 4.7 所示[53]。渗硼之后其微观结构变得更为粗糙。

(a)　　　　　　　　　　　(b)

图 4.7　渗硼的铸铁微观组织结构
(a) 渗硼;(b) 回火。[52]

盐浴渗硼,必须采用含有适量的硼砂($Na_2B_4O_7$)和氟硼化钠($NaBF_7$)。和盐浴渗氮一样,盐浴渗硼工艺简单,具有很大优势。然而,其工作温度范围受到含硼、盐混合物的熔点和稳定性的限制。对于离子渗硼,通常采用硼卤化合物,如三氯化硼(BCl_3)、三氟化硼(BF_3)或三溴化硼(BBr_3),与辉光放电产生的氢一起作为气源。虽然卤分离物有腐蚀性,但加氢后卤化物容易分离。与粉末包埋方法形成的双相 FeB 和 Fe_2B 组织不同,离子渗硼后只会生成单相的硼化铁(Fe_2B)层。就离子渗硼而言,温度低到 823K[52,54]时可形成单相的硼化层。

渗硼可以在有色金属材料,如镍、钴、钛、难熔金属及其合金中进行。钽、铌、钨、钼等的硼化物层不会出现齿状形态。一般而言,合金元素的添加会阻碍硼化层的增长。近年来,液相渗硼已相当受欢迎,是因为它拥有几个优势。通过化学气相沉积方法获得的硼化金属涂层或 TiB_2、ZrB_2 的沉积物,稀土硼化物等,由于其固有的优势也都显示出其应用价值。目前为止在已经开发的各种硼化涂层中,TiB_2 层受到了最广泛的研究。

4.2.6　其他扩散处理

包埋硬化处理最初只有包埋渗碳。这个过程能够把不同基质的许多元素扩散用以改变工程材料的表面特征。这些处理方法已经引发其他扩散方法的产生,如渗铝[55,56]、渗硅[57,58]、渗铬[59]等。

1. 渗铝

渗铝是一种包埋表面硬化的处理方法,目前已在所有合金包括镍板、钴板、低合金钢和不锈钢上得到采用。这种渗层能够抑制大气腐蚀、高温氧化和环境影响。图4.8所示为渗铝层的扫描电子显微镜(SEM)的微观组织[56]。相互扩散后含有铬和钨等各种沉淀物的单相 NiAl 层被认为是渗铝层的特征。然而由于存在热循环,高温下渗层会发生碎裂。

图4.8　CM – 247LC(DS)合金上铝化物涂层的微观结构图[56]

相互扩散可能导致渗层的进一步退化。通过包埋表面硬化可以生成两种不同类型的铝化合物渗层。一种是把铝作为主导的扩散物,扩散到基体里并称为"向内扩散"渗层。这种渗层需要高活性催化物。第二种类型的渗料需要以镍为主导扩散物,向外进行扩散,需要较低活性催化物。

扩散传导发生在渗层内部以给氧化层提供铝,而渗层和基材之间的扩散传导则会引起铝从氧化涂层中析出。渗层和基材里所有元素的浓度梯度必须满足菲克(Fick)的扩散第二定律,即

$$\frac{\partial C_i}{\partial t} = \bar{D}_i \frac{\partial^2 C_i}{\partial X^2} \qquad (4.6)$$

式中:D_i 为合金里第 i 个元素的扩散系数。

在式(4.6)中,可以假设在合金里所有元素之间没有发生相互反应。渗层/氧化物接触面的铝浓度取决于铝的氧化速度。假设铝和熔剂元素没有相互反应,生成的 J_{Al} 为

$$J_{Al} = -\tilde{D}_{Al} \frac{\partial C_{Al}}{\partial X} \qquad (4.7)$$

近年来,两种类型的铝化合物渗层得到了极大的关注:第一种类型是铂金型铝化合物,它是在渗铝处理前,在基板上电镀 5 ~ 10μm 铂。渗铝时,$PtAl_2$、Pt_2Al_3 相形成。铂型的铝化合物渗层的典型微观结构如图4.9[60]所示。渗层的微观

结构层包含 3 个不同的区域。第一个区域是含铂量丰富的渗层,含有 $PtAl_2$ 和 NiAl。第二个区域是单物相 NiAl 层,最后区域是相互扩散区。微观结构和铂金型铝化合物涂层的详细描述可以在文献[61,62]中获得。第二种类型是铬型铝化合物涂层。铬或者在整体渗铝时共同析出,或者在渗铝前析出。Streiff 和 Boone 等已经研究了铬型铝化合物渗层[63]。

图 4.9 CM‒247LC(DS)合金上铂金铝化物涂层的典型性微观结构图[60]

2. 渗硅

渗硅类似于渗铝。渗硅过程包含包埋处理和蒸馏处理两步。在此过程中把部件放入硅粉末和高温气体中,生成新生的硅,这些硅扩散到基材以形成富含硅元素的表层。在第一个过程中,纯硅包被 NH_4Cl、$SiCl_4$、$SiHCl_3$ 气体激活,这些气体可以通过加入氢气以在基材上沉淀硅元素。另一个过程是在反应罐中填满碳化硅(SiC)。当温度达到 1283K 时,加入四氯化硅($SiCl_4$)气体。这种气体与基材和硅(Si)发生反应产生富含硅元素的表层。含硅量高的表层能够生成在氧化环境中稳定的二氧化硅(SiO_2)层。不同的改性技术,如硅化铝化合物涂层[64]或改性硅覆盖层[65,66],也利用了硅元素的积极作用改善腐蚀环境下的性能。

3. 渗铬

渗铬是主要在盐浴[67]或包粉处理[68‒71]中进行。一般来说,含碳不到 0.1%(质量分数)的渗铬钢称为"软"钢,并具有高温抗氧化性能,而含碳超过 0.3%(质量分数)的渗铬钢则被称为"硬"钢,主要用于形成耐磨损层和耐腐蚀层[68,69]。然而,通过 FBR‒CVD 获得渗铬钢的研究非常有限。Chen 等[72]对工具钢进行渗铬,Perez 等[73‒75]发表了对 AISI 304 奥氏体不锈钢渗铬的研究结果,Priyantha 等[76]对 AISI 409 不锈钢和碳钢进行了渗铬。Perez 等制出了外表多孔、表层不均匀的渗铬钢,而 Perez 等和 Priyantha 等则制出了表层铬含量较低(20% ~30% 质量分数)的渗铬钢。到目前为止,采用 FBR‒CVD 方法获得的理想渗铬层钢只是在文献中有所报道[77]。

4.3　扩散涂层的摩擦学

4.3.1　滑动磨损

人们就各种不同的扩散处理表面的滑动磨损行为特征进行了广泛的研究。大多数研究与磨损性能和摩擦性能的各种降解条件有关。研究发现,表面扩散处理可以降低摩擦系数。根据粘附磨损理论,摩擦系数为

$$\mu = \frac{\tau_f}{\sigma_y} \tag{4.8}$$

式中:τ_f 为剪切强度;σ_y 为经受磨损材料的屈服强度。

通过表面处理,处理层的强度增加。这导致剪切强度降低,屈服强度增加。因此,摩擦系数降低。

扩散处理表层摩擦系数不仅取决于如应用载荷、滑动速度等的磨损条件,还取决于扩散处理条件。应用载荷对 Pantazopoulos 等[78] 所获得的液相氮碳共渗冷作钢摩擦系数的影响如图 4.10 所示。

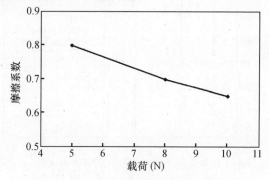

图 4.10　应用载荷与摩擦系数的关系[78]

应用载荷增加,摩擦系数降低,这是因为接触几何和附着摩擦机理的共同作用。这种趋势遵循式(1.10)所给出的关系。因此,在此情况下,黏附性决定了扩散处理表面的摩擦行为。同样,Nicoletto 等[79] 研究表明,滑动速度对摩擦系数的影响如图 4.11 所示。摩擦系数往往会随滑动速度的增加而增加。碳氮共渗板层铸铁的摩擦系数会随滑动速度的增加而先增加后降低。

Qiang 等[35] 研究了加工条件对摩擦系数的影响。他们研究了盐浴氮碳共渗1045 钢的摩擦行为。经由一个单一阶段过程和两个不同的双阶段过程的不同条件下进行扩散处理后,与式(4.8)获得的未经处理的钢相比,扩散处理的钢的摩擦系数显著降低,结果如图 4.12 所示。从图中很明显看到,单一阶段的盐浴

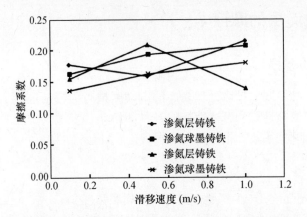

图 4.11　滑动速度对各种渗氮铸铁的摩擦系数的影响[79]

氮碳共渗钢的摩擦系数最小。

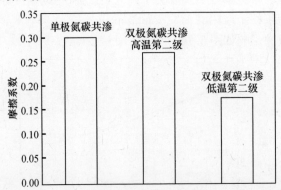

图 4.12　柱形图展示了各种处理条件对盐浴氮碳共渗 1045 钢摩擦系数的影响[35]

Karamis 等[80]研究了温度对等离子体渗氮 722M24 钢摩擦系数的影响。图 4.13 所示为测试温度与摩擦系数的关系,可以获得单一阶段渗氮和双阶段渗氮的 722M24 钢的摩擦系数。虽然温度增加,但钢的摩擦系数仅略有增长。事实上,摩擦系数的增加是由于粗糙度随温度而降低,且磨损机制是犁削、微切削和微裂纹所造成的。这样的结果是因为温度增加,渗氮层硬度降低所导致的。

在相对较低载荷和滑动速度下,在磨损性能方面材料塑性占主导,此时的磨损取决于材料的变形性能,材料损失主要是由材料脱落造成,磨损率 W 为[81-82]

$$W = kF/H \tag{4.9}$$

式中:k 为磨损系数;F 为应用负荷;H 为磨损物的硬度。

通过对组件的表面进行改性处理,式(4.9)的磨损率可以降低,但其表面必须含有以下渗层:①低的磨损系数 k;②高的硬度 H。

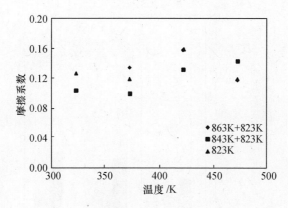

图 4.13　温度对等离子体渗氮 722M24 钢摩擦系数的影响[80]

　　3 种不同钢在液相氮碳共渗后经 30000 次滑动周期之后的磨损系数估计值如图 4.14 所示[83]，即所有常规的载荷作用下退火钢的磨损系数与氮碳共渗钢的磨损系数之比。结果显示，氮碳共渗钢的磨损系数值远低于未处理的材料磨损系数值。对于 AISI D6 氮碳共渗钢，其磨损系数平均值比退火工具钢的磨损系数平均值低 100 倍。磨损系数比随常规载荷的增加而下降，这表明拉长的氮碳共渗物和碳化物带的形成导致力学性能在压缩载荷下发生损伤。对于 AISI H13 氮碳共渗钢，其磨损系数平均值比退火态工具钢的磨损系数平均值低 30 倍。与前面的情况相反，随着常规负载的增加，磨损系数平均值比率增加，这表明氮碳共渗不仅提高了材料的耐磨性，而且提高了压缩负载下材料的力学性能，这是由于扩散区和基材里存在细且分散化的微型结构物（主要是碳化物）造成的。对于氮碳共渗钢的 Cr–Mo–V 工具钢，其磨损系数的平均值比退火材料的磨损系数平均值低 14 倍。和 AISI D6 工具钢一样，常规载荷增加导致磨损系数比的降低，这说明扩散区层状沉淀物的存在导致随后的受压特性的衰减。

　　根据式(4.9)可知，载荷增加，磨损率增加。Krishnarajet 等[34]在氮碳共渗的 H11 钢中获得了相似的结果，如图 4.15 所示。在载荷作用下，没有观察到磨损性能的明显变化。对于裸露的热加工模具钢，氮碳共渗钢的磨损率显著提高，这是因为表面渗层是由 ε–氮碳共渗物组成。同时还发现此渗层厚度增加，其磨损率降低。另外，由于渗层和基体之间存在锯齿状界面，使得渗层物不会发生剥落或剥离。对于液体氮碳共渗冷加工钢，负载增加，磨损率增加。Pantazopoulos 等[78]也发现了类似结果。磨损机理主要是微切割和微抛光。此外，滑动时也会发生局部粘连现象。载荷为 5～10N 下微小的磨损碎屑和相对光滑的磨损轨迹表明发生了轻微的磨损。研究发现，氮碳共渗钢的相对耐磨性比退火钢的耐磨性高 34～112 倍。

　　Nicoletto 等[79]研究了滑动速度对磨损率的影响。他们对球状和片状铸铁

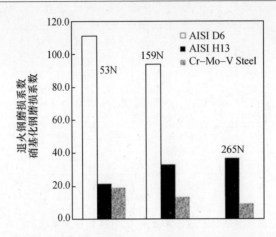

图 4.14   液体氮碳共渗后 3 种不同钢在 30000 次滑动周期之后的磨损系数估计值[83]

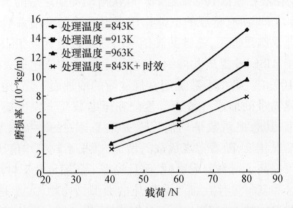

图 4.15   应用负载对氮碳共渗 H11 钢的磨损率的影响[34]

进行了渗氮和氮碳共渗处理,然后将这些表面处理的铸铁在不同滑动速度下进行滑动磨损试验。图 4.16 所示为滑动速度与磨损率的函数变化关系。结果表明,所有测试材料的磨损率随滑动速度增加而降低。可以看出,对于所有滑动速度,球状铸铁的磨损率比片状铸铁的磨损率更低。对于这两种材料,滑动速度低时,渗氮能获得更好的磨损率,而滑动速度高时,氮碳共渗则能获得更为优越的磨损率。

当为改善材料性能去设计材料表层时,应关注磨损材料的整体温度。整体温度(T_b)为[81,82]

$$T_b = T_0 + \frac{\alpha \mu F v l_b}{A_n K_m} \qquad (4.10)$$

式中:T_0 为室温;α 为一个常数,表示热分布系数;μ 为摩擦系数;F 为载荷;v 为滑动速度;l_b 为平均热量扩散距离;A_n 为名义接触面积;K_m 为金属的热导率。

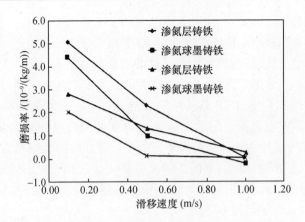

图 4.16　滑动速度对各种氮化物铸铁磨损率的影响[79]

如果温度高,硬化层的硬度会降低。降低温度的方法之一是降低摩擦系数。对于一个给定的滑动速度,摩擦系数取决于表面的晶体结构。晶体结构将决定可用滑移系的数量。如果滑移系数量大,则摩擦系数和整体温度将会很低。反之,这将会降低表面软化的趋势。

以渗碳和渗氮为例。在这两种情况下,由于部件表面硬化,耐磨性提高。在渗碳时,硬化是通过富含碳的奥氏体转变成 BCT 结构的马氏体达到的。相比之下,渗氮可以在 BCC 结构的铁素体上进行。BCC 渗氮可获得的滑移系数高于 BCT 渗碳层可获得的滑移系数,引起低摩擦和使得温度增加减慢。因此,温度增加,渗氮层并没有软化。Krishnaraj 等[84]的研究证实了以上论述。他们发现氮碳共渗的性能优于用于热加工模具的马氏体硬化。相反,对通过钨电弧进行气体合金处理的 H13 工具钢研究,Rizvi 和 Khan[85]则发现与之截然相反的研究结果。与渗氮层相比,渗碳层具有更高的耐磨性,这是含有铬钒碳化物的微细枝晶组织形成造成的。

20 世纪 80 年代初,Wei 等[86]研究了添加稀土(RE)的热化学处理方法。在接下来的许多年里,该新技术的许多优点都源于稀土(RE)[87-90]的加入。他们建议,在气相渗碳、气相碳氮共渗、气相氮碳共渗和等离子体渗氮时,可以在钢中把稀土元素扩散到相当显著的深度。吸收稀土元素有助于间隙物(如碳和氮)扩散到钢板的较大深度,能够提高传输性,改善渗层的微观结构及性能。Liu 等[91]研究发现未经氮碳共渗、经过氮碳共渗和加稀土等离子体氮碳共渗 PH 不锈钢的磨损率分别约为 $4.3 \times 10^{-12} m^3/m$、$2.1 \times 10^{-12} m^3/m$ 和 $0.05 \times 10^{-12} m^3/m$。加稀土和不加稀土等离子体氮碳共渗时钢的磨损机理是不同的,主要是因为渗层的微观结构、相比例和硬度有所差异。

Forati Rad 等[92]对 AISI H11 钢进行了等离子体渗氮。试件在 1293K 温度下奥氏体化维持了 30min,然后采用油淬,在 833K 温度的电炉中回火处理 2h。渗氮处理试件的磨损率如图 4.17 所示。与等离子渗氮处理相比,未经处理的试件其耐磨性较差。这说明,渗氮处理试件的表面硬度提高,其耐磨性提高,这与式(4.9)相符合。硬度最高和 ε 相位最大的试件,其磨损率最低。与 BCC 和(或)FCC 晶体结构相比,HCP 晶体结构通常具有更好的摩擦性能,这是由底面移滑引起的。同时也提到表层的断裂特性对试件的磨损行为也发挥着重要作用[93]。尽管各种氮化物试件的磨损率比未经处理样品的磨损率低,但与其他氮化物试件相比,氮化物试件的摩擦质量损失更大。这种差异归因于这样一个事实,即这些样品渗层较薄,滑动距离较小使得渗层损坏,从而产生研磨颗粒导致刮擦磨损,造成试件的磨损率增加。

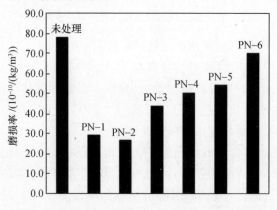

图 4.17 等离子渗氮 AISI H11 钢的磨损率[92]

耐磨性随着渗氮层厚度增加而增强。多孔渗层的耐磨性很低。紧凑型渗层的耐磨性高于扩散层的耐磨性。渗层的结构和成分也影响耐磨性。耐磨性随着 ε-氮化物体积增加而提高。对于一个体积恒定的 ε-氮化物,碳氮共渗层比渗氮层具有更高的耐磨性。如果渗氮合金是通过沉淀硬化或固溶硬化,其耐磨性提高。渗氮后的处理,如渗氮后的时效处理,能改善耐磨性。时效时间越长,耐磨性越高。磨损率对氮化沉淀物的类型和分布很敏感。氮化物 $Fe_{16}N_2$ 均匀分布的基体耐磨性比层式分布的氮化物 F_4N 的耐磨性更低。

一般来说,提高渗氮层的摩擦学特性有以下方法:①通过采用更高的渗氮电势,增加 ε-氮化物含量而不是 γ-氮化物含量;②通过添加碳供体如吸热型气体和二氧化碳,或者使用碳含量更高的材料,把氮化物转变为碳氮化合物;③通过抛光把多孔区域最小化。

吴等[94]对辉光等离子处理的 Ti_2AlNb(O 相)基体合金进行了等离子体渗铬和等离子体渗铬后的渗碳(复合处理)[94],然后采用球盘接触方法利用氮化硅(Si_3N_4)球体完成了高温下处理样品的干滑动摩擦测试。结果表明,复合处理渗

层主要是由 $Cr_{23}C_6$ 和 Cr_2Nb 构成,而渗铬层是由 Al_8Cr_5 和 Cr_2Nb 相构成。复合处理层的超显微硬度高于渗铬层的超显微硬度,而复合处理层的弹性系数低于渗铬层的弹性系数。复合处理层和渗铬层的磨损率都小于基材的磨损率。然而,复合处理层表现出更优良的高温耐磨性。在自然溶解方面,特别是在高载荷和中等载荷下,渗铝和渗铬对高碳钢的耐磨性也得到很好的改善[95]。

温度对 722M24 钢等离子体渗氮磨损率的影响如图 4.18 所示[80]。温度增加,磨损率降低。很显然,在润滑磨料条件下,测试温度越高等离子体渗氮层的质量损失越低。换言之,温度越高,渗氮层越软,渗入磨损表面的研磨颗粒和磨损碎屑越多。由于较低的磨损,受温度影响的油层也会降低样本的质量损失。换句话说,温度增加,磨损率和表面粗糙度都降低。

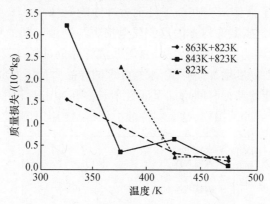

图 4.18 温度对等离子体渗氮钢磨损率的影响[80]

En8 低碳钢铁素体氮碳共渗扫描电子显微镜的磨损表面形态如图 4.19 所示[96]。图 4.19(a)所示为 En8 钢氮碳共渗的磨损表面,而图 4.19(b)则为 En8 钢磨损表层的横截面图。可以看出,磨损表面发生了严重的塑性变形并伴有轻度氧化痕迹斑点。相比之下,次表层区域有层裂现象出现。

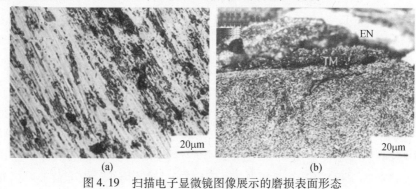

(a) (b)

图 4.19 扫描电子显微镜图像展示的磨损表面形态

(a) 回火处理马氏体工具钢;(b) 盐浴氮碳共渗回火的马氏体工具钢[96]。

4.3.2　固体颗粒冲蚀

人们对由于固体颗粒冲蚀导致扩散处理表层退化进行了大量的研究。根据定位模型[97]获得的固体颗粒冲蚀率为

$$E_\propto \left(\frac{L}{r}\right)^3 \left(\frac{\Delta\varepsilon_\mathrm{m}}{\varepsilon_\mathrm{c}}\right) \tag{4.11}$$

式中：E 为冲蚀率；L 为变形延伸到冲蚀表面的深度；r 为冲蚀的半径；$\Delta\varepsilon_\mathrm{m}$ 为每次冲击的平均应变增量；ε_c 为开始定位的塑性变形的临界应变。

如果通过扩散处理增加材料的硬度可行，倘若其他参数保持不变，变形深度降低会导致抗冲蚀性能增强。

Wen[98]描述了液体氮碳共渗工具钢后冲蚀响应特性。图 4.20 为在 90°冲击下，未经处理和氮碳共渗样本的累积质量损失与冲蚀时间的对比。对比结果表明，随着氮碳共渗的持续时间增加，氮碳共渗样品的冲蚀率降低，即冲蚀率随着渗层深度和表面硬度增加而降低，未经处理的样品质量损失最大。研究发现，样品的质量损失随着冲蚀时间增加呈线性增长。在冲击过程中，忽略冲击角度变化，可获得稳定的冲蚀损伤，这表明冲蚀损伤机制变化不明显。

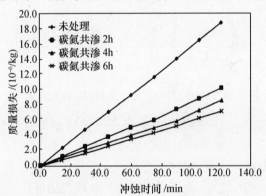

图 4.20　常规冲击下，未经处理和液体氮碳共渗工具钢的
累积质量损失与冲蚀时间的对比[98]

图 4.21 所示为未经处理的和氮碳共渗处理后的试样在 2h 后的冲蚀率与冲击角度之间的关系。所有试样的冲蚀率的变化趋势相似，当冲击角度从 15°~ 90°发生变化时，冲蚀率先增加随后降低，当冲击角度约 30°时，冲蚀率达到最大值。这是一个典型的韧性冲蚀行为[99]。对韧性材料而言，质量损失是由唇状结构形成和其后续断裂造成[100]。随着氮碳共渗的持续时间增加，氮碳共渗试样的冲蚀率降低，即渗碳层深度和表面硬度增加，冲蚀率降低。甚至在高冲击角度时，这种提高也是有效的，因为基板材料韧性的损失并不会造成氮碳共渗后表面

硬度的增加。

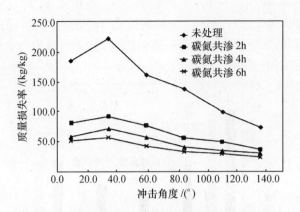

图 4.21　未经处理的标本和氮碳共渗处理后的标本的
冲蚀率与冲击角度之间的对比[98]

Dong 等[101]对低温等离子体表面合金化 AISI 316 奥氏体不锈钢与未经处理钢的冲蚀性能进行了比较,试验在一个料浆罐的冲蚀装置中完成,料浆为40℃ 20%(质量分数)硅砂和3.5%氯化钠组成。试验测量了冲蚀的总损耗、阴极保护下的机械冲蚀和电解腐蚀。根据数据推算出了冲蚀和腐蚀的协同效应。研究表明,分别加入50%的碳(渗碳)和70%的氮(渗氮),通过低温等离子体合金化处理,316 奥氏体不锈钢的抗冲蚀性能可以得到有效的改进。未经处理钢主要是冲蚀损伤,低温等离子体渗碳材料的性能退化过程主要是冲蚀 – 腐蚀,而 316 钢低温等离子体渗氮的性能退化过程主要是腐蚀 – 冲蚀。在未经处理的材料中,冲蚀和腐蚀之间的协同效应只占1.7%。这种协同效应在离子体渗碳材料中会增长到30.0%,在等离子体渗氮钢中,会增长到69.4%。研究发现,渗硼也具有抗腐蚀性,Biddulph[102] 和 Singhal[40]对提高各种硼化钢的耐蚀性给予了描述。

4.3.3　磨损

Kassim 等[103]获得了多种氮碳共渗工艺处理后钢材的两种主要摩擦磨损行为,他们的部分研究成果如图 4.22 所示。总体来说,根据式(1.16),处理层硬度增加,材料磨损率降低。通过氮碳共渗处理后,材料磨损率有显著改善。尽管对于等离子体氮碳共渗合金钢的此种改善很微小,但合金钢的改善却是最大的。非合金钢和低合金钢的材料磨损率几乎不受氮碳共渗工艺处理的影响。此外,如果不考虑氮碳共渗工艺,对于两种主要的磨损,氮碳共渗的低合金钢比非合金钢的性能更好。研究发现,材料磨损受化合物层的硬度、厚度、成分和孔隙度影响。总的来说,渗层较厚、较硬,磨损率就较低。图 4.23 所示为低合金钢磨损表面的形态扫描电镜图。材料去除机理就是微切削和微裂缝。Krishnaraj等[104-105]还指出,由于六角晶体结构的碳氮化合物的存在,渗层的抗划伤性增强。合金钢渗层的抗划伤性优于普通碳钢的抗划伤性,因为合金钢渗层的硬度和密度比普通碳钢的更好。

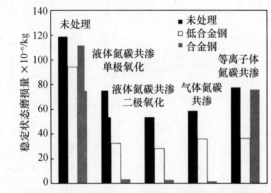

图4.22　几个氮碳共渗过程后许多钢的二元体抗磨损性能[103]

图4.23　扫描电子显微镜图像显示的低合金钢磨损表面的形态

Mann[52]研究了13Cr-4Ni钢的耐磨性和渗硼13Cr-4Ni钢的耐磨性以及渗硼后回火13Cr-4Ni钢的耐磨性。他平均观察了5个样品,其结果如图4.24所示。渗硼钢表现出最高的抗磨性,与原始的13Cr-4Ni钢的抗磨性相比,其抗磨性提高约300%。磨损率是以单位(kg/kg)硅砂的质量损失为依据。渗硼、渗硼回火和原始13Cr-4Ni钢的磨损值分别为0.15×10^{-6}kg/kg、0.27×10^{-6}kg/kg和0.5×10^{-6}kg/kg,这主要是由于其硬度造成,但渗硼后其延展性显著减小。结果表明,在温度为873K时回火,磨损率显著降低。回火后,渗硼层的硬度略有降低。

渗硼时间也会影响磨损率。如图4.25所示,Tabur[106]等的研究验证了这个结果。通过使用固态包埋渗硼法,固态包含有5%的B_4C、5%的KBF_4和90%的SiC,对AISI 8620渗碳钢进行渗硼。样品放在混合粉末包装的不锈钢箱内至少

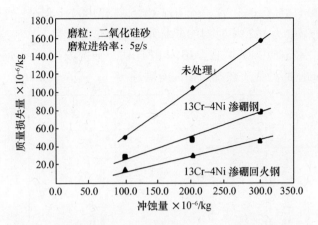

图 4.24   渗硼、渗硼后回火和原始 13Cr - 4Ni 钢的磨损率[52]

10mm 进行渗硼。渗硼后,空冷。渗硼温度相同时,渗硼时间增加,样品的抗磨性增加。当样品渗硼 6h 后,沟槽更加均匀,磨损表面更为光滑。渗硼时间相同时,渗硼温度增加,样品的抗磨性降低。渗硼温度越高,沟槽就越宽越深。研究发现,载荷增加,磨损率增加。研究也观察到,载荷增加,样品表面的磨痕就加深加宽;磨料颗粒尺寸增加,磨损率增加。最后,研究观察到,样品表面形成的 FeB 层具有脆性结构。

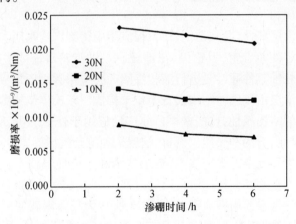

图 4.25   渗硼时间对 AISI 8620 渗碳钢磨损率的影响[104]

Meric 等[50]研究了包埋渗硼铸铁的磨损率。渗硼时间增加,渗硼层厚度增加。在 3 种不同铸铁,即灰口铸铁、蠕墨铸铁、球墨铸铁中,渗硼蠕墨铸铁表现出最好的性能,如图 4.26 所示。研究指出,渗硼时间增加,硼化层厚度增加,磨损率降低。

通过把它们浸渍在温度为 993K 的熔融铝镀液中,硼化铝层在普通的渗碳钢 Q235（1020）、45（1045）和合金钢 GCr15（E52100）上形成，然后扩散。Luo 等[107] 随后在温度为 1223K 时对渗铝标本进行 6h 的渗硼。X 射线衍射分析结果表明，渗硼铝层存在 Fe_2B、Fe_2AlB_2 和 Fe_2Al_5。研究发现，在干燥研磨条件下，复杂渗硼层的耐磨性优于热浸层铝的耐磨性。

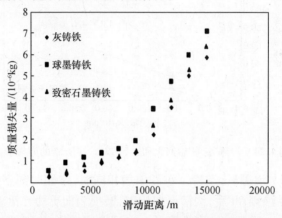

图 4.26 各种铸铁的磨损率与滑动距离之间的变化[105]

4.4 扩散渗层部件的应用

各种扩散渗层部件，尤其是钢，在工程应用中得到广泛采用。

各种机器零件如齿轮、齿轮齿、花键、轴承、轴齿轮等需要进行气相渗碳处理。像冲压凸轮轴零件通常是进行液相渗碳。感应渗碳用于形成碳含量高的表层。这些扩散渗层由莱氏体结构或石墨粒子构成。莱氏体结构的结构属性类似于高合金材料的结构属性，这些材料目前广泛应用于处于恶劣、磨损环境部件，如农业机械、矿业、石油和天然气设备、挖掘机和筑路机械等。目前，这些应用均采用了非常昂贵和复杂的火焰技术、焊接技术和感应堆焊技术。含有石墨颗粒的结构可用于摩擦副和其他许多自动润滑部件。在寿命短的部件上诱导产生莱氏体表层能够降低寿命周期成本。图 4.27 所示为气体渗碳的离合器销和离合器盘（印度古吉拉特邦 Maheswari 碳化工程私人有限公司）[108]。

渗氮处理方法广泛用于航空发动机部件如凸轮、汽缸套、阀茎轴、活塞棒等。在各种汽车零部件中，在于制动防抱死系统（ABS）硬件、驱动板、摇臂轴、离合杆弹簧、发动机阀门、摇杆/摇臂、球形接头、发动机气门导管、制动活塞、喷油嘴、座椅横挡等均有渗氮层。进行渗氮处理的精密部件有套管、燃油喷射装置部件、起落架部件、变速箱组装部件、发动机组件、制动器辅机动力装置、襟翼等，也有各种机械部件如齿轮、枪管、齿杆和轴等。渗氮的工具和模具有铝压铸模具、铝压

图 4.27 气体渗碳的离合器销和离合器盘
（印度古吉拉特邦 Maheswari 碳化工程私人有限公司）

铸套、铝挤压模具、起模杆、锻造模具、成型模具等等。

渗氮组件如图 4.28 所示（印度浦那 Kunakeshwar 弹簧私人有限公司）。

典型碳氮共渗处理的小螺丝机器零件和冲压制品，它们需要具有坚硬的耐磨性表面及内部强度。碳氮共渗能够形成一个梯度硬表面，其渗碳层深度为 0.13 ~ 0.89mm。进行碳氮共渗处理的部件还有前轴、轴承、套管、分配器、驱动轴、套管制动操作凸轮、铰链销、芯棒弹簧销、斜齿轮、衬套，小齿轮、齿环形齿轮。

渗硼并没有像渗碳和渗氮那样广泛使用，与其他摩擦学应用的扩散处理方法相比，它的用途仍然非常少。然而，在高温处理方面，渗硼有着广泛应用。它可以用于钢环、钢丝绳、钢管导套、纺织机械的槽铸滚筒、传动蜗杆及各种高性能的车辆和静止引擎的螺旋齿状钢齿轮[109]。渗硼还可用于装备设备的喷嘴、输

图 4.28 渗氮的零件
（印度浦那 Kunakeshwar
弹簧私人有限公司）

送设备的弯曲板和折流板、制造陶瓷砖的钢模、挤出机料筒。此外，渗硼坡莫合金可应用于各种磁头。

渗铝主要用于燃气轮机的叶片。铂金渗铝方法可应用于航空发动机，目的是抗高温，而不是防止磨损。可能是因为食物材料的高含盐量，当它应用于食品工业中，例如作为面条或水饺的装罐密封工具时通常会遭受腐蚀。食品行业制造工具上沉积的铬会导致形成碳化铬涂层，其厚度达 15μm，硬度为 1500HV。这些工具经过涂层处理后，在温度为 1303K 的真空炉中进行热处理，30min 后快速淬火，在这种处理方式下，由于碳化铬渗层没有受到破坏，因此经此渗层处理的工具能够承食品罐装厂的苛刻条件。

4.5 总结

本章试图对目前的扩散处理工艺和其表面处理的摩擦学特性的发展状态进行分析描述。表面扩散处理研究发生在近几十年,虽然改善摩擦学特性的大多数扩散处理方法是围绕黑色金属材料进行开展研究,但近年来对有色金属材料的研究得到了越来越多的关注,尤其在等离子体扩散处理方法问世后,更是如此。虽然等离子体处理对所需的设备和初始投资要求都很高,但这种处理方法的几个优势将会越来越明显。

由于对等离子体扩散处理工艺的普遍采用和技术进步,其设备的成本已大幅降低。相信在不久的将来,成本有望进一步降低,应用更为普及。辉光放电过程的一个关键问题是"空心阴极效应"。近年来,随着过程控制的严格化和不断改进,此效应已经最小化。等离子体扩散处理提供了更大的灵活性,并保证提供更大范围的高性能表面工程处理组件。需要对各种混合处理或复合处理进行深入研究,以实现磨损腐蚀协同效应的应用优势。

多部件渗硼,如硼铝共渗、硼硅共渗、硼铬共渗等涉及硼的串联扩散或一两种金属部件的串联扩散[110]。虽然多部件渗硼是为了对摩擦学的应用进行改进,但它有望会吸引科学研究领域内的关注。真空渗碳是另一个重要领域,其重大发展预计在最近的将来会得以实现。气体压力淬火领域的快速发展为我们在开发齿轮和轴承系统高性能低变形方面提供了巨大的发展机遇。

参 考 文 献

[1] Sun Y, Bell T (2002) Wear 253:689.

[2] Leyland A, Lewis DB, Stevenson PR (1993) Surf Coat Technol 62:608.

[3] Esfandiari M, Dong H (2007) Surf Coat Technol 202:466.

[4] Goward GW, Boone DH (1971) Oxid Met 3:475.

[5] Genel K, Demirkol M (1999) Int J Fatig 21:207.

[6] Hombeck F, Bell T (1991) Surf Eng 7:45.

[7] Karamis MB (1991) Wear 147:385.

[8] Nie X, Tsotsos C, Wilson A, Yerokhin AL, Leyland A, Matthews A (2001) Surf Coat Technol 139:135.

[9] Hickl J, Heckel RW (1975) Metall Trans A 6A:431.

[10] Zeng D, Yang S, Xiang ZD (2012) Appl Surf Sci 258:517.

[11] Ivanov VE, Smovo AI (1964) Vacuum 14:247.

[12] Batz W, Mehl RF, Wells C (1950) Trans AIME 188:553.

[13] Hurvey FJ (1978) Met Trans 9A:1507.

[14] Metals handbook, heat treating, vol 4. ASM International, Materials Park, OH.

［15］ Krauss G (1990) Steel: heat treatment and processing principles. ASM, Materials Park, OH, p 286.

［16］ Stickels CA, Mack CM (1989) Overview of carburising processes and modelling. In: Krauss G (ed) Carburising processes and performances. ASM, Materials Park, OH, p 1.

［17］ St. Pierre J (1991) Vacuum carburising, heat treating, vol 4, ASM handbook. ASM, Materials Park, OH, p 348.

［18］ Selcuk B, Ipek R, Karamis MB, Kuzucu V (2000) J Mater Process Technol 103:310.

［19］ Suh B - S, Lee W - J (1997) Thin Solid Films 295:185.

［20］ Buhagiar J, Qian LM, Dong H (2010) Surf Coat Technol 205:388.

［21］ Fattah M, Mahboubi F (2010) Mater Des 31:3915.

［22］ Kochmański P, Nowacki J (2005) Surf Coat Technol 200:6558.

［23］ Oliveira SD, Tschiptschin AP, Pinedo CE (2007) Mater Des 28:1714.

［24］ Habig KH (1980) Mater Des 2:83.

［25］ Yang J, Liu Y, Ye Z, Yang D, He S (2011) Mater Des 32:808.

［26］ Karakan M, Alsaran A, Çelik A (2004) Mater Des 25:349.

［27］ Karamis MB (1993) Wear 161:194.

［28］ Priest JM, Baldwin MJ, Fewell MP (2001) Surf Coat Technol 145:152. .

［29］ Edenhofer B (1974) Heat Treat Met 2:59.

［30］ Liu J, Dong H, Buhagiar J, Song CF, Yu BJ, Qian LM, Zhou ZR (2011) Wear 271:1490.

［31］ El - Hossary FM, Negm NZ, Khalil SM, Abed Elrahman AM, McIlroy DN (2001) Surf Coat Technol 141:194.

［32］ Howsow HJ, Pistorius PGH (1999) Surf Eng 15:476.

［33］ Charizanova S, Dimitrov G, Rousseva E, Marcov V (1998) J Mater Process Technol 77:73.

［34］ Krishnaraj N, Bala Srinivasan P, Iyer KJL, Sundaresan S (1998) Wear 215:123.

［35］ Qiang YH, Ge SR, Xue QJ (1998) Wear 218:232.

［36］ Torchane L, Bilger P, Dulcy J, Gantois M (1996) Metall Mater Trans A 27:1823.

［37］ Qiang YH, Ge SR, Xue QJ (1999) Tribol Int 32:131.

［38］ Hoppe S (1998) Surf Coat Technol 98:1199.

［39］ Sahin S (2009) J Mater Process Technol 209(4):1736.

［40］ Singhal SC (1977) Thin Solid Films 45:321.

［41］ Bejar MA, Moreno E (2006) J Mater Process Technol 173:352.

［42］ Takeuchi E (1979) Wear 55:121.

［43］ Habig KH, Chatterjee - Fischer R (1981) Tribol Int 14:209.

［44］ Knotek O, Lugscheider E, Leuschen K (1977) Thin Solid Films 45:331.

［45］ Ipek R, Selcuk B, Karamis MB, Kuzucu V, Yucel A (2000) J Mater Process Technol 105:73.

［46］ Ozdemir O, Usta M, Bindal C, Ucisik AH (2006) Vacuum 80:1391.

［47］ Ozbek I, Bindal C (2002) Surf Coat Technol 154:14.

［48］ Dybkov VI, Lengauer W, Barmak K (2005) J Alloys Compd 398:113.

［49］ Galibois A, Boutenko O, Voyzelle B (1980) Acta Metall 28:1753.

［50］ Meric C, Sahin S, Backir B, Koksal NS (2006) Mater Des 27:751.

［51］ Sen S, Ozbek I, Sen U, Bindal C (2001) Surf Coat Technol 135:173.

［52］ Mann BS (1997) Wear 208:125.

121

[53] Sinha AK (1991) ASM handbook, vol 4. ASM, Materials Park, OH, p 437.

[54] Buckley DH, Spelvin T (1985) Mater Lett 3:181.

[55] Parzuchowski RS (1980) Thin Solid Films 55:146.

[56] Das DK, Singh V, Joshi SV (1998) Metall Mater Trans A 29A:2173.

[57] Nicoll AR, Hilderbrandt UW, Wahl G (1979) Thin Solid Films 64:321.

[58] Grunling HW, Bauer R (1982) Thin Solid Films 3:95.

[59] Nicoll AR, Hildebrandt UW, Wahl G (1979) Thin Solid Films 64:321.

[60] Das DK, Singh V, Joshi SV (2002) Oxid Met 57:245.

[61] Das DK, Roy M, Singh AK, Sundararajan G (1996) Mater Sci Technol 12:295.

[62] Mervel R, Duret C, Pichoir R (1986) Mater Sci Technol 2:201.

[63] Streiff R, Boone DH (1985) In: Sisson RD (ed) Coatings and bimetallics for aggressive environments. ASTM, Materials Park, OH, p 159.

[64] Smialek JL (1974) NASA TM X - 3001. National Aeronautics and Space Administration, Washington, DC.

[65] Daimer J, Fitzer E, Schlichting J (1991) Thin Solid Films 84:119.

[66] Nicoll AR, Wahl G (1982) Thin Solid Films 95:21.

[67] Arai T (1990) In: Sudarshan TS (ed) Surface modification technologies III. The Minerals, Metals and Materials Society, Warrendale, PA, p 587.

[68] Lee J - W, Duh J - G, Tsai S - Y (2002) Surf Coat Technol 153:59.

[69] Lee J - W, Duh J - G (2004) Surf Coat Technol 177 - 178:525.

[70] Meier GH, Cheng C, Perkins RA, Bakker W (1989) Surf Coat Technol 39 - 40:53.

[71] Lee SB, Cho KH, Lee WG, Jang H (2009) J Power Sources 187:318.

[72] Chen F - S, Lee P - Y, Yeh M - C (1998) Mater Chem Phys 53:19.

[73] Perez FJ, Pedraza F, Hierro MP, Carpintero MC, Gomez C (2004) Surf Coat Technol 184:47.

[74] Perez FJ, Hierro MP, Pedraza F, Gomez C, Carpintero MC (1999) Surf Coat Technol 120 - 121:151.

[75] Perez FJ, Hierro MP, Pedraza F, Gomez C, Carpintero MC, Trilleros JA (1999) Surf Coat Technol 122:281.

[76] Priyantha N, Jayaweera P, Sanjurjo A, Lau K, Lu F, Krist K (2003) Surf Coat Technol 163 - 164:31.

[77] Ralston KD, Fabijanic D, Jones RT, Birbilis N (2011) Corros Sci 53:2835.

[78] Pantazopoulos G, Psyllaki P, Kanakis D, Antoniou S, Papadimitriou K, Sideris J (2006) Surf Coat Technol 200:5889.

[79] Nicoletto G, Tucci A, Esposito L (1996) Wear 197:38.

[80] Karamis MB, Gercekcioglu E (2000) Wear 243:76.

[81] Lim SC, Ashby MF (1987) Acta Metall 35:11.

[82] Roy M (2009) Trans Indian Inst Met 62:197.

[83] Psyllaki P, Kefalonikas G, Pantazopoulos G, Antoniou S, Sideris J (2002) Surf Coat Technol 162:67.

[84] Krishnaraj N, Iyer KJL, Sundaresan S (1997) Wear 210:237.

[85] Rizvi SA, Khan TI (1999) Tribol Int 32:567.

[86] Wei YD, Liu ZR, Wang CY (1983) Acta Metall Sin 19:B197.

[87] Liu ZR, Zh FY, Cui YX, Sh YX, Wang CG (1983) J Rare Earths 11:196.

[88] Bell T, Sun Y, Liu ZR, Yan MF (2000) Heat Treat Met 27:1.

122

［89］Yan MF, Pan W, Bell T, Liu ZR (2001) Appl Surf Sci 91：173.

［90］Yan MF, Sun Y, Bell T, Liu ZR, Xia LF (2002) J Rare Earths 20：330.

［91］Liu RL, Yan MF, Wu DL (2010) J Mater Process Technol 210：784.

［92］Forati Rad H, Amadeh A, Moradi H (2011) Mater Des 32：2635.

［93］Habib KA, Saura JJ, Ferrer C, Damra MS, Gimenez E, Cabedo L (2006) Surf Coat Technol 201：1436.

［94］Wu YH, Zhang P, Xu Z (2008) Surf Eng 24：464.

［95］Gulhane UD, Roy M, Sapate SG, Mishra SB, Mishra PK (2009) In：Proceedings of ASME/STLE international joint tribology conference, IJTC 2009, Memphis, TN, 19 – 21 October.

［96］Krishnaraj N (1997) Ph. D. thesis, Indian Institute of Technology, Madras.

［97］Roy M, Tirupataiah Y, Sundararajan G (1993) Mater Sci Eng A165：51.

［98］Wen DC (2010) Wear 268：629.

［99］Sundararajan G, Roy M (2010) Tribol Int 268：629.

［100］Bellman R Jr, Levy A (1981) Wear 70：1.

［101］Dong H, Qi P – Y, Li XY, Llewellyn RJ (2006) Mater Sci Eng A 431：137.

［102］Biddulph RH (1977) Thin Solid Films 45：341.

［103］Kassim A, Al – Rubaie S, Steinmeier F, Pohl M (2000) Wear 243：112.

［104］Krishnaraj N, Iyer KJL, Sundaresan S (1997) Mater Lett 32(5 – 6)：355.

［105］Krishnaraj N (1998) Ph. D. Thesis, Indian Institute of Technology, Madras.

［106］Tabur M, Izciler M, Gul F, Karacan I (2009) Wear 266：1106.

［107］Luo X, Li D, Chen K (2005) Int J Microstruct Mater Prop 1：88.

［108］http://www. heattreatmentservice. com.

［109］Dearnley P, Bell T (1985) Surf Eng 1：248.

［110］Chaterjee – Fischer R (1986) Met Prog 129(5)：24.

第 5 章　耐磨堆焊对冲蚀、腐蚀及磨损的影响

5.1　引言

焊缝覆盖涂层也称为耐磨堆焊,是一种采用涂覆涂层固凝的方法。这种方法同焊接工艺一样古老,在 1896 年 J. W. Spencer 首次使用了该方法。相比其他工艺而言,其独特的优势在于覆盖涂层和基材焊接之间冶金结合,不易脱落,并且可以较为容易地避免气孔及其他缺陷的产生。焊接沉积层的厚度可达 10mm。堆焊工艺甚至可以直接在现场进行。大量材料都可以采用该方法以防止性能衰退,因此该方法得到了广泛应用。

焊接覆盖涂层可以分为下面 4 类:①在材料表面覆盖与基材成分完全不同的厚层;②堆焊层性能衰减抗力更好的材料,与基材冶金结合,且成分与基材相似;③采用焊接沉积修复原始部件的尺寸,新形成层的组成和基材可以很相近;④在最后的涂覆之前沉积一个中间层。

用来堆焊的材料熔点应该低于或者接近基材物质的熔点。在堆焊过程中,涂层材料的温度被升高到熔点,然后使其固化在基材上。堆焊的效果取决于堆焊层的实施工艺和堆焊层的组成。工艺过程应进行优化,才能保证其高沉积率、高导热效率、优异的稀释以及对涂层成分的良好控制。

本章主要关注各种堆焊工艺及优缺点,最后介绍堆焊表面的摩擦磨损性能及高温性能。

5.2　热流方程的分析模型

为了达到元件的热流平衡,可以假设:热进 − 热出 = 热积累 + 热产生,即

$$-\frac{H}{\alpha}\Delta T + \Delta^2 T - \frac{1}{\alpha}\frac{\partial T}{\partial t} = -\frac{H}{k} \tag{5.1}$$

对于一维热流模型,假设热流在一个方向上,没有热对流或热产生,则

$$\frac{\partial^2 T}{\partial z^2} = \frac{1}{\alpha}\frac{\partial T}{\partial t} \tag{5.2}$$

假设热输入是恒定的,热特性与温度无关,若没有由于对流产生的热损失,不考虑潜热的影响,则当 $t=0$,$T=T_0$ 时,边界条件如下:

当 $z=0$ 时,表面功率密度 F_0 为

$$F_0 = \left(\frac{P_{\text{tot}}(1-r_{\text{f}})}{A} \right) = -k \left[\frac{\partial T}{\partial z} \right]_{\text{surf}}$$

当 $z=\infty$ 时,

$$\frac{\partial T}{\partial z} = 0$$

因此,结果如下所示:

$$T_{z,t} = \frac{2F_0}{k} \left\{ (\alpha t)^{1/2} \text{ierfc} \left[\frac{z}{2(\alpha)^{1/2}} \right] \right\} \tag{5.3}$$

式中:ierfc 为互补误差函数的积分。

当没有热源,即 $t>t_1$,则材料将根据下面关系冷却

$$T_{z,t} = \frac{2F_0}{k} \alpha^{1/2} \left\{ t_0^{1/2} \text{ierfc} \left[\frac{z}{2(\alpha t)^{1/2}} \right] - (t-t_1)^{1/2} \text{ierfc} \left[\frac{z}{2(\alpha(t-t_1))^{1/2}} \right] \right\} \tag{5.4}$$

式中:T 为温度;z 为深度;t 为时间;t_0 为热源的开始时间;t_1 为热源的结束时间;k 为热导率;α 为热扩散系数;F_0 为被吸收的功率密度。

这个一维热流方程式适用于热源面积比厚度大很多的情况。该算法并未考虑热流尺寸结构、速度和基材厚度等变量。然而这种模式的计算方法是非常有用的,Beien 和 Kear[1] 通过这个模式总结出了冷却速率、温度梯度、凝固率的图形。

假设没有热对流或辐射造成的热损失,堆焊时热传导的控制式为[2]

$$\frac{\partial^2 T}{\partial x^2} + \frac{\partial^2 T}{\partial y^2} + \frac{\partial^2 T}{\partial z^2} = \frac{1}{\alpha} \frac{\partial T}{\partial t} \tag{5.5}$$

对于能量为 $Q\rho C$ 的一个静止瞬时点源,上述方程的解为

$$T = \frac{Q}{8(\pi \alpha t)^{2/3}} \exp \left\{ -\left[(x-x')^2 + (y-y')^2 + (z-z')^2 \right] / 4\alpha t \right\} \tag{5.6}$$

对于连续的点源,如果热量从 $t=0$ 到 $t=t'$ 期间以 $\Phi(t)\rho C$ 的速度释放出来,温度分布可以通过式(5.5)对时间的积分得到,即

$$T = \frac{Q}{8(\pi \alpha t)^{3/2}} \int \phi(t') \exp \left[\frac{-r^2}{4\alpha(t-t')} \right] \frac{\text{d}t'}{(t-t')^{3/2}} \tag{5.7}$$

式中:$r^2 = (x-x')^2 + (y-y')^2 + (z-z')^2$。

当 $\Phi(t)$ 为常数,即 $\Phi(t)=q$ 时,有

$$T = \frac{q}{4\pi \alpha r} \text{erfc} \left[\frac{r}{(4\alpha t)^{1/2}} \right] \tag{5.8}$$

通常焊接操作过程中的热源往往是一个有限的呈高斯热分布的源。在这种

情况下,静止源的温度分布可以表示为

$$T_{\text{cont-gauss}} = \frac{2P(1-r_f)D}{\pi D_2 kT^{1/2}}\arctan\left[\frac{2(\alpha t)^{1/2}}{D}\right] \tag{5.9}$$

当堆焊过程中热源以 vm/s 的速度移动,温度分布变为

$$T - T_0 = \frac{Q}{2\pi k}e^{-vx/2\alpha}\frac{e^{-vR/2\alpha}}{R} \tag{5.10}$$

上述等式最适合用来进行堆焊分析,获得温度分布、冷却速度和热影响区域等。

5.3　堆焊过程

大多数的焊接工艺都可用于堆焊。这些过程可以被归类为气焊、电弧焊接和高能量束焊。

5.3.1　气焊工艺

氧燃料焊接(OFW)和氧乙炔焊接(OAW)是历史最悠久、最简单的气焊堆焊工艺。该工艺是指使用火直接加热表面直到表面呈现光亮透明,在熔化的临界情况下,通过熔化焊条或粉末来实现堆焊料。加热焊条或粉末直到它们变成滴状湿润表面,形成连续的沉积层。这些过程中使用最广泛的是钴、镍和铜基板的堆焊合金。虽然除了乙炔外,也可以使用其他燃料气体,但最值得推荐还是乙炔。相对其他工艺过程而言,虽然这一过程是最为缓慢的,但只需要稀释少量的合金。由于过程缓慢,它一般适用于小部件,现场仅需要焊炬设备,但是却需要高技能焊工进行操作。这一工艺也有缺点,即由于火焰温度的降低,金属基材表面会吸附一定量的碳。

5.3.2　电弧焊工艺

在电弧焊接工艺中,热量是靠焊条和工作件之间弧的产生[3]。电弧焊接工艺可分为消耗焊条工艺和非消耗焊条工艺。在消耗电弧焊接过程中,电弧保持在消耗焊条和工件之间。在气体保护电弧焊(SMAW)中,堆焊层是通过熔化表面覆盖助焊剂的消耗焊丝堆积而成。助焊剂在熔化时形成液体熔渣,产生的气体可用来保护熔化的金属池。焊条由一种合金或涂层材料制成,用来形成耐磨沉积层。该方法的主要优点是设备和消耗品种类较多,该工艺可用于沉积种类繁多的黑色金属和有色金属材料。但由于这个过程缓慢,因此只能处理小面积区域,并且这一工艺也依赖于操作者的技术。

药芯电弧焊(FCAW)工艺自 1975 年以来被广泛使用,该工艺特点在于管状

的金属焊条四周包满了助焊剂材料。这种助焊剂材料极易挥发，并对熔池提供保护。盘绕管状焊条可通过焊枪供给，电弧处在线和基材之间。有时金属粉末也可以添加到芯材料中来生成合金沉积。气体保护也可以用来增强屏蔽效果。这个过程可以是半自动或全自动的，FCAW 过程非常快。然而，很少有合金做成管状、且这些合金中大多含铁。因此，该工艺主要适用于大面积的黑色金属材料。

在熔化极气体保护电弧焊（GMAW）工艺中，焊枪喷嘴朝焊线方向喷出的气体将焊条和基材与空气隔离。堆焊层的沉积可通过几种方法来实现。使焊线熔化掉而不接触工件的过程称为球状输送。沉积也可以通过喷射输送的模式完成，更适合户外作业。这个过程非常快，可以适用于大面积的作业，用来覆盖大罐的内表面；可使用该工艺沉积各种材料。有时也可以采取不用气体屏蔽的过程，该过程称为开放弧工艺。

埋弧焊（SAW）工艺是一个快速的过程，它通过辅助设备来使用可消耗焊线助焊剂[4]。电弧建立在工件和焊线之间。在焊接期间，电弧被颗粒状的熔滴覆盖，这些助焊剂通过焊头下面的漏斗进料。在助焊剂上添加必要的合金就可沉积。这一过程可以很容易地实现自动化，是一个快速的过程，它适合于大面积应用，但它大多用于黑色金属材料。

在非消耗式焊接工艺中，钨极气体保护电弧焊（GTAW）和等离子体弧焊接（PAW）工艺被广泛应用。两个工艺需要钨电极和引入填充物来作为 GTAW 所需的焊条及 PAW 所需的药粉。在 GTAW 中，电弧在非消耗 W 焊条和工件之间产生。虽然这一过程，尤其在手动模式下是非常缓慢的，且只有小面积会被覆盖，但任何材料都可以通过 GTAW 沉积。它的优点是会在机器零件成品上产生一个纯净的沉积。

在 PAW 工艺中，惰性气体通过焊枪流过电弧。等离子火焰熔化填充物，使其在表面硬化。火焰的温度可高达 50000K，这使得火焰有高穿透能力。在工件和等离子体焊枪之间通过电弧获得等离子体火焰，这种工艺称为等离子体转移弧焊（PTA）。当焊炬中的电弧保持在钨电极和水冷喷嘴之间时，该工艺称为非转移电弧等离子。在这个过程中填充的材料通过卷轴将裸线或粉末添加到电弧区域。虽然设备成本非常高，但是这个过程非常快。PAW 堆焊需要极少的机械加工，也没有清理助焊剂的要求。薄层或厚层都可通过该方法进行沉积，低熔点基材也可以通过该方法涂覆。PTA 工艺表现出巨大的潜力，因为相对于热喷涂涂层，PTA 的优势在于具有较低的生产成本和较高的生产率，同时易于操作，不需要任何特殊的表面处理[5-7]。此外，PTA 技术能生产出高质量涂层（良好的冶金结合和低水平的孔隙率），该涂层由金属基板和碳化物的硬质相组成。

5.3.3 高能束处理

高能束处理工艺中,激光堆焊[8-10]和电子束堆焊很重要[11-13]。激光表面修复将在第 7 章详细讨论。电子束堆焊已经发展了许多年,并且被广泛地应用于工业[14-17]。在此过程中,通过加热带负电荷的细丝(阴极)到离子发射的温度范围内产生电子,并使得电子加速通过电场。这些电子的动能被转换成热量,用来在基板上沉积涂层。准确控制能量密度、光束尺寸,精确的光束对准,低热量输入,干净的环境是电子束堆焊的重要特征,这使得该工艺在一些应用上优于许多其他耐磨堆焊工艺。然而设备的高造价、高运行成本和其他一些缺点阻碍了这一工艺的广泛推广。但是近年来快速发展的电子束堆焊设备,表面的高质量及经济效益等使得该方法得以推广。

5.3.4 其他堆焊工艺

摩擦堆焊是近年来使用的表面硬化工艺[18],用于沉积厚涂层。焊料受力移向表面并在载荷作用下旋转,其结果是形成了一个 1~2mm 厚的热塑化层,其厚度取决于可消耗材料。塑化层的温度约低于其熔点 40℃。高接触应力是必需的,以避免在基材和耗材之间形成氧化层。铝、钛、低碳钢、工具钢、不锈钢等都可通过这种工艺沉积在大面积材料上[19-21]。

电渣堆焊是另一种表面硬化工艺,类似于 SAW[22,23],使用的设备也与 SAW 相似。颗粒状助焊剂形成的电渣可保护整个进程。这种工艺具有高沉积率,可应用于平面以及弯曲表面等优点。这一工艺的主要特点是热输入低,对基材的渗透小而均匀,稀释低,沉积层中碳含量超低。该方法能够降低机械加工费用,甚至不需要机械加工,且该过程中没有紫外线辐射。由于在尺寸和基板厚度方面有局限性,这种工艺很难用于堆焊管的内表面。

脉冲焊条堆焊(PES)及其衍生的脉冲空气电弧沉积工艺是一种高能量高密度微型焊接工艺[24-26]。该过程通过放电电容产生瞬时高电流的电脉冲。基板材料的变形或者金相变化很小。堆焊层快速凝固形成晶粒结构,该设备结构紧凑,操作简单,便于携带。它可手动操作,也可以集成到机床,主要用于处理切割工具。

5.4 堆焊材料

虽然在堆焊材料的选择上需要考虑很多方面,但从冶金的角度来看,堆焊材料可分为铁合金、钴合金、镍合金、铜合金、碳化物、复合材料、摩擦堆焊沉积材料[27-29]。

5.4.1　铁基材料

铁基堆焊材料构成了堆焊材料的主体[30,31]。由于成本低和中等的耐磨性，这些材料很适合用作粉碎、研磨和表面移动设备的大面积涂层。它们经常用于修复表面。以下类型的铁基堆焊材料适用于沉积涂层：珠光体钢、奥氏体钢、马氏体钢、铸铁。

1. 珠光体钢

堆焊材料中的珠光体钢，实际上是包含有限合金添加物的低碳可焊接钢。通常用埋弧焊来沉积珠光体钢处理元件表面。焊缝沉积的微观结构和力学性能，通过控制进料线的组成和助焊剂的成分进行控制。一般情况下，良好的微观结构具有更好的线阻[32]。有时多种合金元素添加物也可制成。但这种情况下，需要更快的冷却速度，以获得想要的微观结构，同时要预热基材，以避免在冷却过程中由于热应力而产生开裂。

2. 奥氏体钢

哈德费德锰钢是使用最广泛的奥氏体堆焊材料。这种钢锰含量为 12% ～ 16%，碳含量不高于 1%。在冷却时钢可以保留完整的奥氏体微结构，但这种微组织是亚稳态的。EFeMn - C 是典型的奥氏体钢，具有韧性极高，耐磨，耐冲击，对塑性变形敏感等特点。在磨料磨损的时候，由于材料变形，奥氏体转变为马氏体，是可塑性诱导了转化[33,34]。这增加了钢的加工淬火率，同时又增加了耐磨损性。这种具有较高加工淬火能力和适度延展强度的材料能够对磨损和冲击载荷做出塑性反应。这种可塑性有助于消耗能量，避免了在焊接过程中涂层的裂化和剥落[35]。

然而，该材料也存在一些相关问题。由于颗粒边缘有碳化物的析出，影响了冷却之后的退火速度或加热变缓，从而导致材料的脆化。为了避免碳化物的析出，就要避免层间温度过高。避免这种脆裂的另一种方法是减少杂质，如锑、锡、磷、砷、氮等。高纯度钢不会发生脆化。这种脆化也可通过快速跨越临界脆性温度进行冷却来降低。加入硅也可以避免脆化的问题。堆焊过程中，如果沉积层被高度稀释，就会导致开裂，这是因为稀释层可能不稳定，奥氏钢会脱落。可以选择高含量合金钢来避免高度稀释。高含量合金组合物即使在高度稀释情况下，也能使奥氏体变得稳定。奥氏体锰钢不具有耐腐蚀性。因为脆化问题，它们不能在高温下使用。由于这些钢很难加工，因此最好在沉积态条件下使用。

3. 马氏体钢

马氏体钢在特定条件下，其微观结构在空气冷却后变为马氏体。虽然马氏体具有较高的硬度和耐磨性，但其表面的耐冲击性低于珠光体或奥氏体结构。马氏体组织的韧性可以通过适当的回火处理而改善。马氏体涂层需要沉积两层,以避免稀释。如果加工需要,可以沉积三层。由于热应力,马氏体层很容易裂化,因此它需要在空气中以相当快的速度冷却以避免奥氏体的形成。为了避免裂化,基体需要预加热。在预热期间应特别注意,如果加热超过一定温度,微结构可能无法保持完全的马氏体,其中一部分或转变为奥氏体。

当需要在腐蚀性环境中进行抗磨损保护时,马氏体不锈钢可用作保护层。对于这样保护层的典型组合为质量分数 0.3% 的碳、12% 的铬、0.8% 的钼、0.6% 的锰、0.6% 的镍和 0.5% 的硅。这种钢在高温时是奥氏体,在缓慢冷却时完全转化为马氏体。使用前,这种钢通常回火到 773 ~ 873K。这种钢的低碳品种包含钼、钒和钨还有高量的铬,可以提升连续铸辊 50% 的寿命[36]。如果应用在高温下的抗磨损保护,工具钢中的马氏体可以使用。涂覆的组件冷却至环境温度,以确保为马氏体结构,并随后回火至 923K。回火期间,不同合金碳化物沉淀导致硬度增加。这种现象称为二次淬火,这有助于在升温时保留强度。

6 种不同表面耐磨堆焊合金选来制作成铁基上的助焊芯焊丝,并焊接到 1.0038 低碳钢板上。这些合金的化学组成见表 5.1[37]。表 5.2 为焊接参数,这些参数的优化与焊接方式及不同助焊药芯焊丝的组成相关。焊接位置选在两层之间的平坦区域。焊接沉积物的典型微结构见图 5.1[37]。合金 A 主要是含有一些奥氏体区域的马氏体。精细原铌碳化物平均分布在整个微截面。马氏体的硬度约为 $800HV_{0.1}$。表 5.3 给出铌碳化物的含量,达到 7%,呈现为小于 $3\mu m$ 的喷溅形状。合金 B 主要由原铁/铬碳化物组成,硬度约为在 $1600HV_{0.1}$,存在于莱氏体基体中。由表 5.3 可知,30 ~ 200μm 大小的铁/铬碳化物含量达到 57.1%。资料显示,铁/铬碳化物具有过共晶合金 FeCrC 结构转化成 M_7C_3 型结构的化学特性[38-41]。莱氏体基体的硬度值约为 $800HV_{0.1}$,这一数值较为接近先前 Fischer[42] 和 Buytoz[43] 的研究。此外,在体积含量约为 5% 时,可以检测出小的、分布均匀的原铌碳化物(浅灰色(图 5.1(b)))。这些具有高硬度的基体是提升耐冲蚀力和耐磨损力的主要成分。合金 C 熔于亚共晶 γ - 树突状态下,硬度约为 $920HV_{0.1}$,被嵌入在硬度约为 $1000HV_{0.1}$ 的共晶基材中(图 5.1(c))。体积含量为 48.3% 的封闭网状或骨架状(表 5.3)的脆性铁/铬碳化物明显围绕着初生枝晶。这种形状类似 N 型最终共晶体熔化的固化[42]。合金 D 由铁碳化物构成,为柱状结构,硬度约为 $1500HV_{0.1}$,存在于硬度约为 $1000HV_{0.1}$(图 5.1(d))的共晶基材中。硬质相在该合金中的分布十分均匀。由表 5.3 可知,铁碳化物的体积含量为 18.5%,尺寸大小为 20 ~ 80μm。合金 E,其硬度为 1200 ~ $1900HV_{0.1}$,硼含量类似于合金 D,但其他元素,如钨、钼、铌和铬的含量较高,复杂碳化物和碳氮硼化物致密且分布均匀,如图 5.3 所示。硬质相的类型和含量分别是体积含量在 52%、尺寸为 10 ~ 100μm 的铁/铬碳化物、体积含量大约在 5% 呈块状铌碳化物和钼/钨的碳化物。在文献[44]中,一种与合金硬质相类似,被描述为 $M_{22}(BC)_6$ 和 $M-(CB)_2$ 碳化物相的物体,由于碳化物和硼化物在韧性树突/细胞的有效分布,在基板中表现出高达 $73.3Pa \cdot m^{1/2}$ 的断裂韧性。合成多相合金 F 包含了原始熔化和粉碎的钨碳化物($2500 \sim 2700HV_{0.1}$),广泛熔解在铁基基材中,并导致均匀分布的再析出碳化物,其硬度降低为 $1200 \sim 1600HV_{0.1}$。合成的添加钨碳化物的含量为 38.7%,尺寸为 $65 \sim 250\mu m$。基板的硬度为 $800 \sim 1100HV_{0.1}$。较高的焊接电流增加了碳化钨的溶解速度。整体的钨碳化物呈现不规则分布状。有高密度的原始碳化物靠近熔合线,而在表面处仅可见碳化物。

表 5.1　铁基合金的化学成分

合金	化学成分					
	Fe	C	Cr	Nb	B	其他
A	Bal	<1.5	6.0	3.0	—	1.5
B	Bal	5.5	21.0	7.0	—	1.0
C	Bal	2.5	7.0	—	<1.0	<1.0
D	Bal	<1.0	—	—	1.0	1.5
E	Bal	1.3	15.4	4.2	4.2	11.5
F	Bal	<1.0				1.8

表 5.2　铁基合金的焊接参数

合金	电流/A	电压/V	层间温度/℃	线速度/(mm/s)
A	175	22.9	168	4.4
B	247	27.5	197	8.4
C	246	21.7	205	5.4
D	188	23.3	182	4.7
E	244	23.6	175	9.3
F	113	21.0	151	3.0

表 5.3　铁基合金中硬质相的参数

合金	类型	容量/% (体积分数) (vol. %)	大小/μm	形状
A	Nb 碳化物	7.0	<3.0	溅射状
B	Fe/Cr 碳化物	57.1	30 ~ 200	柱状
	Nb 碳化物	5.4	<7.0	颗粒状
C	Fe/Cr 碳化物	48.3	—	封闭轮廓状
D	Fe 碳水化合物硼化	18.5	20 ~ 80	柱状
E	Fe/Cr 碳水化合物硼化	52.0	10 ~ 100	柱状
	Nb 碳化物	4.6	5 ~ 10	块状
	Mo/W 碳水化合物硼化	5.3	10 ~ 25	块状
F	WC 合成物	38.7	65 ~ 250	圆形

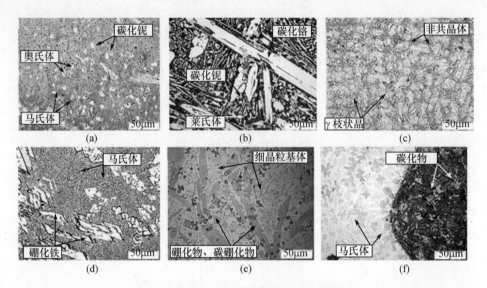

图 5.1　不同铁基合金的微结构 SEM 图像

Wang 等[45]研发的铁合金堆焊涂层通过 TiC 颗粒得以增强。TiC 颗粒是钛铁和石墨在电弧焊接过程中钛铁的冶金反应形成的,而非 TiC 粒子被直接加入到熔池中形成。图 5.2 TEM 观察表明在板条马氏体内部的子晶体结构内存在相当多的位错,但没有看到孪晶马氏体。低碳板条马氏体具有自动调温的功能。当形成低碳板条马氏体时,可很大程度保持具有较高强度和韧性堆焊涂层的微观结构。

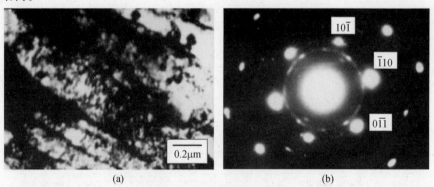

图 5.2　铁基表面堆焊层的板条马氏体形态的 TEM 图像

4. 铸铁

铸铁基本上是碳含量较高的铁(通常碳含量超过 2%)。有一些铸铁可以当作堆焊材料,其可以在冷却期间通过改变冷却速率、热处理和采用添加剂获得。在这些铸铁中,白口铸铁可用于磨损防护。铬含量为 12% 的白口铸铁是常用的堆焊铸铁。按照碳和铬的含量比,堆焊层可划分为亚共晶(含 2% ~3% 的碳,

5% ~29% 的铬)、近共晶(含 3% ~4% 的碳,12% ~29% 的铬)和过共晶(含 4% ~7% 碳,15% ~36% 铬)的合金。在一般情况下,与亚共晶合金相比,过共晶合金具有较高的耐磨性和低耐冲击性,其中高耐磨性是由于存在高含量的硬质高碳化铬[46]。这些合金含有不同碳化物,其中主要类型为 M_7C 型,还包括其他碳化物,如 M_6C 和 M_2C。一般碳化物的尺寸为 50 ~100μm,而共晶碳化物的尺寸一般小于 10μm[47]。包含这些碳化物的基材可以是珠光体、奥氏体或马氏体。虽然马氏体基材具有良好的高应力磨损性,但是,如果在高断裂韧度情况下的需具备耐磨损性时[27],奥氏体基材则为首选。当钛、铌、钼被添加而形成离散性好的硬质碳化物时,可增强耐磨损性以及韧性,这也带来了低应力和高应力时耐磨性的提升[38]。

这些合金可以用氩弧焊、药芯焊丝、埋弧焊和手工电弧焊等沉积。这些合金在堆焊材料中成本最低。其整体磨损性能非常出色,可以在任何摩擦恶化的条件下使用,具有良好的可用性和适用性。

5.4.2 镍合金

堆焊合金的族系主要用于抗磨损领域。硼是这类合金的主要元素。这类合金经过热处理后不会硬化。此外,这类合金通常用于沉积态的情况,且硬度范围相似。这类合金比铁基合金更耐磨,物理和腐蚀特性类似于镍基合金。它们不具有铁磁性,并可在高达 800K 的情况下维持其硬度。不能在普通环境中形成,且具有一定的脆性。这类材料使用方便,在湿润铁基材料和其他基板方面,效果比大多数有色堆焊合金会更好。相比其他硬度相当的合金,更易加工。这类合金可分为 3 类,即硼化物合金、碳化物合金和 Laves 合金。

含硼化物的合金可制成裸铸棒、管状导线和粉末。在富镍基材中,该涂层微观结构包含硼化物和镍硼化物。硼化镍(Ni_2B)为低铬含量时的主要硬质相。随着铬含量的增加,硼化镍逐渐被硼化铬取代。在铬含量低时铬硼化物为 CrB,铬含量较高时为 Cr_5B_2。硅是主要基材元素,用作助熔元素,最终形成金属间化合物 Ni_2Si。基材还包含复杂碳化物,如 $M_{23}C_6$ 和 M_7C_3。这些材料的抗腐蚀性低于所有非铁耐磨堆焊材料,但是,它们具有良好的高温硬度特性。图 5.3 为典型的镍基堆焊合金科尔莫诺伊合金 5 的亮场透射电镜图[48]。涂层的 TEM 亮场图像呈现针状(5 ~20μm)、球状(20 ~200nm)、立方状(50 ~200nm)、块状(2 ~3μm)和花状(15μm)型沉淀物。TEM – EDS 分析证实了针状、花块状和球状析出物基本上都含有丰富的铬镍元素,铁是含量最少的元素。可观察到大小约 100nm 的球状析出行向排列(约 1μm 的长度),如图 5.3 所示。据报道,该科尔莫诺伊合金 5 沉积层可以保证其在大范围温度条件下沉积态的硬度[49]。这些析出物有益于涂层在高温下维持硬度。

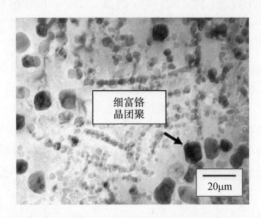

细富铬
晶团聚

20μm

图 5.3　铬化硼系化合物的镍基合金微结构的 TEM 图

碳化物合金具有抗磨损、抗冲击和良好的耐腐蚀性。在这些方面,这类合金比含硼镍基的材料性能更好。这类合金还含有复杂的碳化物,如 M_7C_3 和 M_6C。钴基堆焊合金被认为是放射性钴同位素的来源[50],因此开发了含碳化物镍基合金。

Laves 相是金属间化合物,用 AB_2 表示。虽然这些相可提高其耐磨性,但同时也降低了韧性。Laves 相镍基合金的耐磨性比 Laves 相钴基合金更低。这些 Laves 相是 NiMoSi 和 Ni_2Mo_2Si。通常 Laves 相约占堆焊层的 50% 。Laves 相的结构是六角形和双六角棱镜[51,52]。这些含有铬的合金具有抗氧化性、良好的抗高温及耐腐蚀性。尤其在高温下,金属对金属对磨时,其具有良好的耐磨性[53,54]。且它易通过氩弧焊和 PTA 工艺沉积。由于这些合金缺乏钴,所以可以用在核反应堆的气门与气门座。

5.4.3　钴合金

钴基堆焊合金应用时间久。这类合金的主要优点是具有优良的耐腐蚀性、耐氧化性和耐磨性,这是其成功取代铁基合金的原因。但是这类合金比其他合金都昂贵。司太立合金是第一个被开发出来的钴基堆焊合金。

这类合金也称为碳化物合金。随后该族其他元素也被应用,它们是 Triboaloy。这类合金可归类为 Laves 相合金。这类合金不能用热处理硬化,它们没有退火反应。钴基堆焊合金可以作为钨极氩弧焊和 OAW 沉积的裸焊条,作为手工电弧焊涂覆焊条,也可以作为 GMAW、FCAW、SAW 和 PTAW 的导线。

司太立合金通过调节碳和钨或者碳和钼的含量来改变硬度等性能。基材基本上是钴,并由铬和钨加强或者由铬和钼加强。耐磨性受到形成的碳化物、体积分数、尺寸和分布等因素的约束。铬含量高时可导致碳化铬的形成,但体积分数、大小、形状和碳化物的分布受合金组成和其沉积技术来控制。根据碳含量的不同，这些合金可分为亚共晶、共晶和过共晶合金。在亚共晶合金中，特别是那些含碳量低的品种，韧性碳化铬通常以 $M_{23}C_6$ 形式存在。在某些合金中以共晶 $C_0 - M_7C_3$ 的形式存在。这些合金延展性有限，但表现出较强的耐磨性。碳化物的尺寸、性质和分布受到钼含量的影响[55]。钼的加入形成两种类型的碳化物，M_6C 碳化物主要在富钴枝晶界面，共晶富铬 M_7C_3 和 $M_{23}C_6$ 在枝晶间区域。钼的加入也减小富钴枝晶的臂间距和富铬碳化物的尺寸。此外钼的增加也有助于提高该层的热硬度。图 5.4[55] 为 PTA 沉积的无钼 Stellite6 和钼改性 Stellite6 堆焊合金的腐蚀横截面的光学显微图像。Stellite6 合金在 PTA 工艺中产生的液体状态在冷却过程中形成的第一相为原富 Co 枝晶，剩余的液体最终凝固，通过共晶反应变成枝晶间的、紧密层状的混合物。混合物含有富钴相和富铬碳化物。

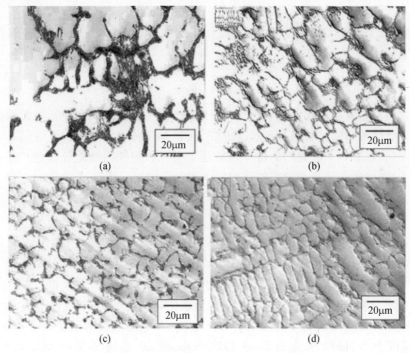

图 5.4　含钼递增的钴基堆焊合金的显微图
(a) 无；(b) 1.5% Mo；(c) 3% Mo；(d) 6% Mo。

前面提到，Laves 相是金属间化合物。在钴基合金中，这些相通常是 CoMoSi 或 Co_3Mo_2Si。磨损性能由 Laves 相的体积分数决定。相比于碳化物，这些合金具有优异的高温强度。因此，这些合金具有优异的高温摩擦性能，但不可进行机械加工。

5.4.4 铜合金

铜合金作为各种轴承材料已经在工业上应用较长时间。这类材料通常作为摩擦类材料，并且在特定摩擦状态下具有较好性能，但其耐磨性较差。铜合金可以划分为以下 4 类：

(1) 黄铜，铜锌合金；

(2) 铝青铜，铜铝铁合金；

(3) 磷青铜，铜锡磷合金；

(4) 硅青铜，铜锡硅合金。

黄铜是单相铜锌固溶体合金。这种合金不能通过热处理硬化。此合金被用于金属与金属接触磨损方面。铝青铜通常在沉积条件下应用，相反，铝青铜也可通过形成马氏体硬化。其他两种的合金，即磷青铜和硅青铜不能进行热处理。温度超过 473K 时，这类合金不可使用。其可应用于杆、小直径导线和涂层电极，并且可用现有焊接工艺进行堆焊沉积。也可应用于亚铁、镍和铜基板。

5.4.5 复合材料

这类材料含有高比例钨、钛、钒或铬的碳化物、氮化物、硼化物。虽然摩擦性能如耐磨性或耐蚀性可通过量级改进[56,57]，但是这种材料产生的堆焊层具有热疲劳倾向，在非相干碳化物的接口处易萌生裂纹和耐冲击性差等缺点。在一般情况下，磨损性能提高伴随着硬质相的体积含量增加。然而，提高涂层中硬质相比例会产生降低高体积分数碳化物的断裂韧性的不利影响[58,59]。碳化物强化金属基复合材料在沉积过程中基体相碳化物会发生溶解是限制其应用的另一原因[60]。WC 溶解形成金属间化合物，如 Ni_2W_4C 存在后续裂纹萌生的潜在风险[61]。尤其在含 WC 的这类材料的沉积期间，应注意防止 WC 的过量溶解。如果溶解在钴基或镍基合金，这些碳化物可以再沉淀为 W_2C 或 η 相。W_2C 和 η 相较易碎，且耐磨性和耐腐蚀性较差[62]。这类材料在加工中，应注意避免过大焊接电流。如在沉积期间使用过大焊接电流，一些耐磨性的碳化物会被溶解。几种重要复合材料品种有 Stelcar® 1215、Stelcar® 60、超级 Stelcar® 等。近年来，具有良好碳化物相分布的新类型堆焊合金已被使用，以增加断裂韧性和耐磨损性[63,64]。堆焊合金的范围为纳米结构材料和复杂高合金型堆焊的沉积[64]。高等级的合金添加剂(铌、铬、钨和钼)，使得在熔体成核和凝固之前有显著的过冷度，从而产生很强的碳化物相和晶胞。此外，合金元素会增强碳化物相的硬度。在 $\alpha - Fe$ 或 $\gamma - Fe$[64]的基材中，这些高合金镀层的结构含有复合型的析出物。

Cr_3C_2, Cr_3C_2 – Ni 复合增强合金和 NiCrBSi 基体合金的 XRD 图谱如图 5.5 所示[65]。原始 NiCrBSi 基质合金的 XRD 分析表明在镍基基体中含有高量 $FeNi_3$ 固溶体并伴有少量 Ni_3B 和 Cr_7C_2 硬质相(图 5.5(a))存在。如图 5.5(b)所示,体积为 40% Cr_3C_2 颗粒加入到 NiCrBSi 合金, Cr_3C_2 、 Cr_7C_2 和 $M_{23}C_6$ 相在硬相层可由 X 射线衍射分析检测。碳化物的集中溶解导致自由 Cr 和 C 在液体合金中增多,影响基材的组成并导致奥氏体 $Ni_{2.9}Cr_{0.7}Fe_{0.36}$ 相的形成。在合金快速凝固过程中,复合相 Cr_7C_3 作为再沉淀碳化物形成。许多碳铬化物和硼化物的 X 射线衍射峰距离很近,并且在这些相中,有明显的合金化,单独通过 X 射线衍射确定碳化物的类型比较难。因此 $M_{23}C_6$ 相的存在与否尚存疑问。几乎所有 $M_{23}C_6$ 峰都与 Cr_7C_3 , Cr_3C_2 峰匹配。此外, $M_{23}C_6$ 相通常不会由高游离碳形成,通过分析在堆焊基材中的微观结构,并未发现任何 $M_{23}C_6$ 碳化物。这些峰值很可能对应混合 Cr – B – Ni 相,并作为基材的沉淀存在。图 5.5(c)为在 NiCrBSi 合金加入体积为 40% Cr_3C_2 – Ni 粉末的 X 射线衍射图谱。在这种情况下,由于镍胶黏剂在金属陶瓷颗粒中,铬碳化物的溶解可忽略不计,基材相为 $FeNi_3$,并伴有高含量的 Cr_3C_2 和 Cr_7C_3 硬质相。 Cr_7C_3 可通过前驱体 Cr_3C_2 – Ni 块状金属陶瓷结构来研究,并且在烧结过程中,会有一定量的 Cr_7C_3 形成。

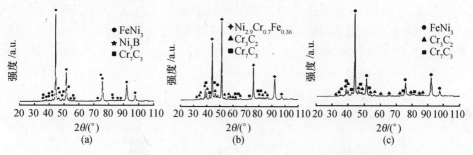

图 5.5　Cr_3C_2 、 Cr_3C_2 – Ni 强合金和 NiCrBSi 基质合金的 X 射线衍射图谱[65]

图 5.6 为复合涂层典型截面 OM 图。试样(NiCrBSi 助焊基材合金)为含硼化物和碳化物(图 5.4(a))的富镍树突基材,是低铬含量合金的典型相组合物。根据相分布分析可知, Cr_7C_3 相的含量为(2 ±1)%(质量分数),而 Ni_3B 相的含量是(19 ±1)%(质量分数)。图 5.6(b)为 Cr_3C_2 (Sulzer Metco 70C – NS)增强堆焊层的微观结构。由图可知,高含量再沉淀棘状碳化物(Cr_7C_3)的存在导致基质中大量的碳化物溶解。图 5.6(c)为由金属陶瓷粉末与 NiCrBSi 基材结合所形成涂层的微观结构。该涂层微观结构特征表现为 3 个明显的相:富含硬质相过共晶基质材料;一些溶解并再沉淀的 Cr_7C_3 碳化物;均匀分布在整个基材中一定量金属陶瓷颗粒子。据推测,在金属陶瓷颗粒子中,镍胶黏剂阻止原始碳化物溶解,并有助于保持粒子的原始成分。

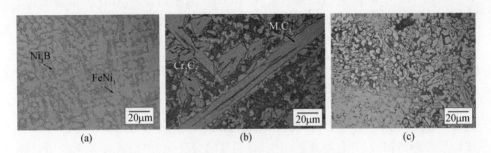

图 5.6　复合材料的横截面图像

（a）NiCrBSi；（b）Cr_3C_2 增强涂层；（c）$Cr_3C_2 - Ni$ 增强涂层[65]。

5.5　耐磨堆焊摩擦学

5.5.1　滑动磨损

　　人们对堆焊表面的滑动磨损现象进行了广泛的研究。Bayhan 采用常规犁头和以焊条进行的 3 种耐磨堆焊开展了磨损测试[66]。图 5.7 为在凿形犁的刀刃上采用不同堆焊焊条对磨损率的影响。研究发现，进行堆焊处理的犁头具有积极效果，即犁头刀刃硬度增加，磨损率则降低。Su 和 Chen[67] 在 AISI 1045 钢上沉积了镍基堆焊层，并指出添加铌能够降低摩擦和磨损损耗，添加钼和碳能够形成具有极好耐磨性的碳化物。

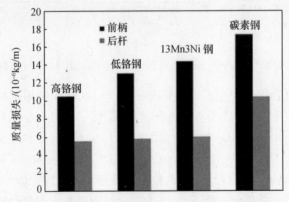

图 5.7　不同堆焊焊条对凿形犁刀磨损率的影响

　　在 Wang 等进行的研究中[68,69]，使用手工电弧焊工艺形成不同堆焊层，在此过程中，H08A 裸焊条被涂上了含有不同量的钛铁、钒铁、钼铁及石墨的助焊剂。研究了添加的合金元素对微观组织和铁基堆焊层的磨损特性的影响。结果表明,在堆焊过程中通过冶金反应可以合成复合碳化物 TiC – VC – Mo$_2$C,碳化物均匀分散于基材中,加入石墨和钼铁能够显著增强堆焊层的整体硬度和耐磨性。然而,此工艺增加了堆焊层对裂纹的敏感度。当钛铁和钒铁的添加量增加时,堆焊层的宏观整体硬度和耐磨性加强。当石墨、钛铁、钒铁和钼铁的数量比例分别控制在 8% ~10%、12% ~15%、10% ~12% 和 2% ~4% 的范围时,堆焊层就能够获得良好的裂纹抗性和耐磨性,如图 5.8 所示[68]。与通过 EDRCrMoWV – A3 – 15进行堆焊合金表面处理的沉积层的耐磨性、摩擦系数相比,通过 Fe – Ti – V – Mo – C 进行堆焊合金表面处理的沉积层具有较高的耐磨性和较低的摩擦系数。

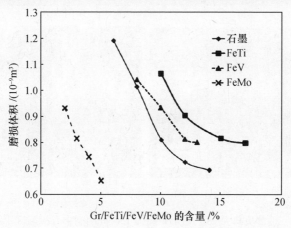

图 5.8　当助焊剂中的石墨、钛铁、钒铁、钼铁的数量比例控制在 8% ~10%、
12% ~15%、10% ~12% 和 2% ~4% 范围时的铁基堆焊层磨损率[68]

Wang 等[68]也研究了钼含量不断增加的堆焊层磨损表面图像。图 5.9[69]为在正常载荷为 98N,滑动距离为 1260m 的空气中磨损测试后获取的钼含量不断增加的样本磨损面 SEM 图。与钼含量高的试样相比,不含钼的堆焊层磨损表面呈现出更加严重的塑性变形和深槽。这是因为不含钼的试样硬度较低、碳化物含量较低。然而,对于含钼的试样,堆焊层磨损面相对平滑,堆焊层也没有脆性疲劳迹象或形成碳化物松散碎片迹象。测试表明,含钼合金的堆焊层对于塑性变形和消除沟槽边缘效应具有很好的作用。另外,测试发现,空隙在碳化物和基材接口处形成,且试件碳化物的脱落物中钼含量最高。与钼含量最高的样品磨损痕迹相比,样品的钼含量越低,碳化物的脱落量越少。这表明钼含量中等的样品在耐磨性和抗裂性方面拥有最佳的综合性能。

图 5.10 所示为在一系列对磨体材料上摩擦时,通过气相钨合金焊接沉积的钴基合金的磨损破坏状况和镍基合金的磨损破坏状况(图 5.10(a)),此图还可以看到通过等离子转移弧焊接沉积的钴基合金耐磨材料的磨损破坏状况(图5.10(b))[28]以及 Hastelloy C – 276 摩擦时磨损率低和 304 不锈钢磨损率高。虽

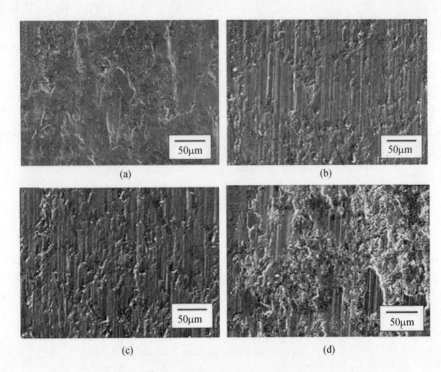

图 5.9 正常负载为 98N,滑动距离为 1260m 的空中磨损测试后获取的
钼含量不断增加的样本磨损面电子显微镜图[69]

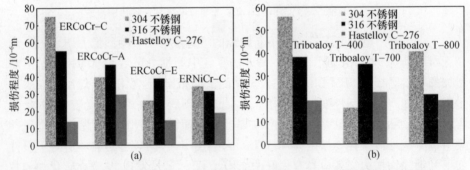

图 5.10 在各种对磨体上滑动时不同的(a)钴基合金和(b)耐磨材料的破坏程度

然 ERCoCr – C 合金与 304 不锈钢摩擦时其磨损率最高,但是当它与 Hastelloy 合金摩擦时其磨损率却最低。通过等离子转移弧沉积而形成的合金磨损率低于通过气相钨焊接而形成的合金磨损率。这些数据是通过对销块钻机施加 2722kgf① 获得的。耐磨材料 T – 400 具有出色的抗磨损性能,特别适合于不能

----

① 1kgf = 9.8N。

使用润滑剂的环境。实际上,在自咬合情况下耐磨材料 T - 400 比 stellite6 合金展现出更好的耐磨性。耐磨材料 T - 800 含有大量镉,适合于高温抗磨材料。Foroulis 等[70]开展了一系列的 stellite 合金磨损特性研究,注意到自咬合条件下的优异性能,这种性能是因为 stellite 合金涂层的低层错能所致。低层错能表明横向滑移趋势渐渐变弱,反过来,这种趋势也会促使体心立方体结构变成六边形封闭结构[71]。在滑移过程中,六边形封闭结构自适应促使底层平面与滑移面平行[72]。底层表面滑移能够将摩擦力降低到最小。而且,变形过程中发生显著的应变硬化。所以 stellite 合金会生成高载荷承受力下具有低摩擦力的涂层。

Kim[73]和 Choo[74]的研究结论认为,以复合碳化物加强的堆焊合金的微观结构、高温抗磨性和表面粗糙度三者间具有相关性。通过埋弧焊接的方法使堆焊合金在低碳钢板上沉积。堆焊焊条中含有不同比例的 FeWTiC 和 WTiC 粉末。微观结构分析表明立方体和杆形复合碳化物均匀地分布于贝氏体基体中。当这些复合碳化物的含量增加时,贝氏体基体的硬度和抗磨性都会增加,如图 5.11 所示[73]。与使用 WTiC 强化的合金相比,在硬的基材中使用 FeWTiC 碳化物强化的合金含有更多的复合碳化物,这是由堆焊过程中的高效熔化和加固导致的。因此,使用 FeWTiC 强化的合金具有最佳的抗磨性和极低的表面粗糙度。使用复合碳化物加强的堆焊合金的硬度、抗磨性和表面粗糙度都优于高速钢。通过实时监测裂纹产生过程,可知微裂缝由复合碳化物添加区域开始产生,剪切带在复合碳化物之间产生,最终导致塑性断裂。与高铬白口铸铁堆焊合金相比,由于贝氏体基体中坚硬而又细小的复合碳化物分布均匀,因此复合碳化物加强的堆焊合金的硬度、抗磨性和裂缝粗糙度均有提升。

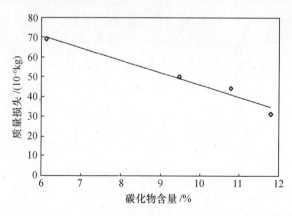

图 5.11　各种铁基体复合合金的碳含量与磨损率的函数变化图[73]

不同镍基合金的相对磨损值如图 5.12 所示。由图可知,硼化物合金的抗磨性低于碳化物合金。在硼化物合金中,科尔莫诺伊合金 6 号拥有最好的抗磨性。碳化物合金的抗磨性极佳。含钨合金也具有相似的抗磨性。在 Wu 和 Wu[76] 的一项研究中,证明了采用等离子转移弧进行沉积的钴基合金不适合于低合金钢。但采用等离子转移弧沉积的镍基合金则展现出很好的性能。

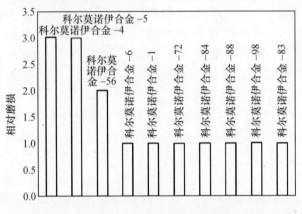

图 5.12　各种镍基合金的相对抗磨值柱形图

堆焊材料的高温磨损性能受到了研究人员极大的重视。Nichols[54] 研究了大量堆焊合金的高温磨损性能,发现 Triboaloy 700、800 和 Stellite 6、12、20 性能极佳。Lee 等[77] 采用装满蒸馏水的热压罐滑动摩擦磨损测试装置,在温度范围为 300 ~ 575K,接触应力为 103MPa 条件下,研究了新开发的铁基无钴堆焊合金(Fe – Cr – C – Si)的滑动摩擦磨损性能,发现其性能在整个温度范围内100 圈的测试条件下,Fe – Cr – C – Si 的质量损失与 Stellite6 和铁基 NOREM2相当。

在 1000 圈磨损测试条件下,Fe – Cr – C – Si 的质量损失基本随温度呈线性增长,直至温度达到 575K,如图 5.13 所示。对铁基无钴堆焊合金而言,釉料层形成的氧化磨损随滑动距离和测试温度增加而增加。Lee 等[78] 也指出,在密闭水压和 573K 时,Fe – 20Cr – 1.7C – 1Si 合金表现出最佳耐磨性。这主要是由于应变诱发的马氏体相变所致。图 5.14 为由于应变诱发的相变导致基体向马氏体转变的透射电子显微镜图像。这种合金的耐磨性和 Stellite6 的耐磨性相当。在室温下对马氏体磨损表面进行观察,试验前,样本的透射电子显微镜图像表明,应变诱发的马氏体相变未发生(图 5.14)。所以,外部应力诱发了马氏体相变,并影响了磨损性能。Kesavan 和 Kamaraj[48] 研究了厚度为 4 ~ 5mm 的镍基堆焊涂层的干摩擦性能。该涂层在不含缺陷的 316L(N)不锈钢板上沉积而成。结果表明,涂层的耐磨损性随着测试温度升高而显著提升,观察发现当温度达到823K 时,耐磨性最高。

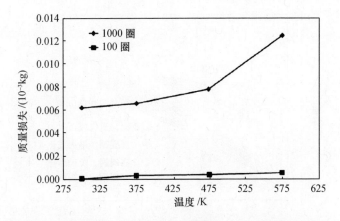

图 5.13　温度对新开发的铁基无钴堆焊合金磨损率的影响[77]

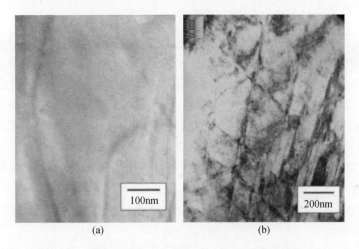

图 5.14　铁基无钴堆焊合金基体中的非马氏体透射电子
显微图及应变诱发的马氏体透射电子显微图[78]

5.5.2　磨料磨损

堆焊层在摩擦学领域最主要的工作是耐磨性能研究[79-81]。耐磨性和堆焊层的硬度相关。此外,堆焊层的微观结构也具有重大作用。纯碳堆焊钢合金则具有不同的微观结构。在非硬化钢中,铁素体是基体,硬质相可以是碳化物或碳化铁。在硬化钢中,基体可能是具有其他硬质成分的奥氏体。在硬化状态下基体是马氏体或贝氏体。相同硬度和不同微观结构的钢具有不同的磨损率,如图5.15 所示[81]。显然,就耐磨性而言,马氏体组织最佳,贝氏体组织次之。值得注意的是它们都具有高硬度。

堆焊是苛刻磨蚀条件下改善部件性能的最有用、最经济的方法之一。

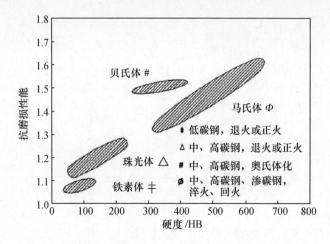

图 5.15　微观结构和硬度对各种钢的耐磨性影响[81]

Buchely 等[82]对比研究了通过碳化铬、复杂碳化物或者碳化钨增强合金的微观组织和磨损性能。通过电弧焊(SMAW)方法将堆焊合金沉积到 ASTM A36 碳钢板上。使用 3 种不同的商用堆焊焊条来研究微观结构的影响。按照 ASTM G65 标准的步骤 A,磨损试验在干砂 – 橡胶轮磨损设备上进行。结果表明,耐磨性取决于碳化物的大小、形状、分布和化学成分及基体的微观结构。由共晶基质和主要成分为 M_7C_3 或 MC 型碳化物形成的微结观构具有最佳耐磨性,而完全共晶沉积物的质量损失较高。表面观察到的主要磨损机理是基体的微切削和碳化物的脆性断裂。

接触磨蚀颗粒引起塑性变形形成沟槽,切除材料的总量可表示为

$$k_1 \times k_2 \times A \times S \tag{5.11}$$

式中:k_1 为材料切除的概率;k_2 为形成磨损碎片的沟槽体积容量;A 为横截面面积;S 为滑动距离。

沟槽横截面面积和粒子 p^2 的凹陷深度相关,可表示为

$$A = k_3 \times p^2 \tag{5.12}$$

式中:k_3 为颗粒形状的相关常数。

根据 Brookes 等[83]研究,凹陷深度为

$$p^2 = \frac{k_4 \times L}{H} \tag{5.13}$$

式中:k_4 为取决于颗粒形状的另一个常数;L 为颗粒上的负荷;H 为接触表面的硬度。

现在,颗粒上的平均负载为

$$\bar{L} = \frac{\sigma}{N} \tag{5.14}$$

式中:σ 为单位面积上所施加的负荷;N 为单位面积的接触颗粒数量,可表示为

$$N = \frac{k_5}{d^2} \tag{5.15}$$

式中:k_5 为常数;d 为颗粒平均直径。

由式(5.13) ~ 式(5.15),得

$$p \propto \frac{d}{\sqrt{\sigma H}} \tag{5.16}$$

结合式(5.12)和式(5.16),得到沟槽横截面面积为

$$A = \frac{k_6 d^2}{\sigma H} \tag{5.17}$$

所以,单位面积和单位滑动距离的磨损量(W)为[84]

$$W = \frac{k_1 \times k_2 \times k_6 \times S}{\sigma H} \tag{5.18}$$

式中:k_6 为常数。

Buchely 等发现磨料的耐磨性与堆焊层的硬度相关[82],如图5.16 所示。这种特性与式(5.18)相符。磨料磨损率的硬度相关性也符合式(1.16)。Chang 等[85]也得到了类似的观察结果。他们使用钨极气体保护焊(GTAW)将各种 Fe – Cr – C 层在 ASTM A – 36 钢上沉积。他们还使用铬焊条和石墨焊条。根据石墨加入量,各种含有($CrFe$)$_7C_3$ 碳化物的过共晶微观结构和 $CrFe$ + ($CrFe$)$_7C_3$ 共晶体生成。初生碳化物($CrFe$)$_7C_3$ 的容积随碳含量的增加而增加,碳含量减少,其硬度和磨料耐磨性反而提高。

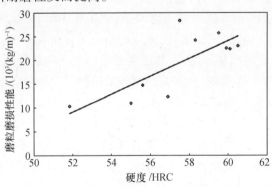

图5.16 硬度对磨料的耐磨性影响[82]

同样,Buchanan 等[86]研究了商用 Fe – Cr – C 堆焊合金的磨损行为,堆焊合金可分为两种类型,分别为过共晶型和亚共晶型。在干砂磨料条件下进行测试得到的结果如图5.17 所示,此结果表明根据式(5.18),磨损率随施加的载荷增加而增加。虽然它们在硬度上有显著的差异,但在测试条件下其抗磨性却没有

明显差异。然而,磨损率并不总是和载荷完全成正比。当施加更高载荷时,过共晶涂层的抗磨系数表现出从低到高的变化。这是由于初生碳化物出现严重裂纹所致。堆焊磨料的抗磨性主要取决于其微观结构。一方面,通过基材中碳化物的扩散和基材进行应变硬化,亚共晶材料获得好的耐磨性,进而提高抗微观犁削和抗切削的能力。另一方面,由于初生碳化物和共晶碳化物的存在,过共晶材料具有好的耐磨性。然而,如果堆焊涂层里碳和铬含量过高,会导致焊接处出现过量碳化物,最终降低耐磨性。

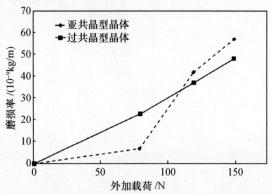

图 5.17　Fe – Cr – C 堆焊合金的磨料磨损率随施加的载荷增加而增加

Bern 和 Fischer[87,88]研究了含有硼、钛、锰的 15 种不同商用 Fe – Cr – C 堆焊合金。他们指出其微观结构主要由凝固的粗大硬相构成,粗大硬相被嵌入在由硬薄片和金属组合物形成的共晶体里。根据 B/(B + C)比率,形成了含硼的碳化物 M_3C、M_7C_3、MC 或含碳的硼化物 M_2B、M_3B_2 和 MB_2。MC 和 MB_2 硬质相主要含有钛元素。其他元素(如铬、铁、锰)均匀分布在所有相中,从而提高残留奥氏体含量。只要硬相比基体更硬,其硬度和耐磨性会随着硬质相的含量增加而增加,直到达到 50% 。也就是说,共晶体越来越硬的这种趋势就会越来越明显。

Kirchgaβner 等[37]制备了一种新的、含硼量高、复合型 Fe – Cr – W – Mo – Nb 堆焊合金,并把它的磨料抗磨性能与下列材料进行对比:①基体为 Fe – Cr – B – C 的低合金堆焊材料;②含 50% (质量分数)钨的碳化物、铁基体的多相合成堆焊合金;③含有碳化铌沉淀物、无裂纹马氏体 Fe – Cr – C 的堆焊合金;④传统的过共晶体、Fe – Cr – Nb – C 堆焊合金。结果表明,不论是使用含钨的碳化物合成材料还是含硬质相和硬而韧的纳米结构基材的复合合金,均有很好的性能,同时它们的磨损性能相当。

Dwivedi[89]研究发现堆焊层的组成成分和热处理都会影响铁基堆焊层合金的耐磨性。采用手工电弧焊(SMA)焊接工艺,使用两种商用堆焊焊条,如 Fe – 6% Cr – 0.7% C 和 Fe – 32% Cr – 4.5% C,可以在结构钢上沉积获得堆焊层。沉积结果表明,在相同条件下,Cr－C 含量高的堆焊层耐磨性比 Cr－C 含量低的更好。热处理影响堆焊层耐磨性。低温(503K,673K)下堆焊材料耐磨性增强,但暴露于高温(773K,873K)时耐磨性反而降低。

Coronado 等[90]研究了焊接工艺对磨料耐磨性的影响。在他们的研究中,通过两种不同的焊接工艺(助焊芯电弧焊(FCAW)和手工弧焊(SMAW))而获得 4 种焊接沉积物。测试变量为沉积层数。采用干－砂橡胶轮试验台对堆焊沉积物进行评估。结果如图 5.18 所示,FCAW 焊接法比 SMAW 沉积法表现出较高的耐磨性。均匀分布的、富含钛的碳化物所形成的堆焊沉积层呈现出最高的耐磨性。当采用三层沉积层数时磨料耐磨性也会变得更高。结果表明,提高磨料耐磨性最重要的变量是堆焊沉积物的微观结构,在堆焊沉积物里,碳化物阻碍磨料颗粒切削。采用 FCAW 堆焊比 SMAW 堆焊具有更高的磨料耐磨性,因为采用 FCAW 堆焊能够呈现出富含钛的碳化物组成的共晶基体的微观结构。这种微观结构成为磨料颗粒切割的重要障碍。主要的磨损机理是微切削、微犁削和刃形损伤的形成。

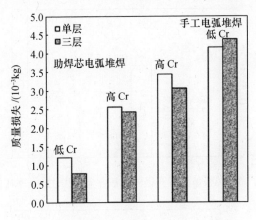

图 5.18　焊接过程对磨料耐磨性的影响[90]

以钨碳化物扩散的金属基体能够为堆焊层提供最高的、可利用的磨料耐磨性。在这些涂层中碳化物颗粒的主要作用是充当磨料的耐磨屏障。研究表明,金属基体复合材料的磨料耐磨性随金属基体中碳化物相的比例提升而提升[91-93]。Badisch 和 Kirchgaβner[58]发现,焊接工艺参数极大地影响着磨料磨损率。在高电流和高电压下通过等离子体转移弧双层沉积而获得的碳化钨层增强了 NiCrBSi 合金在纯磨损时最大耐磨性。相反,Katsich 和 Badisch[94]采用不同的焊接电流通过等离子体转移弧(PTA)沉积了一个以 WC/W_2C 增强的镍基堆焊层。他们的研究显示焊接电流增大,碳化物明显退化,导致初生碳化物的含量和碳化物的直径显著减小。碳化物含量降低表明磨料三维磨损率显著增加。在纯磨料磨损中金属基材复合材料的磨损率随沉积过程中初生碳化物退化水平的上升而增加[95,96]。复杂的高合金沉积物比任何以 WC 或 CrBC 而增强的复合材料显示出其更高的磨料耐磨性[97]。但高合金复合堆焊沉积物的磨料磨损数据几乎没有。

含碳化物钴基合金可防止堆焊层发生磨料磨损,因此受到广泛关注。几种标准钴基合金的磨料磨损率如图 5.19 所示[28]。这些合金通过钨极氩弧焊(GTAW)沉积而成。含 26% ~33%(质量分数)铬和 11% ~14%(质量分数)钨的 ERCoCr - C 合金拥有最低的磨料磨损率。这种合金的碳含量在 2% 以上,并且包含大量的初生碳化物和 Co - M_7C_3 型共晶体。碳含量低的合金(ERCoCr - E 合金)具有一定的韧性,但耐磨性低。当碳含量增加到 1% ,其碳含量如同 ER-CoCr - A 合金及 ERCoCr - B 合金的碳含量时,CO - M_7C_3 共晶体的网状结构就会生成。同样地,通过离子体转移弧沉积的几种耐磨材料的磨料磨损率如图 5.20 所示[28]。虽然 ERNiCr - C 镍基合金的体积损失最小,但耐磨材料的磨损率也相当低。在众多的耐磨材料中,Triboaloy 800 的磨损率最低。

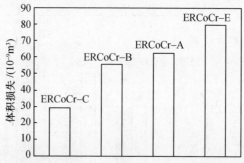

图 5.19　通过钨极氩弧焊获得的钴基合金的磨料磨损率柱形图[28]

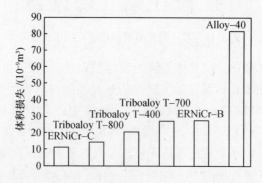

图 5.20　通过等离子体转移弧获得的钴基合金磨料磨损率柱形图

堆焊表面的成分也影响磨料磨损率。Shin 等[55]的研究发现,Stellite6 堆焊合金的钼含量对于磨料磨损率具有影响,如图 5.21 所示。通过等离子电弧焊装置,不同钼含量的 Stellite6 堆焊合金在 AISI 1045 碳钢上沉积。随着钼含量的增加,可观察到 $M_{23}C_6$ 和 M_6C 型碳化物在无钼 Stellite6 堆焊合金的枝晶间区域形成,而没有富铬的 M_7C_3 和 $M_{23}C_6$ 形成。虽然枝晶间区域的富铬碳化物尺寸减小,但 M_6C 型碳化物的尺寸随富含铬树枝晶的细化而增加。虽然富含铬碳化物的容积率略有增加,但 M_6C 型碳化物的容积率却急剧增加。这种微结构的变化就是力学性能提升的原因,如以钼进行改性的 Stellite6 堆焊合金的硬度、抗磨性力学性能都得到了提升。这种微观结构的改变是由于采用钼改性的钨铬钴堆焊合金硬度和耐磨力学性能的提升而引起的。

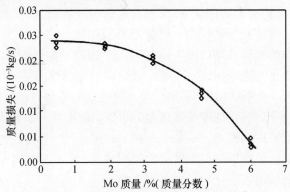

图 5.21　钼含量与磨料磨损率的函数变化图[55]

几种镍基堆焊表面的相对磨损值如图 5.22 所示。与磨损相似,含硼合金的耐磨性通常低于含碳合金的耐磨性,在含硼合金中 Colmonoy6 合金具有最好的耐磨性。但应当指出的是不像 Colmonoy98 合金显示出非常差的抗磨蚀性能。此外,含钨的堆焊表面也表现出优越的抗磨蚀性能。

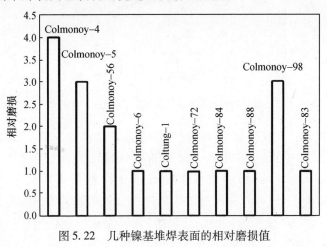

图 5.22　几种镍基堆焊表面的相对磨损值

5.5.3 冲蚀磨损

使用耐磨堆焊表面的另一重要摩擦学性能是冲蚀磨损。Chatterjee 和 Pal[38]在灰铸铁上用不同的高碳和高铬耐磨堆焊焊条沉积,石英砂和铁矿石作为冲蚀颗粒研究了固体颗粒的冲蚀行为。冲蚀试验按照 ASTM G76 试验法进行。研究发现正冲击时,不同耐磨堆焊焊条冲蚀率差异相当大。以石英砂作为冲蚀颗粒对沉积层冲蚀行为进行研究发现碳化物的体积分数和碳化物的类型都发挥着重要作用。冲蚀率随合金元素总量的升高而降低,如图 5.23 所示。另外,在不考虑碳化物类型的前提下,使用铁矿石作冲蚀颗粒时,相同沉积物的冲蚀率主要由碳化物体积分数决定。铁矿石颗粒冲蚀结果如图 5.24 所示。所使用两种冲蚀颗粒的金属去除机理不同是造成冲蚀差异的原因。石英砂颗粒硬,能够对大多数碳化物造成损伤。但是在微结构下,铁矿石颗粒相对较软,无法使任何碳化物破裂。此外,在使用石英砂作为冲蚀物而不是铁矿石颗粒的情况下,相对较脆的基材导致高冲蚀率的现象尤为明显。硬度并不是耐磨堆焊沉积物耐冲蚀性的真正指数。同样地,Stevension 和 Hutchings[98]还观察到二氧化硅和碳化硅冲蚀物能够使耐磨堆焊层的碳化物颗粒破裂,然而用它们作为熔渣颗粒时却无法引起耐磨堆焊层碳化物发生严重破裂。

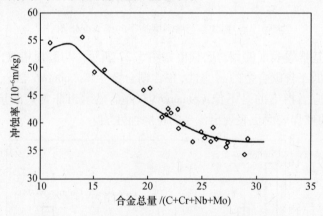

图 5.23 作为总合金含量函数的冲蚀率变化[38]

Sapate 和 Rao[99]观察发现焊接耐磨堆焊高铬铸铁合金中,冲击角度对冲蚀率的影响较小。冲蚀率大小取决于合金和腐蚀的颗粒硬度,当冲击角度为60°~90°时,冲蚀率最大。虽然冲蚀率会随着碳化物颗粒体积分数的增加而降低[100],但是 Sapate 和 Rao 发现受碳化物体积分数影响的冲蚀速率受冲蚀物硬度影响也很大[101]。使用较软冲蚀颗粒时,含较大体积分数碳化物对耐冲蚀性有益。石英砂颗粒正冲击和氧化铝颗粒正冲击时,大体积分数的碳化物对耐冲

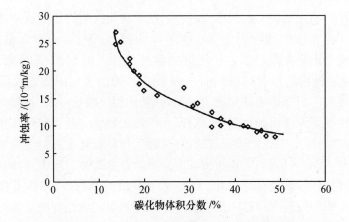

图 5.24　冲蚀率作为碳化物体积分数函数,使用铁矿石作为冲蚀
材料时,高碳和高铬耐磨堆焊层冲蚀率的变化[38]

蚀性不利。冲蚀颗粒硬度和冲击角度对碳化物材料磨蚀机理影响很大。使用较软冲蚀颗粒时,材料磨蚀机理包含边缘切削,然而使用较硬冲蚀颗粒时,主要的磨蚀机理包括刻痕、严重破裂和边缘效应。

图 5.25 所示为镍基合金的相对冲蚀率,结果表明这些合金耐冲蚀率水平较低。一般情况下,硼化物合金和碳化物合金耐冲蚀性都较差。然而,Colmonoy98合金耐磨蚀性很差,耐冲蚀性却很高。钨合金的耐冲蚀性也很低。

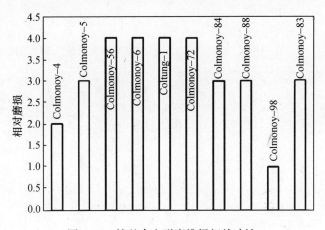

图 5.25　镍基合金耐磨堆焊相关冲蚀

为提高高温下耐磨堆焊合金耐冲蚀性能,Katsich 等[102]在 Fe - Cr - C 耐磨堆焊合金中掺入铌、钼和硼,研制出两种不同类型的 Fe - Cr - C 耐磨堆焊合金。在优化的气体保护金属极弧焊(GMAW)条件下,使用这些合金对低碳钢进行耐磨堆焊处理。然后评估了 4 种不同温度、两种不同的冲击角度和一个冲击速度

对这些涂层的冲蚀磨损。如图 5.26 所示,结果表明这些涂层的耐冲蚀率随着试验温度和冲击角度的增加而增加。在不同涂层中,铌、钼和硼含量高的 Fe - Cr - C 涂层尤其是在高温下显示最好的耐冲蚀率。图 5.27 是耐磨堆焊 Fe - C - Cr 合金冲蚀面的形貌和横截面 SEM 图像。冲蚀表面碳化物硬质相和硼化物硬质相破裂。当基体中碳化物含量高时,基体裂纹数量有限,并倾向于呈现脆性行为。横截面展现出硬质相裂纹有限和基体无裂纹。基体和硬质相之间的界面结合强度高,没有发现硬质相被挤出。因此,材料损耗主要是硬质相和硬基体的脆性剥离。Badisch 等[103]还指出在耐磨堆焊合金冲蚀过程中,斜冲击角时,粗糙的碳化物微结构表现良好。对于 Fe - Cr - C 过共晶合金,冲蚀过程中材料通过粗糙硬质相的破裂和挤出实现剥离。冲蚀过程中硬质相和硬基体的均匀脆性剥离导致 Fe - CrC - B 复合合金的材料损耗。

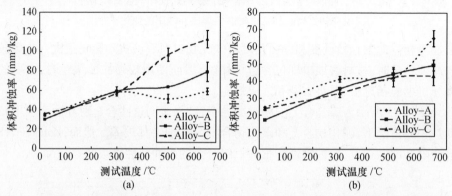

图 5.26　(a)正冲击和(b)斜冲击下铁基耐磨堆焊表面冲蚀率随温度的变化

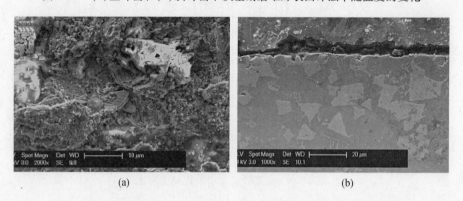

图 5.27　耐磨堆焊 Fe - C - Cr 合金冲蚀面的形貌和横截面 SEM 图像

　　Yildizli 等[104]采用高锰电极屏蔽金属弧焊接技术,在低碳钢板上进行了单、双、三道不同的焊缝处理。对耐磨堆焊表面的微观结构、硬度和耐冲蚀磨损进行了研究。随着沉积层数量的增加,微结构从带有残留的奥氏体马氏体转化为奥氏体。在冲蚀磨损的情况下,所有层中第一层的耐磨损性最高。第一层的耐磨损性比基板耐磨损性高大约 9 倍,适合于低速冲击冲蚀测试。然而,第二、第三层的冲蚀率会随冲击角的升高而上升。由于三层耐磨堆焊层厚,应用时间更持久。

5.6　耐磨堆焊表面的应用

耐磨堆焊在以下几个工程构件上得到应用。图 5.28 所示为应用于农业土壤治理的耐磨堆焊表面和高负荷边缘组件[105]。耐磨堆焊表面的应用由耐磨堆焊材料的种类决定。珠光体结构铁基耐磨堆焊表面应用于采矿车车轮、轴、辊、凸轮和齿轮等的制造。马氏体铁基的耐磨堆焊表面可用于吊车车轮、电缆套筒、拖拉机底盘和管材成形辊。有些马氏体结构中包含碳化物,碳化物使其更加坚硬。这种表面用于锻模和钳导靴等。各种耐磨堆焊表面工具钢用于制造剪切刀片、切边模、水泥槽、运土设备和机床部件。含有马氏体不锈钢成分和结构的耐磨堆焊表面用于连续铸造机的熔覆辊、高炉钟。白口铸铁层用于保护煤磨粉设备、铁路轨道、粉碎辊套、斗刃、斗齿、破岩冲击锤和运输系统。

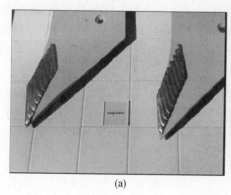
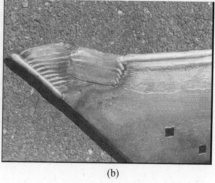

(a)　　　　　　　　　　　　(b)

图 5.28　应用于农业土壤治理的耐磨堆焊表面和高负荷边缘组件[105]

钴基合金如 Stellite 1 和 6 用于阀座和阀门口、泵轴和泵套筒、轴承和轴承套套筒。具有更高耐磨性能的各种钨铬钴合金被用于锯齿、旋转式纵断器以及地毯业、造纸业和塑料业的切削刃。具有超强的耐腐蚀磨损的合金诸如 Stellite 701、704、706 等用于石油钻井行业的三牙轮钻头等。Triboaloy 合金的应用与 Stellite 合金相似,应用于机械密封、止推环等。

在镍基合金中,各种 Deloro 合金使用最广泛。玻璃制成的插头、柴油发动机阀门、耐磨环、密封环、模具、轴、轴承、汽缸衬垫、套筒、气门杆导管等上都使用了这些合金。泵及其部件、核工业、塑性挤压螺杆、离心分离机和拉丝绞盘都使用了各种 Colmonoy 合金。ERNiCr 合金表面可以用于流体控制阀配件、机械耦合、进料螺杆、泥浆泵、热挤压重建和锻造模具。图 5.29 所示为木材加工业中耐磨堆焊切削刃的图像。

(a)　　　　　　　　　　　　　　　　(b)

图 5.29　木材加工业中耐磨堆焊切削刃的图像

当前,使用最广泛的耐磨堆焊材料是碳化钨。碳化钨耐磨堆焊应用在采矿行业。斗轮挖掘机齿、铲齿、拉铲挖掘机机齿、拉铲挖掘机链条、拉铲铲销、底盘件、推土机连接板等露天采矿行业物资都使用了耐磨堆焊。深部开采活动中,长壁开矿机、连续开矿机、给料破碎机、截割滚筒机、破碎机、输送机易损件等都使用碳化钨耐磨堆焊技术。一些工具如:槽、锤、破碎机、研磨、磨粉、磨损零件和螺旋输送等都使用碳化钨耐磨堆焊技术。在建筑行业,挖掘工具、切削刃、推土铲、平地机刀片、开沟机机齿、隧道设备、耐磨零件、螺丝钻、推土机底盘件、水平定向钻设备等都用到了耐磨堆焊技术。加工业的部件有混合部件、螺旋输送机、叶片等。糖机轧辊、糖磨锤、盘、喷油器、点深耕犁等重要的农业设备都使用了耐磨堆焊技术。

5.7　未来研究方向

在对表面工程的不断研究与发展,并伴随全球范围内对材料功能化处理的趋势中,耐磨堆焊预计将广泛应用于制造业的各个领域。将耐磨堆焊作为最受青睐的表面改性技术是降低制造业生产成本的前提。柔性设备的使用促进了耐磨堆焊的应用。现代的发展趋势是将耐磨堆焊、焊接和熔化等单一用途的设备发展为灵活性高、通用性强的机器设备系统。

耐磨堆焊主要面对来自热喷涂涂层的直接竞争。堆焊表面与衬底会发生扩散或形成重熔界面。近年来,各种耐磨堆焊材料仍在不断发展和开发,材料的组成和微观结构也将继续发展。对耐磨堆焊表面的高温摩擦学特性进行广泛的研究是必要的。同样重要的是,要对耐磨堆焊表面的腐蚀与摩擦学退化之间的相互作用的性质进行广泛的研究,目前这方面的工作鲜有报道。薄耐磨堆焊薄膜和耐磨堆焊层的应用范围有限,该领域应予以推广。开发各种与耐磨堆焊操作有关的传感器,提高了效率并优化了过程控制。传感器的进一步发展,使设备寿命提高并改善表面质量。目前正在研究传感器,用于监测耐磨堆焊表面的稀释。摩擦堆焊是另一个具有巨大潜力的领域。人们对摩擦表面大量不相容材料进行了认真的尝试,使其产生了更多的精细结构。

　　一个值得广泛关注的领域是电子束耐磨堆焊[106]。高能量密度和深穿透能力是电子束耐磨堆焊的主要优势,这使其在激光表面改性前得到了应用。因此,该方法不应寻找复杂的使用方法,而应探索各种材料组合。由于该工艺是一种伴随着低热量输入的高精度表面硬化工艺,因此可应用于许多需要高精度、低应力和变形的新应用。

　　尽管进行了全面的研究工作,但基础研究仍然有广泛的空间来确定现有方法的潜力和局限性,以便为进一步的工业应用铺平道路,这不仅体现在工艺技术领域,而且也体现在材料领域。其他因素还包括工程和经济方面。

参 考 文 献

[1] Brienan EM, Kear BH (1983) In: Bass M (ed) Laser material processing. North Holland Publishing, Amsterdam, p 235.

[2] Carslaw HS, Jaeger JC (1959) Conduction of heat in solids. Oxford University Press, Oxford.

[3] Leshchinskiy LK, Sumotugin SS (2001) Weld J 80:25s.

[4] Gulenc B, Kahraman N (2003) Mater Des 24:537.

[5] Wilden J, Bergmann JP, Frank H (2006) J Therm Spray Technol 15:779.

[6] Deuis RL, Yellup JM, Subramanian C (1998) Compos Sci Technol 58:299.

[7] Nurminen J, Noökki J, Vuoristo P (2009) Int J Refract Met Hard Mater 27:472.

[8] Man HC, Cui ZC, Yue TM, Chang FT (2003) Mater Sci Eng A 355:167.

[9] Wang LS, Zhu PD, Cui K (1996) Surf Coat Technol 80:279.

[10] Chong PH, Man HC, Yue TM (2001) Surf Coat Technol 145:136.

[11] Powers DE, Schumacher BW (1989) Weld J 68:48.

[12] Powers DE (1988) In: Metzbower EA, Hauser D (eds) Proc. conf. power beam processing, ASM International, Ohio, pp 25 – 33.

[13] Liu Y, Sun C, Chen X (1987) Trans China Weld Inst 8:31.

[14] Matsui S, Matsummura H, Yasuda K (1987) Weld World 25:16.

[15] Franchini F (1993) Weld Int 7:206.

[16] Russel RJ (1980) Weld J 61:21.

[17] Metzger G, Lison R (1976) Weld J 55:230s.

[18] Bedford GM (1990) Met Mater 6:702.

[19] Vitanov VI, Voutchkov II, Bedford GM (2000) J Mater Process Technol 107:236.

[20] Li JQ, Shinoda T (2000) Surf Eng 16:31.

[21] Bedford GM, Vitanov VI, Voutchkov II (2001) Surf Coat Technol 141:39.

[22] Kaskov YM (2003) Weld J 82:42s.

[23] Kompan YY, Sufonnihov AN, Peprov AN, Svirskii EA (1994) Weld Int 8:986.

[24] Agarwal A, Dahotre NB (1999) J Mater Eng Perform 8:479.

[25] Agarwal A, Dahotre NB (1998) Surf Coat Technol 106:242.

[26] Agarwal A, Dahotre NB (1999) Surf Eng 15:27.

[27] De A (1993) ASM handbook, vol 6, Welding brazing and soldering. ASM International Materials Park, Ohio, pp 789 – 807.

[28] Crook P, Farmer HN (1992) ASM handbook, vol 18, Friction lubrication and wear. ASM International Materials Park, Ohio, pp 758 – 765.

[29] Chandel RS (2001) Indian Weld J 26:33.

[30] Avery HS, Chapin HJ (1952) Weld J 31(10):917.

[31] Powell GLF (1979) Aust Weld Res 6:16.

[32] Gulenc B, Kahrarman N (2003) Mater Des 24:537.

[33] Bayraktar E, Levaillant C, Altintas S (1993) J Physiuqe IV Colloque C7 3:61.

[34] Pelletier JM, Oucherif F, Sallamand P, Vanes AB (1995) Mater Sci Eng A202:142.

[35] Ball A (1983) Wear 91:201.

[36] Menon R (2002) Weld J 81:53.

[37] Kirchgaßner M, Badisch E, Franek F (2008) Wear 265:772.

[38] Chatterjee S, Pal TK (2003) Wear behaviour of hardfacing deposits on cast iron. Wear 255:417.

[39] Powell GLF, Carlson RA, Randle V (1994) J Mater Sci 29:4889.

[40] Lesko A, Navera E (1996) Mater Char 36:349.

[41] Atamert S, Bhadeshia HKDH (1990) Mater Sci Eng A 130:101.

[42] Fischer A (1984) Fortschrittberichte der VDI Zeitschriften. VDI Verlag, Düsseldorf, S 69.

[43] Buytoz S (2006) Mater Lett 60:605.

[44] Branagan DJ, Marshall MB, Meacham BE (2005) In: Proceedings of international thermal spray conference, Basel (CD – Rom).

[45] Wang XH, Zou ZD, Qu SY, Song SL (2005) J Mater Process Technol 168:89.

[46] Svensson LE, Gretoft B, Ulander B, Bhadeshia HKDH (1986) J Mater Sci 21:1015abc.

[47] Lee S, Choo SH, Baek ER, Ahn S, Kim NJ (1996) Metall Mater Trans A27:3881.

[48] Kesavan D, Kamaraj M (2010) Surf Coat Technol 204:4034.

[49] Bhaduri AK, Indira R, Albert SK, Rao BPS, Jain SC, Asokkumar S (2004) J Nucl Mater 334:109.

[50] Persson DHE, Jacobson S, Hogmark S (2003) Wear 255:498.

[51] Mason SE, Rawlings RD (1994) Mater Sci Technol 10:924.

[52] Mason SE, Rawlings RD (1989) Mater Sci Technol 5:180.

[53] Johnson MP, Moorehouse P, Nicholls JR (1990) Diesel engine combustion chamber materials for heavy fuel operation. Institute of Operation, Institute of Marine Engineers, London, p 61.

[54] Nicholls JR (1994) Mater Sci Technol 10:1002.

[55] Shin JC, Doh JM, Yoon JK, Lee DY, Kim JS (2003) Surf Coat Technol 166:117.

［56］Wu W, Wu LT (1996) Metall Mater Trans A27:3639.

［57］Nicholls JR, Stephenson DJ (1990) Diesel engine combustion chamber materials for heavy fuel operation. Institute of Operation, Institute of Marine Engineers, London, p 47.

［58］Badisch E, Kirchgaßner M (2008) Wear 202:6016.

［59］Chermont JL, Osterstock F (1976) J Mater Sci 11:1939.

［60］Llo S, Just C, Badich E, Wosik J, Danninger H (2010) Mater Sci Eng A527:6378.

［61］Huang SW, Samandi M, Brandt M (2004) Wear 256:1095.

［62］Li Q, Lei TC, Chen WZ (2003) Surf Coat Technol 166:117.

［63］Hoffman JM (2010) Mach Des 14:5.

［64］Branagan DJ, Marshall MC, Meacham BE (2006) Mater Sci Eng A428:116.

［65］Zikin A, Hussainova I, Katsich C, Badisch E, Tomastik C (2012) Surf Coat Technol 206:4270.

［66］Bayhan Y (2006) Tribol Int 39:570.

［67］Su YL, Chen KY (1997) Wear 209:160.

［68］Wang XH, Han F, Liu XM, Qu SY, Zou ZD (2008) Mater Sci Eng A 489:193.

［69］Wang XH, Han F, Qu SY, Zou ZD (2008) Surf Coat Technol 202:1502.

［70］Foroulis ZA (1984) Wear 96:203.

［71］Bhansali KJ, Miller AE (1982) Wear 75:241.

［72］Persson DHE, Jacobson S, Hogmark S (2003) J Laser Appl 15:115.

［73］Kim CK, Lee S, Jung JY, Ahn S (2003) Mater Sci Eng A 349:1.

［74］Choo SH, Kim CK, Euh K, Lee S, Jung J－Y, Ahn S (2000) Metall Mater Trans 31A:3041.

［75］Lee S, Choo S－H, Baek E－R, Ahn S, Kim NJ (1996) Metall Mater Trans 27A:3881.

［76］Wu W, Wu LT (1996) Metall Mater Trans 27A:3639.

［77］Lee KY, Kim GG, Kim JH, Lee SH, Kim SJ (2007) Wear 262:845.

［78］Lee KY, Lee SH, Kim Y, Hong HS, Oh YM, Kim SJ (2003) Wear 255:481.

［79］Kotecki DJ, Ogborn JS (1995) Weld J 74(8):269s.

［80］Kim HJ, Yoon BH, Lee CH (2002) Wear 249:846.

［81］Ghar Z (1971) Met Prog Sept:46.

［82］Buchely MF, Gutierrez JC, Leon LM, Toro A (2005) Wear 259:52.

［83］Brookes CA, Green P, Harrison PH, Moxley B (1972) J Phys D 5:1284.

［84］Moore MA (1980) In: Rigney DA (ed) Fundamental of friction and wear. ASTM, Materials Park, OH, p 73.

［85］Chang CM, Chen YC, Wu W (2010) Tribol Int 43:929.

［86］Buchanan VE, Shipway PH, McCartney DG (2007) Wear 263:99.

［87］Berns H, Fischer A (1985) In: Proceedings of the fifth international conference on wear of materials, Vancouver, BC, pp 625–633.

［88］Berns H, Fischer A (1983) In: Ludema KC (ed) Proceedings of the fourth international conference on wear of materials, Wear of materials. ASME, New York, pp 298–302.

［89］Dwivedi DK (2004) Mater Sci Technol 20:1326.

［90］Coronado JJ, Caicedo HF, Gomez AL (2009) Tribol Int 42:745.

［91］Berns H, Fischer A (1987) Metallography 20:401.

［92］Berns H (2003) Wear 254:47.

［93］Simm W, Freti S（1989）Wear 129：105.

［94］Katsich C, Badisch E（2011）Surf Coat Technol 206：1062.

［95］Berns H, Fischer A（1986）Wear 112：163.

［96］Eroglu M, Zdemir NO（2002）Surf Coat Technol 154：209.

［97］Huang Z, Hou Q, Wang P（2008）Surf Coat Technol 202：2993.

［98］Stevension ANJ, Hutchings IM（1995）Wear 186－187：150.

［99］Sapate SG, Rama Rao AV（2006）Tribol Int 39：206.

［100］Flores JF, Neville A, Kapur N, Gnanavelu A（2009）Wear 267：213.

［101］Sapate SG, Rama Rao AV（2004）Wear 256：774.

［102］Katsich C, Badisch E, Roy M, Heath GR, Franek F（2009）Wear 267：1856.

［103］Badisch E, Katsich C, Winkelmann H, Franek F, Roy M（2010）Tribol Int 43：1234.

［104］Yıldızlı K, Eroglu M, Karamış MB（2007）Surf Coat Technol 201：7166.

［105］Castolino Eutectic company brochures.

［106］Soon Z, Karppi R（1996）J Mater Process Technol 59：257.

第6章 电镀与摩擦学

6.1 概述

表面改性技术历史悠久,可追溯到公元前850年。当时,这是一门艺术而非科学,随着时间的推移,此项技术也在向多元化发展,应用范围不断扩大。表面工程的基本方法是使用普通(通常较便宜)的材料作为基体,稀有(通常价格昂贵)材料作为涂层,这样可实现涂层和基体之间性能匹配。

制备工艺不同,涂层的厚度、硬度、韧性、残余应力等截然不同。同时,这些特性是选择涂层的重要参数,基于这些特性的分类,对涂层制备方法有了更深的认识,深入了解涂层制备工艺过程。图6.1给出了根据涂层制备的分类方法。

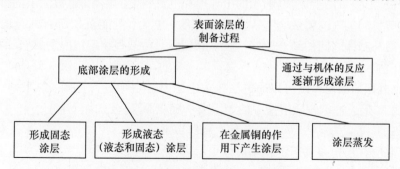

图6.1 表面涂层制备方法:涂层类型的基本分类

电沉积是一种公认的能够有效提高构件耐磨性和抗腐蚀性的工艺方法。该工艺简便易行,适用于在基体上制备如铬、镍、铜、银、金、铂等高熔点金属薄膜涂层。电镀是电流通过电解质时,电解质溶液中的电极上发生沉积。该形成涂层过程发生在水溶液中,即为电镀,发生在高温熔盐中,即为电解电镀法。电沉积的另一变体为电泳沉积。采用该工艺方法,金属、聚合物甚至陶瓷可在电解质中呈现出精细粉末或胶体悬液状态。阳极和阴极之间产生的电势引起表面镀层的变化,文献[1-5]对电沉积工艺进行了很好的回顾和总结。

无电沉积是一种不需要电流的电沉积工艺。因其不需要电流,这种沉积过程称为自动催化过程。这种制备涂层的工艺方法由Brenner和Riddell在1944年发明。无电镀涂层具有独特的物理化学特性与力学性能,并已被广泛应用。

过去几十年里有大量关于无电沉积的报道[6-10]。

金属、合金、氧化层、聚合物和复合材料层都可作为沉积材料。电镀技术已广泛应用于工程部件,其中包括纳米结构应用于特殊磁性半导体和光纤,导电涂层应用于电子设备,摩擦涂层应用于机械工程领域[11-14]。

本章首先介绍电解质涂层和无电涂层,然后详细介绍这些涂层的摩擦性能。

6.2　电镀涂层

电镀技术有许多优点。电镀条件的变化可改变涂层属性,在电镀过程中待处理的基体试样要求不能产生变形或金相结构发生变化。基体上不需要进行涂层处理的部分可进行遮盖。涂层厚度可控,并且可以通过增大电流、提高温度、增强电解质循环等来提高沉积速率,该过程可实现流程自动化,进行涂层处理时部件的尺寸只会受到容器大小的限制,而增大容器体积并不困难。

电镀(电沉积)工艺也有其缺点,例如:电镀处理前构件需进行特殊的表面处理,一般为预清理、中级碱性清洁、电解除油、酸化和除污等。由于受基体形状、阴极、阳极布局组成,电解质的电导率和电流密度的影响,电镀涂层的厚度不一;电镀引起氢气的释放会进一步导致氢脆;电镀不可能沉积所有的金属和合金;涂层与基体之间的结合较好,但不如熔融结合;某些特定情况下,结合的质量很难评估。

电沉积的涂层厚度可以通过法拉第电磁感应定律进行控制。因此,可以认为金属 M 是通过电解质溶液中的 M^{z+} 离子沉积而来,公式如下:

$$M^{z+} + ze^- \rightarrow M \tag{6.1}$$

因此,在稳定条件下沉积率可以表示为

$$\frac{\mathrm{d}x}{\mathrm{d}t} = \frac{MI\phi}{\rho AzF} \tag{6.2}$$

式中:I 为电流;M 为摩尔质量;φ 为电流效率;ρ 为镀层密度;F 为法拉第常量;A 为沉积区面积;z 为单位沉积粒子中转移的电子数。

电沉积金属和合金的微观组织结构具有小的晶粒尺寸、完全多相混合等特征,它可以是纤维柱状结构、层状结构或两者兼而有之。一般情况下,低电流密度下获得的涂层厚度更加均匀,电流密度过低或过高的情况下获得的涂层颜色较暗,多为粉末状。镀层合金的硬度高于经过铸造或固溶处理的合金。电解沉积薄膜的形态和性质取决于沉积参数,如电镀液成分、电镀方法、电解液温度等。铬、钴、铜、镉、镍、金、银、锌等都是可以通过电镀进行镀层的纯金属。在这些金属中,铬工业应用最广泛。铬镀层分为两种类型:一种是硬铬镀层,铬镀层硬度高,耐磨性好,由于容易出现裂纹,耐腐蚀性较差;另一种是亮铬镀层,硬度和耐磨性较差,但耐蚀性有所提高。镍沉积可作为装饰型镀层也可作为功能性镀层。作为装饰性镀层,可镀在镜子上并且不需要任何抛光。作为耐磨性镀层或其他功能性镀层时,可用于消光处理。锌通常用作耐蚀性镀层,如镀锌钢。由于锌的标准电位低于铁,故锌作为牺牲电极,可对铁和钢进行保护。在氢化锌碱性或酸性电解液中,锌被镀在电化学反应器中机架和滚筒上。镉镀层主要用于耐腐蚀,也被用来保护海洋环境。锌防锈镀层也应用于工业环境。镉为有毒物,故应避免与食物接触。镉镀层易发生氢化,故在沉积过程中应采取适当防护措施。稀有金属,如金、银和铂既可以通过水溶液电镀[15]也可通过熔盐电沉积[16]。金、银镀层主要以装饰为目的。近年来,大多数金属设备用银取代金作为镀层,支撑硅芯片的金属引线框架也多是如此。然而,由于很多部件需要长期保养,故黄金仍在使用。铂作为镍基高温超合金的扩散阻挡层,通常采用水溶液电镀或熔盐电沉积的方式进行镀层。

6.2.1 连续电镀

近年来,连续电镀锌法不断发展,应用于锌、锌镍和锌铁合金,并用于汽车车身的制造。镀锡也是一种连续电镀工艺,可用于长期储存食物。典型的锡镀层由内钢层、锡铁金属层、锡层、氧化镉薄钝化层和外润滑层五部分组成。

6.2.2 熔盐电镀

当电镀材料不能通过常规工艺所沉积,可通过熔盐电镀法或电解电镀法进行制备,因此该工艺得到了广泛应用。并且,该方法可以通过控制沉积率来匹配基板上沉积种类的扩散速率,从而形成扩散涂层。熔盐介质包括能够溶解于熔盐溶剂的可溶性金属镀层,例如碱金属卤化物。此工艺方法中,电镀成分作为阳极而基体作为阴极。电镀过程中扩散速率可控,并且表层的扩散梯度可见。虽然此工艺应用于耐火金属和陶瓷涂层非常有限,但已广泛用于铂族金属。因为这是一步扩散的工艺过程,小规模、小面积,以及具有重要战略意义的部件都可以通过此方法电镀。

6.3 化学镀层

化学镀层是自动催化过程,在该过程中,基体浸泡在含有氧化剂、还原剂、络合剂、稳定剂和其他组成成分形成的溶液中,基体中会产生电位。与电镀工艺相比,通过化学电镀工艺所获得的涂层呈均匀分布,与基体形状无关。在化学薄膜沉积过程中,薄膜产生于基体上的隔离区,然后横向覆盖整个基体。薄膜具有晶体和微晶体两种结构,并且其中有一些非晶结构。由于薄膜在沉积状态下,普遍存在成分的不均匀性,故而会引起相的出现。化学薄膜不均匀性,对不同区域薄膜的局部平衡起重要作用,根据其实际成分,可形成不同的相。除了涂层原材料(氯化镍、硫酸镍、硫酸铜等)、还原剂(次亚磷酸钠、硼氢化钠)以外,制备化学镀层的溶液也需要许多其他成分,表6.1概述了这些成分及其功用。

表6.1　镀层电解液中所含的成分及其功用

组成成分	功能
氧化剂	提供金属离子
还原剂	提供电子
络合剂	稳定电解液
催化剂	激活还原剂
安定剂	抑制电解液分解
缓冲剂	监测电解液的 pH 值
润湿剂	提高电解液的湿度

6.3.1　还原剂

多种还原剂已被用于合金化学镀层。次亚磷酸钠、氨基硼烷、硼氢化钠和联氨等4种还原剂已用于化学镀镍。由于次磷酸钠镀液较高的沉积速率、较好的稳定性以及容易控制等优点,次磷酸钠镀液最为常见。化学镀镍–磷的沉积反应机理尚不清楚。制备化学涂层,特别是镍涂层时,硼氢化钠离子是最有效的还原剂。硼氢化钠还原率远高于二甲氨硼烷和次亚磷酸钠[17]。除了还原率较高外,它还具有成本低效益高的特点,硼氢化钠还原液首选二甲氨硼烷作为基液。然而,为了抑制电解液的自然分解,降低制备成本,控制 pH 值是很重要的,因此一般选择碱性镀液。制备化学镀液氨基硼烷仅限于两种化合物,即氮 – 二甲氨基硼烷(CH_3)$_2NHBH_3$ 和氢 – 二甲氨基硼烷(DEAB) – (C_2H_5)$_2NHBH_3$[18,19]。DEAB 主要在欧洲使用,而 DMAB 在美国使用普遍。DMAB 易溶于水溶液,而DEAB 在与镀液掺混之前,通常掺混短链脂肪醇,如乙醇。氨基硼烷是较为有效的还原剂,并且 pH 值范围很广,但是由于氢化反应,电镀过程中,pH 值限制较小[18]。镍的沉积量随着镀液的 pH 值的增大而增多。通常情况下,氨基硼烷镀液的 pH 值范围为 6～9,制备温度为 323～353K。然而,在温度低至 303K 时,也可以使用。因此,氨基硼烷镀液主要用于非催化表面,如塑料和非金属。沉积速率随温度的变化而变化,通常为 7～12μm/h。联氨也被用来制备化学沉积[20],通常情况下,这些镀液的制备温度范围为 363～368K,pH 值为 10～11,沉积速率大约为 12μm/h。由于联氨在高温环境下具有不稳定性,所以镀液通常非常不稳定且难以控制,沉积物易碎,且难以实际应用。

6.3.2　络合剂

还原反应或制备化学镀层的难题之一就是保持电镀液的成分不变。制备镀层过程中,涂层成分的还原率持续降低。由于一些无用化合物的产生,溶液无法及时得到补充。沉积速率降低,需使用一些加速剂来抑制镀液完全分解,如碳酸盐、可溶性氟化物和硫脲等,这些添加剂通常称为络合剂,起缓冲作用,防止溶液酸碱值下降过快。它们通过产生亚稳定化合物来降低镀层材料的自由离子浓度。

6.3.3　稳定剂

粉尘和其他成核催化剂的存在可能会导致镀液制剂的分解以及镀液的自发分解。重金属,如铋、铅、镉、碲被加入到镀液中可以作为稳定剂[21],这些添加元素的浓度为百万分之几。稳定剂减少了沉积物在镀槽两侧和底部的沉积,一般只需少量即可。有时加入重金属会引起镀液中毒[22]。但有一些种类的添加剂可以解决这些问题。因此制备化学镀层时,适当地补充稳定剂是一项较有难度的工艺。

6.3.4　表面活性剂

表面活性剂是润滑剂,可降低液体表面张力,使其易于扩散,并且降低液体和液体以及液体和固体之间的界面张力。在化学镀液中,表面活性剂促进了镀液和基体表面之间的镀层沉积,也降低了涂层的表面粗糙度[23]。此外,添加表面活性剂还增加了镀层硬度。表面活性剂也可作为阴离子(十二烷基苯磺酸钠)和阳离子(三乙醇氨)。

6.3.5　缓冲剂

制备化学镀层,需要缓冲剂来维持镀液酸碱值的稳定[24],如钠、钾盐和羧酸。高浓度的氢离子需要高缓冲容量[25],可以采用自动监测和调整装置的方法来达到这一目的。

6.3.6　催化剂

虽然稳定剂和络合剂对特定的涂层是有用的,但会减缓电镀工艺进程。采用催化剂可克服这个缺点,通常使用氟离子作为催化剂,氟离子进入到金属晶格中[26]有助于改善沉积层硬度和抗力。不饱和二羧酸、短链饱和脂肪氨基酸、短链饱和脂肪酸通常用作催化剂[27]。

化学镀镍往往与浸入沉积和羧基镍蒸气电镀两种商业镀镍工艺混淆不清。

浸入沉积(70℃)制备的是一种低黏合非保护涂层,而蒸气电镀(180℃)造价昂贵,并会产生有害物质。化学镀镍在许多行业得到了广泛的认可。

通过化学镀镍制备的是一种亚稳定、过饱和金属－类金属合金。从镍－磷和镍－硼的平衡相图可以看出在常温下,磷或硼不可溶于镍,因此在平衡条件下,纯镍和金属间化合物(磷化三镍或硼化三镍)可形成合金。电镀过程中,一般不会产生金属间化合物,但这种情况依然可能存在。即使是微小晶体的增长,也会涉及大量的原子运动,并带动表面扩散,以达到3个镍原子对1个磷或硼原子的正确化学计量。只有下层原子沉积之后,这个运动才能发生。因此,磷或硼原子被困在镍原子之间,引起过饱和。

镍的晶体结构为面心立方结构(fcc),其中每一个原子有12个相邻原子。磷或硼的存在,使原子排列不能在表面延伸过大。化学镀镍中,晶粒尺寸非常小,如果面心立方结构不能被完全保持,则该结构与液体结构相同,并被认为是非晶态。

化学镀镍层的性能由其微观结构特征决定,且化学镀镍中磷和硼的含量影响其微观结构及其特征[28]。化学镀镍的详细结构仍需进一步研究,但化学镀镍层被普遍认为是晶体、非晶或二者的结合。在文献中有些相互矛盾的结果,一般来说,化学镀镍,涂层中含有质量分数为1%～5%的磷(低磷),被认定为晶体;质量分数为6%～9%的磷(中磷),被认为是混合晶与非晶微观结构组成;质量分数为10%～13%的磷(高磷),被认定为非晶。对镍和多种形式的镍－磷或镍－硼进行热处理后,涂层开始结晶。结晶程度影响涂层的性能,并且是一些因素复杂函数[29],即磷的含量、加热速率、热处理温度、热处理工艺时间和之前的热历史。Zhang和Yao[30]对化学镀镍层的微观组织结构进行了全面的研究,并且研究了热处理对化学镀镍层非晶态向晶态转变的影响。在不同热处理条件下,200℃保温1h后退火,显现出界限清楚的环,其为微晶结构的组织特征,晶粒尺寸约为10nm。400℃保温1h后退火产生Ni_3P和Ni_3B;热处理温度超过400℃时产生Ni_2B和Ni_7B_3[31];温度提高到600℃后退火时会产生粗晶。

扫描电子显微镜下,化学镀镍－磷涂层的表面形貌如图6.2所示。化学镀层的微观组织特征主要表现为类似于花椰菜的结节状。典型的化学镀Ni－W－P镀层透射电子显微镜图及其衍射花样如图6.3所示。TEM结果表明晶体结构和晶粒尺寸非常细小,约为5～15nm。图6.4为化学镀镍层的X射线衍射图。

Ni(111)面的X射线衍射图谱表明,在40°～60°的角度范围内,Ni－P和Ni－W－P镀层表现为非晶态。钨的含量较高时的镍－钨－磷镀层衍射图谱表明,存在一个相对(111)尖锐的衍射峰,同时还伴随(200)面由于部分结晶沉积的微弱衍射峰。从理论上讲,X射线衍射峰较宽表明原子呈无序排列。化学镀镍－磷涂层的衍射图样是基于沉积物形成机理。化学沉积过程中,镍原子随机

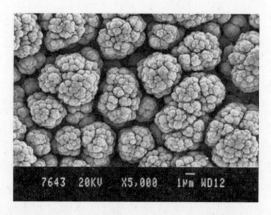

图 6.2　化学镀 Ni-P 涂层的表面形貌

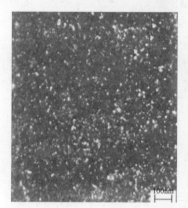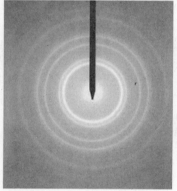

图 6.3　Ni-W-P 化学镀层的 TEM 图及其衍射花样

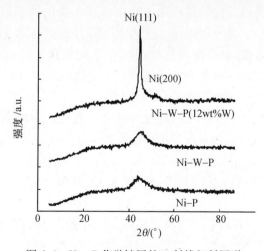

图 6.4　Ni-P 化学镀层的 X 射线衍射图谱

捕获磷原子,并且这些原子的偏析率决定了沉积结晶度。磷原子的扩散率小于镍原子,如果沉积物中含有大量的磷原子,那么大量的磷原子必是在单位时间沉积过程中在指定区域实现镍和磷的分离。

化学镀镍涂层的突出特点之一就是高硬度,特别是热处理之后硬度更高。影响涂层硬度主要有3个参数,即磷的含量、镀层的热处理温度与时间。当需要很强的耐磨性时,化学镀镍层的硬度尤为重要。化学镀镍层的硬度,与其他属性一样,受到磷的含量的影响。在制备过程中,镀层中磷含量的增加降低了镀层硬度。磷含量为4%(质量分数)时硬度最大,随着磷含量的增加而降低,并且在磷含量为11%(质量分数)时硬度最低。热处理对化学镀镍层的硬度有显著影响。事实上,化学镀镍层的突出特点是通过适当的热处理可获得很高的硬度(980 ~ 1050VHN),硬度越高,耐磨性和抗腐蚀性能越好,热处理参数(时间和温度)由磷含量所决定。这种反应主要是发生在温度为400℃(低磷含量合金)和330 ~ 360℃(高磷含量合金)之间[32]。然而,磷含量在4.5% ~ 11%(质量分数)之间时,250 ~ 290℃时还有另一反应,可使涂层磷化物细颗粒沉淀。许多报道称,热处理1h后400℃时涂层硬度最高[33]。镍 – 硼合金质硬,热处理后,比铬更为坚硬,且具有优良的耐磨性和耐蚀性。

6.4　摩擦性能

6.4.1　电镀层

电镀铬涂层具有优良的耐磨损、抗腐蚀性能,因此广泛应用于工业领域[34-36]。电沉积铬镀层的磨损机理主要由镀层本身的磨损与黏合特性决定。对铬涂层进行热循环,由于热应力的产生[37],涂层的硬度和耐磨性也会降低。据报道,电镀铬涂层的耐磨性与抗腐蚀性与其硬度和裂纹有密切关系[38-41]。Heydarzadech Sohi 和 Kashi[34]已经对硬质和无裂纹电镀铬镀层的摩擦性能进行了对比分析,结果表明硬质铬镀层的耐磨性更好。Arieta 和 Gawne[42]对铬涂层在润滑条件下的耐磨性进行了研究,发现铬涂层的耐磨性与油的润滑性能密切相关,并很大程度由涂层的表面结构和裂纹所决定。此外,针对电镀铬涂层的耐蚀性也开展了很多研究工作。Snavely 和 Faust[43]发现电镀铬涂层的耐蚀性受到涂层表面裂纹密度的极大影响。然而,Huang 等[44]指出裂纹密度对铬涂层的耐蚀性影响很小。

利用脉冲电镀技术沉积涂层可以降低涂层对热应力的敏感度。电沉积纳米晶镍可提高其耐蚀性达125 ~ 175 倍,且摩擦系数减少40% ~ 50%[45]。钴合金中的镍可显著提高合金硬度和耐蚀性,并且降低摩擦系数[46]。镍 – 钨和镍 – 钼合金的非晶层具有较高的硬度和良好的耐蚀性[47]。锌合金中的钴和铁会降低其摩擦系数[48],然而镍会增加摩擦系数[49]。Bozzini 等指出[50],电沉积金 - 铜 - 镉涂层由于微犁削和黏结的失效而失败。Weston 等[51]研究了纳米钴的摩擦性能、钴 - 钨合金电镀层对高硬度钢构件的耐蚀性,并对伴随有电沉积铬的滑动的摩擦副性能进行了对比研究。钴钨合金镀层的磨损率远低于纯钴镀层,并且也低于铬镀层。Haseeb 等[52]指出,与镍 - 钢电偶的摩擦系数相比,电沉积纳米晶镍 - 钨合金涂层的摩擦系数较低,而且镍也被认为是提高耐磨损性的因素。Sriraman 等[53],对电沉积纳米晶镍 - 钨合金涂层的硬度及抗滑动磨损性进行了研究。由于钨含量的增加,电流密度增加且晶粒尺寸减小。镍 - 钨涂层中钨的含量在 6% ~8at. % 时,表现出优异的耐磨性。研究表明,复合涂层对改善摩擦性能效果较好[54]。

1. 试验条件对磨损率的影响

载荷和滑动速度是电镀涂层的摩擦性能测试的两个重要参数。如上所述,塑性变形状态主导的磨损率可表示为

$$W = k \frac{L}{H} \tag{6.3}$$

式中:k 为摩擦系数;L 为外加载荷;H 为耐磨材料的硬度。

Grigorescu 等[55]发现,镍、镍 - 钴和硬铬涂层的磨损率随载荷的增加而增大。Panagopoulos 等[56]也进行了相似的试验研究,其结果如图 6.5 所示。他们采用硬质钢球\铝球来研究钢表面锌镍电镀涂层的滑动磨损性能。一定的外加载荷范围内,涂层的质量损失随着载荷增加而增多,锌镍镀层对硬质钢球的质量损失低于氧化铝涂层。不锈钢锌 - 镍涂层的主要滑动磨损机理是在不锈钢的犁削作用下,镀层表面发生严重地剪切效应。铝质小球作用下的锌 - 镍涂层磨损试验表明,表面分层是该类涂层的主要磨损机理。

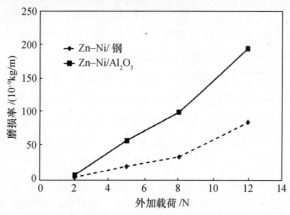

图 6.5　外加载荷对电镀锌 - 镍涂层磨损率的影响

Panagopoulos 等[57]研究了滑动速度对电沉积多层涂层磨损率的影响,结果如图6.6所示。从图中可以看出,保持其他参数不变,磨损率随滑动速度的降低而增加。上述的磨损特征发生在轻微氧化磨损的环境下,其磨损率可以表示为[58,59]

$$W = \frac{LC^2 A_0}{v Z_c H_0} \exp\left(-\frac{Q}{RT_f}\right)$$ (6.4)

式中:A_0 为阿仑尼乌斯常数;Q 为氧化反应的活化能;L 为外加载荷;H_0 为氧化膜的硬度;Z_c 为剥落的临界厚度;T_f 为粗糙接触面的温度;v 为滑动速度;C 为常数,取决于氧化膜的组成成分;R 为摩尔气体常量。

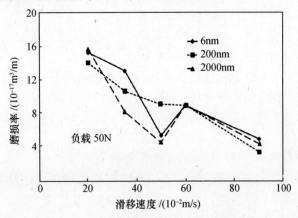

图6.6 镍–磷–钨多层涂层磨损率随滑动速度变化规律

式(6.4)指出,磨损率随着滑动速度的降低而增大。摩擦系数由外加载荷决定,正如前几章所述,摩擦系数与外加载荷密切相关,有

$$\mu_a = \pi\tau\left(\frac{3R}{4E}\right)^{\frac{2}{3}} L^{-\frac{1}{3}}$$ (6.5)

式中:μ_a 为摩擦系数;τ 为滑动过程中平均剪切强度;L 为施加的载荷;E 为有效弹性模量;R 为有效曲率半径,因此,摩擦系数与外加载荷的立方根成反比。

Ghosh 等[60]也验证了上述观点。在电沉积镍铜多层涂层中,以 1.8 ~ 11nm 的镍涂层、1.97nm 铜涂层复合的镍/铜多层涂层是通过以硫酸盐为基质的电解质制备而成的。电镀多层涂层的摩擦系数和滑动磨损试验是在干燥环境下,金属板不发生宏观变形的情况下,由标准 WC 球冲击金属所测得的。摩擦系数取决于外加载荷和镍涂层的厚度。摩擦系数与滑动距离是典型正弦变化曲线,可反映粘着磨损和磨粒磨损过程中粘滑运动性能。不同涂层的摩擦系数随外加载荷的变化曲线如图6.7所示,从图中可以看出,多层涂层的摩擦系数随外加载荷的增加而降低,该规律符合式(6.5)。与纯镍和纯铜涂层相比[61],厚度相对较厚的涂层与低载荷下的纯镍涂层性能类似,且与高载荷下的纯铜涂层性能类似。在这种情况下,由于两种涂层厚度较薄,从而导致多层效果不明显。因此,多层涂层的摩擦系数虽然差异不显著,但趋势很有趣,即随着镍层厚度与铜层厚度比例的增加,平均摩擦系数减小。

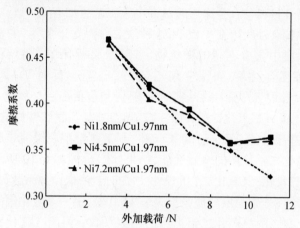

图6.7　镍-铜多层涂层磨损率随滑动速度变化规律

Panagopoulos 等[57]进行了镍-磷-钨多层合金涂层在不锈钢圆盘上滑动试验,研究了滑动速度对摩擦系数的影响规律,结果如图6.8所示。从图中可以看出,摩擦系数随着滑动速度的降低而增大,这一结果表明,滑动速度对摩擦系数的影响很大。此外,多层涂层的厚度对摩擦系数没有影响。上述规律可表达为[58]

$$\mu = K_1 - K_2 \ln v \tag{6.6}$$

式中:μ 为摩擦系数;v 为滑动速度;K_1,K_2 为常量。

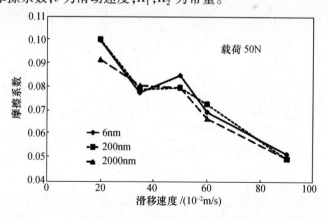

图6.8　外加载荷为50N的条件下,镍-磷-钨多层涂层摩擦系数随滑动速度变化规律

根据式(6.6),摩擦系数随滑动速度增加而减小。图6.8所示特性曲线与式(6.6)一致。

2. 涂层条件对摩擦性能的影响

众所周知,与直流电镀工艺相比,由于脉冲电镀参数可控和瞬时电流大的特点,故在制备复合材料与合金涂层时脉冲电镀工艺更加有效[62]。当电镀液中有金属颗粒时,颗粒会被吸附在平板上,这种涂层称为复合涂层。许多研究人员已经证实,由于涂层中含有不同的颗粒物,多层涂层拥有许多特定的属性[63-67]。据报道,低摩擦复合材料,如镍-聚乙烯[68],石墨-黄铜[69],镍-聚四氟乙烯[70,71],石墨-青铜[72],镍-磷-碳纳米管[73]和包括镍-三氧化二铝[74],镍-磷-碳化硅[75],银-二氧化锆[76],镍-二氧化锆[77]等耐磨性好的复合材料,可通过电镀技术进行制备。Huang 和 Xiong[78]研究了电沉积镍-二硫化钼和镍-二硫化钼/三氧化二铝涂层的摩擦性能,结果如图6.9、图6.10所示。电解液中二硫化钼和二硫化钼/三氧化二铝的颗粒增加时会降低摩擦系数(图6.9),并且会增加磨损试验过程中涂层的质量损失(图6.10),镍-二硫化钼涂层的摩擦系数低于镍-二硫化钼/三氧化二铝涂层的摩擦系数。由于二硫化钼颗粒的软质性,当二硫化钼颗粒在溶液中浓度达到20g/L时,涂层的质量损失随着浓度的增加而急剧增大。相比之下,由于三氧化二铝颗粒的硬质性,当二硫化钼/三氧化二铝颗粒浓度增加时,包覆在二硫化钼颗粒上,质量损失缓慢。涂层表面磨损形貌显示,镍-6%(体积分数)二硫化钼/三氧化二铝涂层的磨痕较浅,并且其表面也比镍-6%(体积分数)二硫化钼涂层光滑。

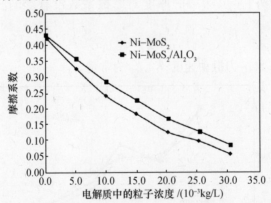

图6.9　电解液中颗粒浓度对镍-二硫化钼/三氧化二铝涂层的
摩擦系数的影响规律[78]

Chen 等[79]研究了电解液中的表面活性剂含量对涂层的摩擦性能的影响,并在含有悬浮颗粒的瓦特型电镀液中制备镍-三氧化二铝复合电镀涂层,其主要利用阳离子表面活性剂十六烷基溴化吡啶(HPB)的催化而实现颗粒的均匀

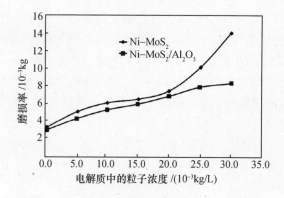

图 6.10　电解液中增强颗粒的浓度对镍 - 二硫化钼/
三氧化二铝涂层磨损率的影响规律

分布。在干燥滑动摩擦条件下,表面活性剂浓度(HPB)对涂层耐磨性的影响规律如图 6.11 所示。从图中可以看出,与纯镍涂层相比,镍 - 三氧化二铝复合电镀涂层的磨损率相对较低。当 HPB 的含量达到 150mg/L 时,复合涂层的耐磨性达到最大值,并且随着活性剂浓度的进一步增加,表面涂层的耐磨性略有下降。Gull 等[80]指出,随着表面活性剂浓度的增加,磨损率先降低,但随着表面活性剂的浓度增加,磨损率随之增大。

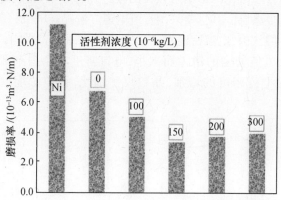

图 6.11　活性剂浓度对镍 - 三氧化二铝电镀层磨损率影响

　　众所周知,与传统的直流电沉积相比,由于脉冲电镀参数独立可控且瞬时电流大,脉冲电镀是制备金属和合金涂层最有效的方法之一[78]。利用脉冲电流对金属和合金的微观结构进行改进,可以控制和改善它们的性能。金属和合金镀层的微观组织可以通过改变脉冲电镀工艺的参数实现,且已经开展了许多相关研究。Chen 等[79]对脉冲频率对电镀涂层磨损率的影响进行了研究。采用脉冲电镀工艺制备亚微米三氧化二铝颗粒作为增强相的镍基复合涂层,并研究了脉冲频率对镍 - 三氧化二铝复合电镀涂层的微观组织、硬度和耐磨性的影响。结果表明,脉冲频率对镍－三氧化二铝复合电镀涂层的择优取向的影响显著;当脉冲频率增加时,涂层结构逐步从择优取向转变为随机取向;随着氧化铝颗粒体积含量增加,复合涂层的硬度略有下降。在干磨损条件下,镍－三氧化二铝复合电镀涂层的耐磨性如图6.12所示,结果表明,随着掺入氧化铝颗粒的增加,镍－三氧化二铝复合电镀涂层的耐磨性降低。镍基体的微观组织与粘着磨损特征是其耐磨性改变的主要原因。

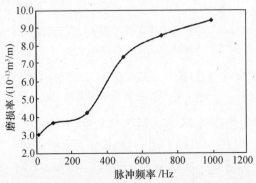

图6.12 脉冲频率对镍－三氧化二铝电镀层磨损率的影响

Gul等[80]在含三氧化二铝纳米颗粒的改进瓦特型电解质中,制备镍－三氧化二铝金属基复合涂层。其主要采用直流电镀方法提高电沉积镍涂层的表面硬度和耐磨性。他们认为,电流密度对磨损率和摩擦系数有影响,并且发现,磨损率和摩擦系数随电流密度的增大而减小,电流密度对摩擦系数影响规律如图6.13所示。随着电流密度的增加,晶粒尺寸细化,颗粒浓度增大和晶格畸变增强。

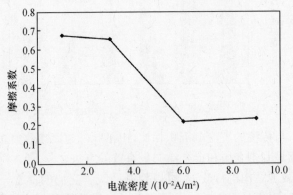

图6.13 电流密度对镍－三氧化二铝电镀层摩擦系数的影响

3. 涂层特性对摩擦性能的影响

Panagopoulos等[55,81]研究了电镀涂层中的合金对其摩擦学性能的影响。他们研究了铜基体上的锌－铁－镍涂层对不锈钢的磨损特性,结果如图 6.14 所示,锌涂层的摩擦系数随着外加载荷的增大而降低,并且增加合金元素的添加量,锌涂层的摩擦系数也会随之减小。此外,当加入 16% 的铁时,摩擦系数达到最小值。他们还发现,与铁不同,镍的加入并没有改变摩擦系数。铁和镍的添加对锌涂层摩擦系数的影响规律如图 6.14 所示。研究表明,摩擦系数的大小与这几种元素密切相关,其中最重要的是:①接触材料之间的粘着力;②硬物对软质材料的犁削;③接触界面之间的粗糙度。磨损机理是硬质钢球的犁削作用引起表层涂层发生剪切和塑性变形。随着合金的掺入,涂层的硬度增加,犁削作用降低了产生较低摩擦系数的可能性。由于不锈钢界面锌－镍薄膜之间的高粘着性,锌－镍涂层的摩擦系数较高。

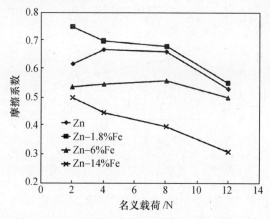

图 6.14　不同锌合金电镀涂层上的正常负载和合金成分对摩擦系数的影响

粗糙接触面上的摩擦系数为

$$\mu = \mu_{ad} + \mu_{grov} \tag{6.7}$$

式中:μ_{ad} 为粘着摩擦系数;μ_{grov} 为槽摩擦系数。

Roychoudhury 和 Pollock[82] 指出,粘着摩擦系数可以通过以下方程得到:

$$\mu_{ad} = \frac{\tau_m}{H} \left[\left\{ 1 - \frac{\gamma_{ad}}{H \times S} \right\}^{-2} - 1 \right] \tag{6.8}$$

式中:τ_m 为粘着接点的平均剪切强度;H 为硬度;γ_{ad} 为粘着力;S 为粗糙面高度的标准差。

犁沟的摩擦系数为

$$\mu_{grov} = \frac{\tau_c \times A}{L} \tag{6.9}$$

式中:L 为外加载荷;A 为磨粒塑性剪切区;τ_c 为涂层的临界剪切强度。

在低载荷条件下,粘着摩擦系数与切犁沟摩擦系数作用是一致的,结果如图

6.14 所示。在一定载荷条件下,所有涂层的切犁沟摩擦系数可由式(6.9)得到。然而,铁的添加使得涂层的硬度增加,并使粘着摩擦系数减少,如式(6.8)所示,图 6.14 反映了这一变化规律。此外,对于给定涂层的粘着摩擦系数是相同的。然而,随外加载荷的增大,切犁沟的摩擦系数减小,如式(6.9)所示。因此,图 6.14 所示的摩擦系数随外加载荷的增加而减少的规律也符合理论依据。图 6.15 也有相同的规律。值得注意的是,与添加铁不同,镍的加入不会降低摩擦系数,硬度增大不明显,且含镍涂层的粘着力比含铁涂层更强。

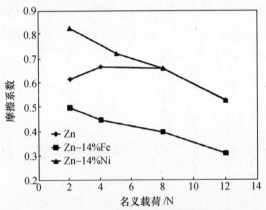

图 6.15　不同锌合金电镀涂层上的正常负载对摩擦系数的影响

Capel 等[83]研究了两种合金结构的磨损性能,即在钢基体上的钴-钨,钴-钨-铁电镀涂层的磨损特性。据发现,在某些条件下,钴-钨合金的耐磨性和摩擦系数与硬铬合金相似。此外,钴-钨合金的耐腐蚀性高于硬铬合金板。钴-钨-铁合金的沉积硬度较高。所有的钴-钨-铁涂层比硬铬涂层的耐腐蚀性更好。然而,耐磨性最好的钴-钨-铁涂层的摩擦系数和磨损也更高。

Zum Ghar 等[84]指出增强颗粒对磨损性能的影响规律为

$$\frac{1}{W} \propto \frac{d^{3/2} V}{\lambda} \tag{6.10}$$

式中:W 为耐磨性;d 为增强颗粒的平均直径;V 为增强颗粒容积率;λ 为矩阵中的粒子平均自由程。

因此,由式(6.10)可知,耐磨性会随着加强颗粒容积率的增加而增强,或者说,磨损率会随着加强颗粒容积率的增加而降低。Vaezi 等[85]已经对加入碳化硅纳米颗粒的镍涂层的性能开展了研究,结果如图 6.16 所示。采用传统的电沉积法,在镍镀液中加入碳化硅纳米颗粒制备不同含量碳化硅纳米颗粒的镍-碳化硅纳米复合涂层。纳米复合涂层的显微硬度、耐磨性和耐蚀性也随着纳米碳化硅颗粒含量的增加而增加。Xue 等[86]也对镍-二氧化铈涂层做了相关研究。

Hou[87] 和 Garcia[88] 对镍 – 碳化硅复合涂层进行了研究。Xue 等研究了在含有二氧化铈颗粒的氨基磺酸镍溶液制备的镍 – 二氧化铈电沉积复合涂层。他们在研究报告中指出,二氧化铈含量较低(2.3%(质量分数))的复合涂层的耐磨性比纯镍涂层稍好,而二氧化铈含量较高的复合涂层比纯镍涂层的耐磨性好得多。Hou 等[87] 研究采用电镀工艺制备的镍 – 碳化硅复合涂层的耐磨性,研究结果表明,碳化硅的容积率与亚微米碳化硅以及镀液中表面活性剂的浓度密切相关。表面活性剂不仅能很好地分散电解液中碳化硅颗粒,实现碳化硅颗粒在基体上的均匀分布,并且也提高了共沉积层碳化硅的容积率。已证实,共沉积层耐磨性随碳化硅亚微米容积率增加而增加。Garcia 等[88] 利用瓦特镍溶液沉积了颗粒大小为 5mm、0.7mm 和 0.3mm 的碳化硅。研究表明,镀液中的粒子密度一定,涂层中的粒子数量随粒子尺寸减小而增加。这些复合涂层的摩擦性能和磨损性能是通过与金刚砂球做单向或双向滑动测试所获得。镍 – 碳化硅复合涂层在含亚微米碳化硅颗粒容积为 4% ~5% 时,其抗滑动磨损性能最佳。

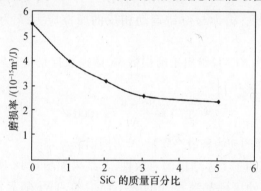

图 6.16　对电沉积 Ni – SiC 纳米复合镀层增强颗粒后的磨损率的变化量

复合涂层磨损率随强化颗粒的容积率增加而降低的另一个原因是复合涂层摩擦系数降低。摩擦系数随强化量的增加而减小。强化颗粒的数量对电镀银 – 二氧化锆和镍 – 碳化钨(WC)涂层摩擦系数的影响规律如图 6.17 所示[50]。很明显,摩擦系数随颗粒浓度的增加而减小,磨损率降低。Benea 等[89] 也报道了镍涂层颗粒摩擦系数的降低会增强碳化硅颗粒。Wang 等[90] 认为钨 – 碳/钴 – 镍和钨 – 碳/钴 – 镍 – 磷纳米复合涂层的磨损率和摩擦系数较低。Srivastava 等[91] 进行的磨损研究表明,与纳米碳化硅增强复合涂层相比,微米碳化硅加强镍 – 钴复合涂层的磨损量较小。有趣的是,Wang 等[92] 报道称,纯纳米晶镍镀层的耐磨性优于纳米金刚石增强纳米晶镍镀层。

纳米晶涂层不仅表现出很好的耐磨性,而且耐磨性随着晶粒尺寸的减小而增加。由 Hall – Petch 方程可知材料强度和塑性随着晶粒尺寸的减小而增大,即

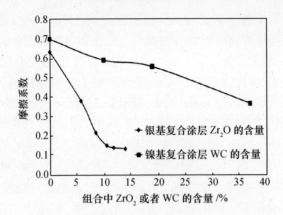

图 6.17　强化颗粒的数量对电镀银 – 二氧化锆和
镍 – 碳化钨涂层摩擦系数的影响规律[53]

$$\sigma_0 = \sigma_i + k/D^{-1/2} \tag{6.11}$$

式中：σ_0 为抗拉强度；σ_i 为与位错运动相反的摩擦应力；k 为常数；D 为晶粒直径。

　　Taber 磨损指数（TWI）给出了磨损数据，磨损数据是指每转 1000 圈的质量损失（mg），有

$$TWI = \frac{W_f - W_i}{N} \times 1000 \tag{6.12}$$

式中：W_f，W_i 为试样的初始和最终质量；N 为周期数。

　　Jeong 等[45]证明了上述结论的有效性，其结果如图 6.18 所示，从图中可以看出，试样的表面硬度随晶粒尺寸的减小而增加，TWI 随晶粒尺寸的减小而减小。

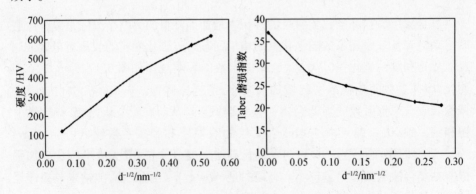

图 6.18　纳米晶镍涂层中的晶粒尺寸对表面硬度和 Taber 磨损指数的影响

电沉积镍 – 三氧化二铝复合涂层的磨损表面形貌如图 6.19 所示[79]。此磨

损表面的特点是严重塑性变形,表明粘着磨损是材料的主要去除机制。沿磨损轨迹可看见连续凹槽,这样的槽是滑动过程中的犁削作用所致,且磨损表面无分层裂纹。

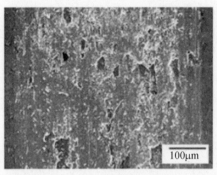

图 6.19　电沉积镍 – 三氧化二铝复合涂层的磨损表面形貌

6.4.2　化学镀层

由于化学镀镍涂层类似于花椰菜[93]的独特环状结构(图 6.2),其表面很光滑细腻[9]。化学镀镍涂层因其具有优良的耐磨性能而著称。然而,通过加入各种颗粒、元素以及不同表面处理工艺,会使涂层的微观组织结构发生变化,从而引起其摩擦性能发生变化。与电沉积涂层相比,热处理会降低化学涂层的摩擦系数。从理论上讲,表面的耐磨性与表面硬度相关。然而,表面的磨损性能受许多参数影响,如外加应力场分布、表面形貌等。化学镀镍层的耐磨损性能由磷的含量和外加热处理工艺类型决定。硬度越高,磨损引起的质量损失越小。许多研究人员指出,硬度越高,变形量越小以及变形引起的接触、结合、摩擦也越小[94-96]。试样表面硬度越高,原始结合处剪切断裂引起的磨损量越小。然而,Gawne 和 Ma[94]指出,虽然涂层硬度很高,但 600℃ 热处理后的化学镀镍 – 磷(Ni – P)涂层的磨损率仍低于 400℃ 热处理时的磨损率。热处理对有不同含量钨的化学镀镍 – 磷涂层磨损率的影响规律如图 6.20 所示[97]。从图 6.20 可以看出,由于钨的固溶强化,镍 – 钨 – 磷涂层的耐磨性能较好。温度为 673K 时,涂层的磨损率达到最小,这是由于在此温度下,涂层的硬度最大,当温度超过673K 时,由于晶粒粗化使得涂层发生软化,从而引起磨损率增大。化学镀镍 – 磷镀层的磨损特性取决于配合面的材料类型。化学镀镍 – 磷涂层两个接触表面热处理后,磨损率最低。化学镀镍 – 硼涂层沉积条件的主要优点是高硬度与好的耐磨性[31,93]。化学镀镍 – 硼涂层比工具钢和硬铬镀层更耐磨,并可以取代电子业中的金[31,98]。粘着磨损条件下,镍 – 硼涂层的柱状结构对保留润滑剂非常有用[99]。

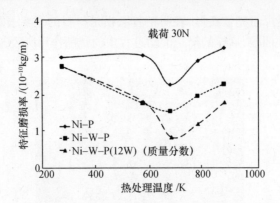

图 6.20　热处理温度对钨不同含量化学镀镍－磷涂层具损率的影响规律

热处理后,镍－硼涂层对硬的摩擦副材料表现为实际上不兼容的表面,且摩擦系数降低[100]。对相关镍－磷镀层的研究已很多[101,102]。化学镀镍基复合涂层比镍－磷合金涂层具有较好的耐磨性[103]。镍－磷镀层在制备之后回火,摩擦系数震荡的幅度低于标准镍－磷镀层[104]。有经验表明,粘附性是化学镀层耐不锈钢磨损的主要原因,但在试验过程中观察到,磨损率和硬度之间没有直接的相关性[105]。试验观察到,无论磷含量多少,由于共沉积颗粒的高硬度,复合涂层的耐磨性比镍－磷基合金涂层更好。热处理也减小了镍－磷－二氧化锆($Ni-P-ZrO_2$)涂层的摩擦系数[106]。激光辐照表面比相似硬度的退火表面的摩擦系数低[107]。制备过程中,硬质粒子碳化四硼(B_4C)和碳化硅(SiC)添加到化学镀镍涂层,提高了涂层的摩擦系数。由于测试过程中碳化四硼颗粒被分离,且作为磨石剂被固定在试样表面和销钉[110]之间,化学镀镍－磷涂层的摩擦系数在加入碳化四硼(B_4C)颗粒后[108,109]有所增加。当碳化四硼(B_4C)的体积分数为25%时,化学镀镍－磷－碳化四硼($Ni-P-B_4C$)复合涂层的摩擦系数约增加一倍,并且载荷从15N增加到60N[109]。从最近制备的 $Ni-P-Al_2O_3-ZrO_2-Al_3Zr$ 复合涂层,可以看到铝和钢基体的磨损率显著高于相应的化学镀 $Ni-P-Al_2O_3-ZrO_2-Al_3Zr$ 涂层,镍－磷($Ni-P$)涂层与碳化硅(SiC)颗粒等共沉积增加了涂层的摩擦系数。Wu 等[110]发现,与纯镍－磷涂层相比,共沉积使摩擦系数增加约10%。另一方面,当软质颗粒,即聚四氟乙烯(PTFE)、石墨(graphite)[111]和二硫化钼(MoS_2)作为添加颗粒加入涂层时,摩擦系数急剧减小。在镍－磷($Ni-P$)基体中加入聚四氟乙烯[112]和石墨[113],摩擦系数明显降低,且整个磨损过程相对稳定。Wu 等[112]指出,镍－磷涂层加入聚四氟乙烯后,摩擦系数降低高达70%。磨损表面形成的聚四氟乙烯丰富的机械混合层(PRMML)具有良好的抗摩擦性能。碳化硅(SiC)颗粒与 PRMML 混合后,使 PRMML 避免剪切并起着承重作用。使 PRMML 的形成和耐摩性发挥作用的重要前提是在摩擦表面持续添加聚四氟乙烯。含聚四氟乙烯颗粒的镍磷基体摩擦系数较低,故只引起较小的温度变化,进而保证整个滑动过程的稳定状态。石墨含碳量高时,$Ni-P-Gr$ 与 $Ni-P-Gr-SiC$ 涂层相比,具有较低的摩擦系数。减少石墨来加强镍磷涂层的磨损,在含石墨的镍-磷基体的磨损表面制备富石墨薄膜(GRF),这样可具有良好的摩擦学性能。摩擦层覆盖于磨损表面,并且摩擦层的组成材料来自复合层、界面和周围介质。因此它也称为机械混合层(MML)或富石墨机械混合层(GRMML)。由于石墨的柔软性和层状结构,镍-磷-石墨($Ni-P-Gr$)涂层的显微硬度下降和含石墨颗粒的表层下空洞随表面下基体趋于变形,且在高压下滑动过程中,挤压磨损表面上的石墨。石墨逐层涂覆于磨损表面,并转移到咬合表面,改变测试系统[113]。GRMML 降低了试样与界面之间的直接接触面积,因此提高了复合材料的耐磨性。虽然聚四氟乙烯提高了涂层的润滑性,Ramalho 和 Miranda[113] 发现聚四氟乙烯不能减小摩擦。他们解释这种反常现象是由于磷含量本身导致低摩擦,以及聚四氟乙烯润滑效果不足以平衡其自身颗粒所增加的表面粗糙度。因此,摩擦系数增加。与镍-磷化学涂层相比,镍-磷-纳米-二硫化钼复合涂层的摩擦系数下降比较大[114]。磨损率和涂层的摩擦系数随着碘-氟-二硫化钼($IF-MoS_2$)[115]的容积率的增加而下降,如图 6.21、图 6.22 所示。此外,镍-磷-(碘-氟)-二硫化钼复合涂层在真空下的摩擦性能较好,并且碘-氟-二硫化钼($IF-MoS_2$)在不同的环境中具有良好的稳定性。碘-氟-二硫化钼($IF-MoS_2$)纳米颗粒对摩擦性能的影响与其独特的类富勒烯结构密切相关。磨损率随碘-氟-二硫化钼($IF-MoS_2$)容积率增加而降低,如式(6.10)所示。Hosseinabadi 等[116]研究了化学镀镍-磷和 $Ni-P-B_4C$ 复合涂层的耐磨损性。在硫酸镍和次磷酸钠镀液中含有不同浓度的 B_4C 悬浮颗粒,并且镍发生自动催化还原反应,用此来制备复合涂层,但一般 B_4C 颗粒的体积分别为 12%、18%、25%、33%。厚度为 $35\mu m$ 的涂层在氩气中热处理(673K,1h),且热处理试样的耐磨性和摩擦系数由试验环境所决定。磨损试验需 297K,35% 的水分,0.164m/s 的滑动速度和约 1000m 的滑动距离。结果表明,当 B_4C 的体积为 25% 时,相对于 CK45 钢端面时,化学镀 $Ni-P-B_4C$ 耐磨性最好。

Chen 等[117]研究了化学镀镍涂层混合碳纳米管的摩擦性能,与镍-磷-石墨($Ni-P-graphite$)和镍-磷-碳化硅($Ni-P-SiC$)进行了对比。他们发现镍-磷-碳纳米管($Ni-P-CNT$)所表现出的最佳润滑性能与碳纳米管(CNT)的自身的润滑性相关。碳纳米管(CNT)包括同心圆筒壳或类石墨 sp^2 键圆柱层壳或壳体,其中范德华力主导着壳体之间的相互作用,使其可随意相互滑动或转动,并降低摩擦系数。摩擦系数随载荷的增加(10~30N)而降低。二氧化硅纳米颗粒的掺入,提高了化学镀镍-磷基体的耐磨性[118]。Lee[119]研究了以盐水

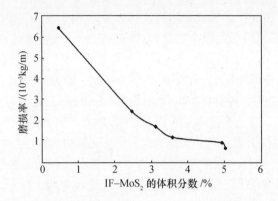

图 6.21 IF – MoS$_2$ 体积分数对镍 – 磷 – 碘 – 氟 – 二硫化钼化学镀层磨损率的影响

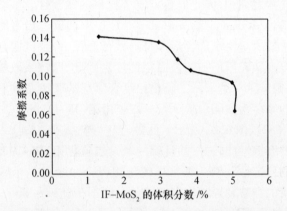

图 6.22 IF – MoS$_2$ 体积分数对镍 – 磷 – 碘 – 氟 – 二硫化钼化学镀层摩擦系数的影响

溶液润滑的镍 – 磷涂层的摩擦性能,研究发现涂层的强大钝性起到了润滑剂的作用,因此降低了摩擦系数。Parametric 研究了电解镀液成分,用以减少镍 – 磷涂层的摩擦系数[120],研究表明,控制退火温度和镀液温度对化学镀镍 – 磷涂层的摩擦特性具有重要作用。

三元合金涂层比常规涂层性能要好。通过加入大量或微量的第三种元素,可以改变涂层的基本结构和物理性质。制备三元合金涂层时,应对所有的元件同时进行电镀。通过对涂层厚度的观察,第三元素分布很有趣,从化学合金形成的角度来看,如果在界面的第三元素有特定性能,可能会影响涂层属性,特别是附着力[121]。三元合金生产有许多局限性。很显然,主要是金属镍必须能够催化沉积。合金中第二种金属的还原性由其标准电化学势所决定,以及与还原过程中它的催化性能有关。在还原过程中,一些金属不具备有关的催化性能,并可以与镍共沉积。特定元素的掺入,例如钨,由于固溶强化可使常规镀镍 – 磷涂层的硬度[122]和耐磨性[97]有所增加。化学镀镍 – 磷镀层磨损表面的扫描电子镜图像[97],如图 6.23 所示。可知,磨损表面有轻微粘着磨损。局部区域存在材料去除,在磨损表面上的剪切韧窝表明是韧性断裂。在磨损表面上可看到一些分层裂纹。

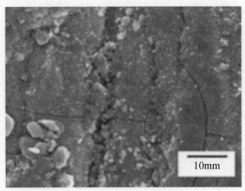

图 6.23　镍－磷化学镀层的表面形貌图

6.5　电镀层和化学镀层的摩擦学应用

电镀硬铬涂层为最广泛使用的较耐磨电镀涂层。镀铬活塞环的使用寿命比不镀铬高达 5 倍以上。汽车的减震杆和支杆也采用了镀铬工艺,液压轴的镀铬涂层厚度为 20 ~ 30μm。各种各样形式的工具都采用硬铬镀层从而减少摩擦和磨损。钢和铍青铜塑料注塑模具通常为镀硬铬涂层。深冲压工具一般也采用镀硬铬涂层。各种类型的计量表也采用硬铬镀层以提高使用寿命。许多切割工具,如丝锥、铰刀、闪光板等,使用寿命的延长均归功于采用了镀铬涂层;它也可用于印制板和铅板。汽车发动机铝制滚轴一般使用铁或镀镍。电子工业中,常使用可靠的电接触镀铟涂层。多层铜、银、铜、钴镀层用于火箭推力校准。采用电镀工艺处理的部件,如图 6.24 所示。

化学镀镍－磷涂层适用于各种钢丝圈。如图 6.25 所示,镀镍－磷涂层于环形活环,可使主轴转速增加,韧性与强度增加,并且也增加了密实系数,提高了致密性和纤维的互锁性。镍－磷三元合金化学镀层的应用,提高了活环的耐磨性和拉伸性以及表面光洁程度,并且提高了速度和使用寿命。如果没有润滑膜存在,会使活环接触面积达到 800℃的高温,会导致环过早磨损与开裂,并且会引起活环不规则运行,使钢丝张力不均匀或钢丝质量降低。几个其他种类的活环也镀有化学低摩擦涂层。

化学镀层在许多行业中都实现了广泛应用,如印制电路板、磁性存储媒介、微电子、无线电电子学、计算机工程、航空、航天、石油、化工、机械、纺织、汽车和

图 6.24　采用电镀工艺处理部件（英国特伦顿电镀涂层）

图 6.25　采用镍－磷涂层的环形钢丝圈

塑料金属化等[123]。从摩擦学角度，由于其硬度高、耐磨性好、润滑性好（低摩擦系数）和耐腐蚀的优良性能，化学镀层实现了广泛应用。镍－磷化学镀层已成功应用于玻璃纤维增强塑料（GFRP）基板，用来制作海上风力发电机的叶片[115]。在 GFRP 基板上镀镍磷涂层有效地增加抗磨损性和耐腐蚀性，另外，还提供电导性以抵抗雷击损坏。

　　由于镍化学镀层重量轻，已被用在航天航空和汽车工业中，改善碳纤维复合材料（CFRP）的抗磨损、耐腐蚀性能。许多研究人员已对镍－磷涂层在海洋的潜在应用进行了探索[124,125]。化学镀镍－磷－聚四氟乙烯（Ni－P－PTFE）复合涂层可改善铝合金在轻型外齿轮拓轴承部位的性能[126]。Das 等[127]报道，涂覆在铁基轴承表面 $4\mu m$ 厚的化学镀 Ni－P－Si_3N_4 涂层可以成功地用于水润滑装置,并且此项可应用在实际环境下 pH:10 的水中维持 9 年。由于 Ni – P – Cgraphite – SiC 涂层具有优异的耐磨性和较低的摩擦系数,故适合应用在模具、汽车配件等领域[128]。Klingenberg 等[129]建议在制备所有化学镀镍 – 磷,镍 – 钴 – 磷、钴 – 磷涂层时,掺入金刚石颗粒可得到所需的粘附力、硬度和摩擦磨损性能,同时镀铬处理会减少对环境的影响[127]。高导性和导热性与含石墨复合涂层的原位润滑能力相结合,进而与陶瓷碳化硅颗粒混合,这样就可成为高速高载荷轴承、高速高电流电刷等的备选材料。在各种金属喷镀工艺中,由于化学金属电镀突出优势,如覆盖均匀、优良导电性、绝缘体可金属化、灵活性等,常被作为首选方式制备金属涂层结构。镍 – 磷镀层应用在电磁干扰(EMI)屏蔽材料中,主要是为了抗磨损[130]。在涂层中掺入二氧化硅粒子,可提高涂层耐磨性,但对屏蔽效能没有影响。轴承轴颈、密封扣、垫片、飞机涡轮前轴承箱、灌油轴承防御设备、材料处理厂液压轴和汽缸都镀有化学镍 – 磷涂层。

6.6 总结

合金电镀是一项非常重要的工艺[131,132],但发展的步伐却非常缓慢,大部分研究都成为学术爱好。黄铜、青铜和不锈钢的电镀几十年前已经尝试开发。多层电镀工艺是另一种新兴的技术工艺[133],这就是非均质合金(含不同成分片层)的沉积。目前,研究重点已转移到便宜、易于工业化的多层涂层技术[134-136],使其造价更加低廉。

电镀工艺对自然环境的主要危害就是工业废水的排放,而工业废水的处理也是亟需解决的问题之一。从废水中提取金属元素最广泛使用的方法是沉淀氢氧化物或硫化物金属。固体废物可交给垃圾场作填埋处理。电镀车间内,工人会不经意间摄入金属及其化合物。含金属离子的溶液有时附着在皮肤上很长时间,并且含金属的化合物会被吸入人体,这些都会危害人体健康,工人易患如癌症、皮疹等疾病。故应尽快优化工艺条件,减少其对人体的危害。

研究表明,化学涂层在一定的情况下可以替代常规电镀。化学涂层特性如硬度、摩擦、耐磨性和耐腐蚀性,已在很大范围进行了改良,并应用于抗摩擦领域。此外,化学涂层均匀沉积和适用性高等特征,作为另一个优势适合在各个领域实现应用。通过适当的表面处理(热处理、激光处理等)、掺入元素(铜、钨等)以及金属颗粒(SiC、TiO_2、Si_3N_4 等)对化学镀层性能进行改良的工艺,已经被许多研究人员加以利用,目的是评估各类应用的化学涂层的适用性。化学镀层主要用于抗磨损和抗腐蚀,化学镀镍涂层的工艺优化就可以实现其在摩擦领域的进一步应用。

参 考 文 献

［1］Dibari GA, Chatham NJ（2002）Met Finish 100:34.

［2］Dietz A（2002）Materialwissenschaft Werkstofftechnik 30:581.

［3］Landolt D（1994）Electrochim Acta 39:1075.

［4］Winand R（1994）Electrochim Acta 39:1091.

［5］Van der Biest OOV, Vandeperee LJ（1999）Annu Rev Mater Sci 29:327.

［6］Okinawa Y, Hoshino M（1998）Gold Bull 31:3.

［7］Bhatgadde LG（1997）Trans Met Finish Assoc India 6（3）:229.

［8］Bauddrand D（2004）Plat Surf Finish 91（8）:19.

［9］Balaraju JN, Narayanan TSNS, Seshadri SK（2003）J Appl Electrochem 33:807.

［10］Sahoo P, Das SK（2011）Mater Des 32:1760.

［11］Rasmussen FE, Ravnkilde JT, Tang PT, Hansen O, Bouwstra S（2001）Sensor Actuator A92:242.

［12］Fujita T, Nakamichi S, Ioku S, Maenaka K, Takayama Y（2007）Sensor Actuator A 135:50.

［13］Miura S, Honma H（2003）Surf Coat Technol 169 – 170:91.

［14］Mohamed Ali MS, Takahata K（2010）Sensor Actuator A 163:363.

［15］Palaniappa M, Jayalakshmi M, Balasubramanian K（2011）J Mater Eng Perform 20:1028.

［16］Blair A（1994）Surface engineering, vol 5, ASM handbook. ASM, Materials Park, OH, p 247.

［17］Krishnaveni K, Sankarnarayan TSN, Seshadri SK（2005）Surf Coat Technol 190:115.

［18］Mallroy GO（1979）Product finishing magazine. Allied Kellite Products Division.

［19］Stallman K, Speakhardt H（1981）Metalloberfl Angew Electrochem 35:979.

［20］Dini JW, Coronado DR（1967）Plating 38:385.

［21］El Mallah AE, Brenner A（1978）Met Finish 76（11）:62.

［22］Duncan RN（1986）In: Proceedings of the 3rd AESF electroless plating symposium, American. Electroplating and Surface Finishing Society, Orlando, FL, p 1.

［23］Elansezhian R, Ramamoorthy B, Kesavan Nair P（2008）Surf Coat Technol 203:709.

［24］Durney L（1984）Electroplating engineering handbook, 4th edn. Van Nostrand Reinhold, New York.

［25］VanSlyke DD（1922）J Biol Chem 55:525.

［26］Gutzeit G（1960）Plating 1:63.

［27］Fieldstein N, Lancsek TS（1971）Trans Inst Met Finish 49:156.

［28］Palaniappa M, Seshadri SK（2007）Mater Sci Eng A 460 – 461:638.

［29］Ashassi – Sorkhabi H, Rafizadeh SH（2004）Surf Coat Technol 176:318.

［30］Zhang YZ, Yao M（1999）Trans Inst Met Finish 77:78.

［31］Duncan RN, Arney TL（1989）Plat Surf Finish 76:60.

［32］Duncan RN（1996）Plat Surf Finish 83:65.

［33］Riedel W（1991）Electroless plating. ASM, Materials Park, OH.

［34］Heydarzadech Sohi M, Kashi AA（2003）J Mater Process Technol 138:219.

［35］Wang L, Gao Y, Xue Q, Liu H, Xu T（2006）Surf Coat Technol 200:3719.

［36］Lausmann GA（1996）Surf Coat Technol 86 – 87:814.

［37］Hadavi SMM, Abdollah – Zadeh A, Jamshidi MS（2004）J Mater Process Technol 147（3）:385.

［38］Yang D, Jiang C (1998) Plat Surf Finish 85(1):110.

［39］Ning SK, Ning HX, Hai ZJ, Ren WJ (1996) Wear 196:295.

［40］Onate JI (1989) Met Finish 87(3):25.

［41］Darbeïda A, von Stebut J, Barthole M, Belliard P, Lelait L, Zacharie G (1994) Surf Coat Technol 68 – 69:582.

［42］Arieta FG, Gawne DT (1995) Surf Coat Technol 73:105.

［43］Snavely CA, Faust CL (1950) J Electrochem Soc 97:3.

［44］Huang C – A, Lin W, Liao MJ (2006) Corros Sci 48(2):460.

［45］Jeong DH, Ganzález F, Palumbo F, Aust KT, Erb U (2001) Scr Mater 44:495.

［46］Wang L, Gao Y, Xue Q, Liu H, Xu T (2005) Appl Surf Sci 242:326.

［47］Stepanova LI, Purovskaya OG (1998) Met Finish 96:50.

［48］Panagopoulos CN, Geogarakis KG, Petroutzakou S (2005) J Met Process Technol 160:234.

［49］Ramanauskas R, Quintana P, Maldonado L, Pomes R, Pech – Canul MA (1997) Surf Coat Technol 92:16.

［50］Bozzini B, Fanigliulo A, Lanzoni E, Martini C (2003) Wear 255:903.

［51］Weston DP, Shipway PH, Harris SJ, Cheng MK (2009) Wear 267:934.

［52］Haseeb ASMA, Albers U, Bade K (2008) Wear 264:106.

［53］Sriraman KR, Ganesh Sundara Raman S, Seshadri SK (2006) Mater Sci Eng A 418:303.

［54］Surender M, Basu B, Balasubramanian R (2004) Tribol Int 37:743.

［55］Grigorescu IC, Gonzalez Y, Rodrigues O, Vita YD (1995) Surf Coat Technol 76 – 77:604.

［56］Panagopoulos CN, Georgarakis KG, Agathocleous PE (2003) Tribol Int 36:619.

［57］Panagopoulosa CN, Papachristosa VD, Christoffersen LW (2000) Thin Solid Film 366:155.

［58］Lim SC, Ashby MF (1987) Acta Metall 35:11.

［59］Roy M (2009) Trans Indian Inst Met 62:197.

［60］Ghosh SK, Limaye PK, Bhattacharya S, Soni NL, Grover AK (2007) Surf Coat Technol 201:7441.

［61］Ghosh SK, Limaye PK, Swain BP, Soni NL, Agrawal RG, Dusane RO, Grover AK (2007) Surf Coat Technol 201:4609.

［62］Choo RJC, Toguri JM, El Sherik AM, Erb U (1995) J Appl Electrochem 25:384.

［63］Li J, Wu YY, Wang DL, Hu XG (2000) J Mater Sci 35:1751.

［64］Musiani M (2000) Electrochim Acta 45:3397.

［65］Landolt D, Marlot A (2003) Surf Coat Technol 169 – 170:8.

［66］Brooks I, Erb U (2001) Scr Mater 44:853.

［67］Yang C, Yang Z, An M, Zhang J, Tu Z, Li C (2001) Plat Surf Finish 88(5):116.

［68］Abdel Hamid Z, Ghayad IM (2002) Mater Lett 53:238.

［69］Ghorbani M, Mazaheri M, Khangholi K, Kharazi Y (2001) Plat Surf Finish 148:71.

［70］Ebdon PR (1988) Plat Surf Finish 75(9):65.

［71］Pena – Menoz E, Bercot P, Grosjean A, Razrazi M, Pagetti J (1998) Surf Coat Technol 92:16.

［72］Ghorbani M, Mazaheri M, Khangholi K, Kharazi Y (2004) Surf Coat Technol 187:293.

［73］Arai S, Endo M (2003) Electrochem Commun 5:797.

［74］Szczygiel B, Kolodziej M (2005) Electrochim Acta 50:4188.

［75］Hou KH, Hwu WH, Ke ST, Ger MD (2006) Mater Chem Phys 100:54.

[76] Gay PA, Bercot P, Pagetti J (2001) Surf Coat Technol 140:147.

[77] Wang W, Hou FY, Wang H, Guo HT (2005) Scr Mater 53:613.

[78] Huang ZJ, Xiong DS (2008) Surf Coat Technol 202:3208.

[79] Chen L, Wang L, Zeng Z, Zhang J (2006) Mater Sci Eng A434:319.

[80] Gul H, Kılıç F, Aslan S, Alp A, Akbulut H (2009) Wear 267:976.

[81] Panagopoulos CN, Agathocleous PE, Papachristos VD, Michaelides A (2000) Surf Coat Technol 123:62.

[82] Roy Chowdhury SK, Pollock HM (1981) Wear 66:307.

[83] Capel H, Shipway PH, Harris SJ (2003) Wear 255:917.

[84] Zum Ghar KH, Eldis GT (1980) Wear 64:175.

[85] Vaezi MR, Sadrnezhaad SK, Nikzad L (2008) Colloids Surf A 315:176.

[86] Xue YJ, Jia XZ, Zhou YW, Ma W, Li JS (2006) Surf Coat Technol 200:5677.

[87] Hou KH, Ger MD, Wang LM, Ke ST (2002) Wear 253:994.

[88] Garcia I, Fransaer J, Celis JP (2001) Surf Coat Technol 148:171.

[89] Benea L, Bonora PL, Borello A, Martelli S (2002) Wear 249:995.

[90] Wang CB, Wang DL, Chen WX, Wang YY (2002) Wear 253:563.

[91] Srivastava M, William Grips VK, Jain A, Rajam KS (2007) Surf Coat Technol 202:310.

[92] Wang L, Gao Y, Xue Q, Liu H, Xu T (2005) Mater Sci Eng A 390:313.

[93] Delaunois F, Lienard P (2002) Surf Coat Technol 160:239.

[94] Gawne DT, Ma U (1989) Wear 129(1):123.

[95] Kanani N (1991) Trans Inst Met Finish 70:14.

[96] Yu L-G, Zhang X-S (1993) Thin Solid Films 229:76.

[97] Palaniappa M, Seshadri SK (2008) Wear 265:735.

[98] Baudrand DW (1981) Plat Surf Finish 68:57.

[99] Gawrilov GG (1979) Chemical (electroless) nickel plating. Portcullis, Surrey.

[100] Krishnaveni K, Narayanan TSNS, Seshadri SK (2005) Surf Coat Technol 190:40.

[101] Apachitel I, Duszczyk J, Katgerman L, Overkemp PJB (1898) Scr Mater 38:1347.

[102] Henry J (1984) Met Finish 82:17.

[103] Balaraju JN, Seshadri SK (1999) Met Finish 97:8.

[104] Li Z, Chen Z, Liu S, Zheng F, Dai A (2008) Trans Nonferrous Met Soc China 18:819.

[105] Gawne DT, Ma U (1987) Wear 120:125.

[106] Gay PA, Limat JM, Steinmann PA, Pagetti J (2007) Surf Coat Technol 202:1167.

[107] Tsujikawa M, Azuma D, Hino M, Kimura H, Inoue A (2005) J Metastab Mater 24-25:375.

[108] Araghi A, Paydar MH (2010) Mater Des 31:3095.

[109] Hosseinabadi ME, Dorcheh KA, Vaghefi SMM (2006) Wear 260:123.

[110] Wu Y, Liu H, Shen B, Liu L, Hu W (2006) Tribol Int 39:553.

[111] Palaniappa M, Veera Babu G, Balasubramanian K (2007) Mater Sci Eng A47(1):165.

[112] Wu Y, Shen B, Liu L, Hu W (2006) Wear 261:201.

[113] Ramahlo A, Miranda JC (2005) Wear 259:828.

[114] Hu X, Xiang P, Wan J, Xu Y, Sun X (2009) J Coat Technol Res 6:275.

[115] Zou TZ, Tu JP, Zhang SC, Chen LM, Wang Q, Zhang LL (2006) Mater Sci Eng A426:162.

[116] Hosseinabadi ME, Dorcheh KA, Moonir Vaghefi SM (2006) Wear 260:123.

[117] Chen XH, Chen CS, Xiao HN, Liu HB, Zhou LP, Li SL (2006) Tribol Int 39:22.

[118] Dong D, Chen XH, Xiao WT, Yang GB, Zhang PY (2009) Appl Surf Sci 255:7051.

[119] Lee CK (2009) Mater Chem Phys 114:125.

[120] Sahoo P (2009) Mater Des 30:1341.

[121] Armyanov S, Steenhaut O, Krasteva N, Georgieva J, Delplancke J–L, Winand R, Vereecken J (1996) J Electrochem Soc 143(11):3692.

[122] Palaniappa M, Seshadri SK (2007) J Mater Sci 46:6600.

[123] Lee CK (2008) Surf Coat Technol 202:4868.

[124] Gao R, Du M, Sun X, Pu Y (2007) J Ocean Univ China 6:349.

[125] Wang J, Yan F, Xue Q (2009) Tribol Int 35:85.

[126] Veronesi P, Sola R, Poli G (2008) Int J Surf Sci Eng 2:190.

[127] Das CM, Limaya PK, Grover AK, Suri AK (2007) J Alloys Compd 436:328.

[128] Wu YT, Lei L, Shen B, Wu WB (2006) Surf Coat Technol 201:441.

[129] Klingenberg ML, Brooman EW, Naguy TA (2005) Plat Surf Finish 92:42.

[130] Hu Z, Rongli L (2008) Sen'i Gakkaishi 64:372.

[131] Law M (1984) Finishing 8:30.

[132] Krugger J, Nepper JP (1986) Metalloberflache 40:107.

[133] Ruff AW, Lashmore DS (1991) Wear 151:245.

[134] Yahalom J, Zadoc O (1987) J Mater Sci 22:499.

[135] Lashmore DS, Dariel MP (1988) J Electrochem Soc 135:1218.

[136] Bonhote C, Landolt D (1997) Electrochim Acta 42:2407.

第7章 激光表面处理(技术)在抗磨损中的应用

7.1 概述

激光技术出现后几十年间,激光表面处理技术得到广泛的应用。激光表面处理技术可以追溯到1960年,即梅曼[1]发明可操作红宝石激光器的那一年。后来,巴索夫[2]提出研制二极管激光器。1962年通用电气公司的霍耳等[3]、美国IBM公司的南森等[4]以及麻省理工学院林肯试验室的奎斯特等[5]分别论证了二极管激光技器。1964年C. K. N. Pate在贝尔试验室工作时发明了第一台二氧化碳激光器[6]。同年,该试验室还发明了Nd-YAG激光器。1974年Avco Everett实验室的Ewing和Brau[7]研制出了准分子激光器。斯坦福大学的Madley研发小组研发出第一个自由电子激光器。由于上述技术的发展,人们才能轻松地控制各种光能。现如今人们已经将光能应用在各种材料加工处理过程之中。人们用激光作为工具进行切割、钻孔和焊接等常规操作,实现了基于高功率激光器的各种表面处理方法。

尽管人们普遍认为激光技术处理费用昂贵,但与传统表面处理工艺相比,这些技术却有几项显著的优势。所有激光表面处理技术的特点都是升温快、冷却快,并快速形成固化层。人们可以根据不同的需要,适当控制操作参数,调整固化层中的微观结构和合金元素的分布。快速淬火会形成亚稳相和非平衡相,与传统工艺相比,将可能得到新型的微观结构和性能。激光定向性强,可以精确控制。使用适当的光学器件可以将光束变为所需的点型射束、线型射束或面型射束。由于激光定向性强,激光束可以用来处理那些难以接近的位置。激光还可以在短时间内将大量的能量淀积在非常狭窄的区域。此外,基于激光的工艺没有化学残留,非常环保,通常也不需要后处理。工艺过程自动操作非常简便,这更增加了激光的优势。激光表面处理时,热能输入定位准确,受处理部位如同一个大的散热装置,可以防止大部件过热,因此造成组件变形的风险最小。为了方便用户使用,人们研制出了高功率二极管激光器,这大大缓解了对激光器维护问题的忧虑。

上述激光的独特优势使其成为表面处理中无可比拟的技术。表面工程越来越受到工业领域的关注,它可以用于生产改良部件,使其表面性能和整体性能完美结合在一起,提高性能,延长寿命,提高美观程度等。为了在当今竞争时代实现高性能涂层的发展,工程行业已经越来越接受表面处理技术的改良、工艺的不断成熟和发展。随着人们不断地掌握激光表面处理技术,发现它的巨大潜力,这使得激光表面处理已成为现代技术和工业必不可少的部分。鉴于上述情况,本章旨在概述激光表面处理技术,尤其是激光表面处理技术在摩擦学方面的应用。

7.2　激光表面改性工艺

7.2.1　工艺基础

在激光表面改性过程中,有几个工艺参数对改性层的微观结构和力学性能有显著的影响。其中影响最突出的参数有横向速度、功率密度、重叠程度等。由于功率密度受射束点面积的影响,所以射束的直径/形状很重要。处理表面的入射激光能量吸收率也是一个决定性因素。除上述的一般因素外,在激光合金化处理时,送粉速率(或预置粉量)也是一个重要的因素。此外,这些参数的变化会导致改性区域深度、宽度、微观结构以及功能性质的变化。射束功率的增加会导致改性层宽度和深度的增加[8,9]。扫描速度快、激光功率低会使冷却速率加速,从而形成性能良好的微观结构。例如:据报道 Ti-6Al-4V 激光渗碳过程中,高速扫描会使枝状微观结构转化为细胞状微观结构[10]。下面的公式可以计算出连续波激光器和脉冲激光器的激光功率密度,即

$$q = \frac{P}{A} \tag{7.1}$$

$$q = \frac{P}{A\tau} \tag{7.2}$$

式中:P 为激光功率;A 为射束面积;τ 为激光脉冲持续的时间。

射束点(beam spot)的半径(r_s)与波长(λ)、射束质量因子(K)、透镜焦距(f)和射束直径(D)有关,即

$$r_s = \frac{2\lambda}{\pi} \frac{f}{D} \frac{1}{K} \tag{7.3}$$

所使用的激光器的类型对控制改性层的性质起至关重要的作用。人们普遍认为进行合金元素共沉积和覆层的表面改性,连续激光器比脉冲激光器更合适[11]。相反,据报道,Ti-6Al-4V 激光气体渗氮时,与连续激光器所产生的表面相比,脉冲激光器所形成的表面光洁程度更好[12]。在使用激光熔覆共淀积过程中,给定横向速度和熔覆厚度[13],熔覆层的厚度随激光功率增大而变厚,然而当其他工艺参数保持恒定不变,熔覆层的厚度随横向速度增加而减小[14]。已有

明确证据表明熔覆层厚度随送粉速度的增加而单调递增[13]。重叠程度和二次扫描是控制改性层性质的两个关键参数。激光渗碳过程中,使用散焦射束进行二次扫描可以改善改性层表面的粗糙度和均匀性[12]。从本质上讲,热量输入受激光功率与横向速度的比率的支配。多通道熔覆中,熔道角度(side bead angle)是关键参数,角度大于120°通常会使连续通道之间的重叠区域更完整。角度小于120°角会导致重叠区域杂质增多,熔合欠佳。随着预置粉末厚度的增加和动态送粉速率的增加,熔道角度会迅速增加。激光功率或穿行速度并不能对这一参数产生强烈的影响。热物理性能,如相对熔点、元素的蒸气压力,发挥着至关重要的作用。蒸气压力大,合金蒸发损耗就大[15,16]。用低熔点元素对高熔点基体进行合金化处理,由于在近表层的再凝固区域产生空泡和富集,所以这一过程困难重重[17]。液态可混合性是另一个控制因素,例如:在 Pd – Ni 这样的系统中铸成合金很容易,但在 Ag – Ni 系统中却很难。

在激光表面处理中,稀释度也是一个重要的参数,它是表面改性层总体积与基体熔化体积的百分比。通常可以通过测量横截面面积来测算稀释度,即熔化基体的面积与淀积面积和熔化基体面积之和的比率。还可以通过测量处理表层的成分来计算稀释度,即

$$稀释度 = \frac{\rho_A(\% N_{A+S} - \% N_A)}{\rho_S(\% N_S - \% N_{A+S}) + \rho_A(\% N_{A+S} - \% N_A)} \tag{7.4}$$

式中:ρ_A 为合金材料的密度;ρ_S 为基体的密度;N_A 为元素 N 在合金材料中的重量百分比;N_S 为元素 N 在基体中的重量百分比;N_{A+S} 为元素 N 在总表层的重量百分比。

为了评估工艺参数对稀释度的影响,我们有必要定义参数比能。比能是激光功率与射束宽度和穿行速度的积的比率。据广泛研究,稀释度随比能的增加而增加。正如所预料与厚的预置粉末层相比浅预置粉末层的稀释度随比能增大而增加更快。给定粉层深度和比能的情况下,稀释度随着功率密度的增加而增加。

7.2.2 工艺分类

激光表面处理包括各种各样的改性技术。如果激光表面改性实施过程中没有任何附加消耗品,那么这一过程可以称为激光相变硬化或激光扩散均匀化。如果改性过程导致基体表面熔化,随后熔化部分又快速凝固,这可以称为激光釉化[18]。在激光处理过程中,将外部材料加入基体表层,可将其分为激光表面合金化或激光熔覆[19-22]。合金化和熔覆工艺过程很相似。两者之间的主要区别在于稀释度——如果稀释度超过10%,那么这一过程就是熔覆。还可以根据涉及的级数和头数的不同来对激光表面处理进行分类,也就是单级激光淀积过程

和两级激光淀积过程。单级激光淀积技术包括将粉末动态地注入激光射束与基板作用的区域。在这一区域中,对粉末进行加热(使其熔化),随后淀积在基板。单步激光淀积最新的工业应用是快速原型设计,它可以直接生产复杂的三维部件。两级激光淀积过程包括预沉淀涂层激光处理。任何已有的涂层技术,无论涂层的厚薄,都可以实施预沉淀,或者用最简单的方式——仅仅刷上混有适量胶黏剂的合金或熔覆材料层——来实施预沉淀。热喷涂是预沉淀过程的一种,它是在改性层上涂上厚度适当、均匀的合金或熔覆材料层,该技术深受人们青睐。

1. 激光热处理

激光热处理是利用激光光束扫描金属表面,对其快速加热和冷却。与传统的表面硬化处理相比,激光热处理有很大优势。激光热处理过程大致可以分为激光相变硬化和激光再熔。相变硬化是指用高于临界温度的温度来对金属进行加热,然后对其快速淬火,以防平衡相形成的激光热处理技术,该项技术应用较为普遍。钢和铸铁都是激光相变硬化的很好备选材料。另一方面,激光再熔法操作包括表面熔化。激光再熔操作由较低扫描速度或较高功率激光实施。虽然这两种形式的热处理中都使用相对较低功率密度,但是对热处理部位进行扫描的光束横截面积通常远远大于焊接和切割中所使用的聚焦光束横截面积,这对大面积表面处理具有实际意义。因此,激光热处理要求使用较高光束功率。图 7.1 是激光相变硬化的原理图。在相变硬化处理过程中,以 $10^3 \sim 10^4 \text{W/mm}^2$ 的功率密度在加工件和振动速度为 $5 \sim 50 \text{mm/s}$ 的光束之间相对运动,散焦或振动激光光束,覆盖需处理区域。为处理表面提供均匀温度是功率分配的理想状态,激光射束方便灵活,用途广泛,无可比拟,在单聚焦设置、双聚焦设置和散焦设置,能够进行时间分享和功率分享。图 7.2 中所示为激光射束的灵活性,可以使

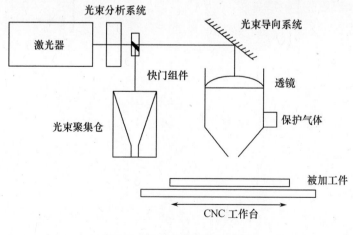

图 7.1　激光相变硬化原理图

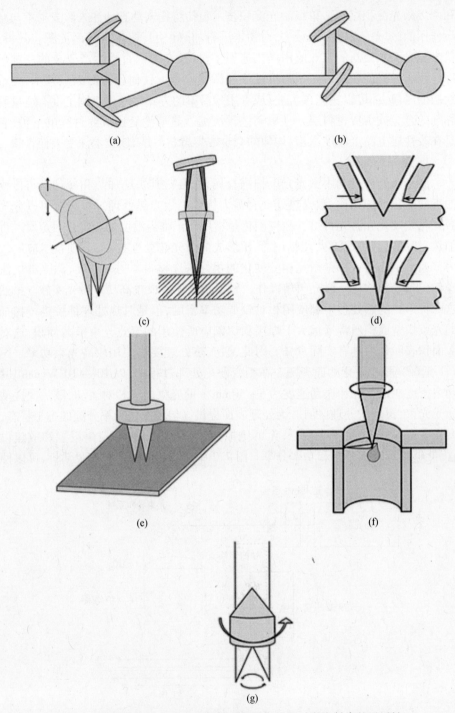

(a)

(b)

(c)

(d)

(e)

(f)

(g)

图7.2　各种各样光学器件的使用说明材料处理时激光射束的灵活性

用适当光学器件进一步加强塑造射束的能力。图7.3是激光相变硬化后几种不同碳含量钢材特有的微观组织。显而易见,相变硬化处理可以改善微观结构。与感应淬火和火焰淬火等其他硬化处理法相比,激光相变硬化有其优缺点,表7.1对此作出了总结。

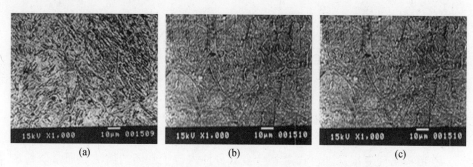

(a)   (b)   (c)

图7.3 激光相变硬化后几种钢材的扫描电子显微镜图像

表7.1 激光相变硬化和其他硬化处理法的优缺点

特性	激光相变硬化	感应淬火	火焰淬火
变形	极低	高	极高
是否需要淬火	不需要	需要	需要
加工速率	高	高	低
试件可控性	易	较易	不可控
前处理	不需要	需要	需要
厚度限制	无	根据工况	有
设备价值	很高	高	很低
加工灵活性	高	低	极低
特殊要求	吸收剂成本	根据工况	不要求
自动化	能	不能	不能
加工选择	能	不能	不能

2. 激光釉化

激光釉化过程包括表面熔化、快速自身淬灭,最终形成优良微观结构或非晶态微观结构。激光釉化试验与激光相变硬化相似,应在被熔化表面覆盖惰性气体。在这一过程中,除了激光功率和扫描速度外,最重要的变量是釉化表面反射率、光束形状、熔池的覆盖范围。熔化表面的反射率很难控制。当材料变热时,反射率会因声子浓度增加而下降。图7.4所示为两种不同扫描速度下等离子喷涂和激光抛光WC-Co涂层特有的微观结构。激光釉化不仅能降低涂层多孔性,还能改善微观结构,提高力学性能。微观结构的改善程度和性能提高程度取决于激光功率和扫描速度。

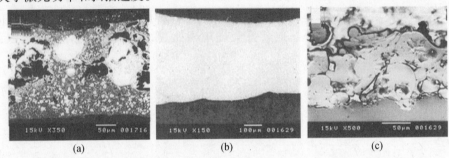

(a)   (b)   (c)

图 7.4   等离子体喷涂和激光抛光 WC – Co 涂层扫描电镜图

3. 激光表面合金化

  激光表面合金化处理过程是将合金成分注入位于基体的熔池。通常以粉末或金属丝的形式将合金元素加入熔池,也可以采用气态形式加入熔池。在位于基体部位形成熔池并熔化注入基体表面的粉末会消耗大量的能量,所以合金化要使用较高功率密度激光。合金化过程可以形成金属合金和陶瓷合金(如氮化物和硼化物)。这一过程首先要用激光辐照熔化基体。熔池表面温度分布的不同会导致表面张力分布的不同。剪应力与表面张力梯度一样,会将材料从中心向外拉伸,在熔池中形成对流。向熔化物中注入固体颗粒,对流能使固体颗粒与基体材料在合金层更好地混合在一起。有时颗粒会熔化,与基体产生反应。但将激光光束移至下一位置时,反应速度会很快变慢,甚至停止。随后熔化物快速冷却,形成亚稳相和高温相类型的反应产物。然而,可以通过降低激光射束在基体上的扫描速度来降低冷却速度。图 7.5 所示为硼化铁与钢基体激光合金化所形成处理层的微观结构。事实上,通过这样的合金化处理可以对基体表面性能进行定制(如耐磨性、耐蚀性等),以使其符合任何给定的应用要求。

(a)   (b)

图 7.5   钢激光渗硼微观组织结构扫描电镜图

4. 激光熔覆

激光熔覆是在有限的基体熔融中添加外部材料,从而在基板上形成冶金胶粘涂层。将最终形成的表面与基体材料相比,发现成分和结构完全不同。相比之下,激光表面合金化需要消耗的材料较少,表面改性层得到改善。如前所述,激光熔覆与激光表面合金化不同,这种不同由基体材料表层的稀释度决定。表层稀释度低于 10% 是激光表面合金化处理。工艺不同,外部材料加入反应区域方式也不同。激光合金化处理和激光熔覆时,通常以粉末或金属丝形式将涂层材料加入反应区域。

激光熔覆是在基体上沉积出完全不同的层,这个层没有任何稀释,界面结合良好。可以通过预置粉末(两级激光过程)、吹粉(图 7.6)或送丝的形式来实施。已发表文献对粉末同轴喷射熔覆过程的物理现象进行了分析[23-25]。结果发现,只需要特定最低功率就可以形成涂层。这一功率与基板熔化初期时的功率一致。使用多普勒激光测速仪(LDV)可以测定注入粉末颗粒的速率,据报道该值为 1~2.5m/s。从理论上估算,钨铬钴 -6 合金飞行熔化所需的激光功率密度 $q=5\sim7kW/cm^2$。从理论上[24]分析了使用喷粉系统对同一材料进行熔覆,发现将线性偏振激光束从大角度入射,粉末利用率可高达 69% 。Lin[26]和 Hayhurst 等[27]发现同轴喷嘴可以使粉末流轻度聚集。Lin[26]使用圆周送粉器时发现:当中心喷嘴略高于外部喷嘴时可以促使粉末库爱特流动(Couette flow),从而获得最佳聚集。Hayhurst 等[27]使用 4 个相互间隔 90°的独立喷粉流时发现喷粉流冲击后会形成单一的中心流。

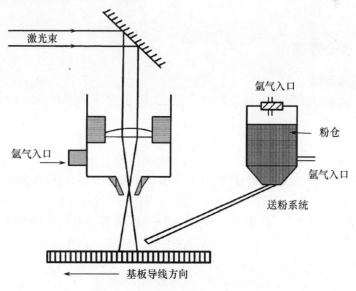

图 7.6　吹粉激光熔覆原理展示图

195

众所周知,激光熔覆的变化之一就是二次热激光熔覆[28],即将粉末送入激光射束的焦点,瞬间熔化。熔化的粉末会影响处于低功率密度的基体。使用这项技术可以在铝上覆盖铬,这是传统工艺很难实现的。

5. 激光复合处理

激光硬相位扩散是在熔化的基体中注入硬质第二相颗粒的涂层过程。在激光处理过程中,这些颗粒保持固体状态。凝固之后,硬质颗粒分散在整个改性表面的基板材料基体之中。20 世纪 70 年代人们开始使用这一处理方法生产金属基体复合材料(MMC)[29],该方法在很多方面与合金化相似。由于熔池中存在对流,需要仔细优化强化粉的喷射角和点。Kloosterman 和 De Hosson[30]发现粉末喷点应该位于激光光束的中心位置,其他任何位置都不能在处理层形成颗粒的均匀扩散。喷射速率决定颗粒渗透深度,载气流量决定喷射速率。如果为了确保完全熔化而使用相应的高功率,那么提高送粉速度会使激光硬相位扩散过程变成熔覆过程。为了使基体熔化且硬质颗粒保持固态不变,熔体的温度应低于硬质相的熔点。如果能实现的话,可以通过增加横向速度的方法来限制颗粒在熔体中的熔解时间。熔池中含有硬相颗粒,它的快速凝固会产生残余应力使涂层开裂。为了避免产生裂纹,可以在涂层处理之前对基体进行预热,尽管预热会使激光硬相位扩散过程成为两级过程。为了获得良好的表面改性层,必须使用沉底材料来湿润颗粒,并使其牢牢粘附在颗粒上。处理过程中,颗粒不能溶解于熔池之中。碳化物是最常用的硬质相。科学家已经发现在钢基体中喷入 B_4C(碳化硼)会产生 Fe_3B 和 $Fe_{23}B_6$[31],在铝基体中喷入硼化硅会产生熔解产物 Al-SiC_4[32]。

7.2.3 核心方程

1. 热流方程

如果对流和辐射并未导致热损失,那么固定介质的热传导控制微分方程式为

$$\Delta^2 T = \frac{1}{\alpha}\frac{\partial T}{\partial t} \tag{7.5}$$

在连续激光相变硬化处理过程中,Ashby 和 Easterling 使用移动点源获得了任意的硬化温度[33]。在这种模型中,假设工件有恒定的热性能,并具有半无限性、均匀性、各向同性。这种模型不考虑由相变、辐射和对流引起的热损失。根据这种模型,用下面的公式可以计算出任何低于热源温度的温度:

$$T - T_0 = \frac{Aq/v}{2\pi k\left[t(t+t_0)\right]^{1/2}}\exp\left\{-\frac{1}{4\alpha}\left[\frac{(z+z_0)^2}{t} + \frac{y^2}{t+t_0}\right]\right\} \tag{7.6}$$

式中:T_0 为初始温度;A 为样本表面吸收率;q 为输入能量;k 为热导率(W/(m·

K));v 为扫描速度(m/s);z 为表层下的深度(m);z_0 为长度常数;y 为 y 轴方向距离;t 为时间(s);t_0 为功率启动时间(s);α 为热扩散率(m²/s)。

用这个模型解释激光表面硬化处理变化非常方便。

Cline 和 Anthony[34]以及 Devis 等[35]首先解决了移动高斯表面热源模型。假设具有恒热性能,没有潜在的热效应,没有因对流或辐射引起的表面热损失,那么硬化深度为

$$d = 0.76D \times \left[\frac{1}{(\alpha'C/q) + \pi^{1/4}(\alpha'C/q)^{1/2}} - \frac{1}{(\alpha'C/q_{min}) + \pi^{1/4}(\alpha'C/q_{min})^{1/2}} \left(\frac{q_{min}}{q} \right)^3 \right]$$

(7.7)

式中:$\alpha' = \dfrac{\rho u DC}{2k}$;$q = \left[\dfrac{2p(1 - r_f)}{D\pi^{3/2}k(T_c - T_0)} \right]$;$q_{min} = (0.40528 + 0.21586C)^{1/2}$,$q_{min}$ 为发生任何硬化的最小吸收功率。

$$C = C_\infty - 0.4646(C_\infty - C_0)(\alpha C_0)^{1/2}$$

(7.8)

常数随材料的变化而变化,应用这一公式得到的值与试验结果非常吻合[36]。

2. 凝固方程式

考虑到凝固前沿的质量平衡,凝固界面液体中溶质的梯度如下:

$$\left[\frac{dC_L}{dx} \right]_{x=0} = -\frac{R}{D_L} C_L^*(i - k)$$

(7.9)

如果界面液体的温度梯度 G 符合条件式(7.10),就不会出现组分过冷现象。

$$G \geqslant \left(\frac{dT_L}{dx} \right)_{x=0}$$

(7.10)

梯度值为

$$\left(\frac{dT_L}{dx} \right)_{x=0} = m_L \left(\frac{dC_L}{dx} \right)_{x=0}$$

(7.11)

式中:C_L 为液相线成分;X 为与界面距离;T_L 为液相线温度(℃);R 为凝固速率;D_L 为扩散率(m²/s);C_L^* 为与固相线成分平衡的液相线成分;k 为分配系数;m_L 为液相线斜度;G 为热梯度(℃/m)。

将式(7.9)与式(7.11)结合起来,假设 $C_S^* = C_L^*$,两者处于平衡,那么可以获得一般组分过冷的标准公式为

$$\frac{G}{R} \geqslant -\frac{m_L C_S^*(1 - k)}{kD_L}$$

(7.12)

当 G/R 的比率过大时,平面前沿就会发生凝固。如果比率很小时,绝对稳定状态就会开始起作用。应用菲克第二定律

$$D_L \frac{\delta^2 C_L}{\delta y^2} = \frac{\delta C_L}{\delta t} \qquad (7.13)$$

$$\frac{dC_L}{dt} = \left(\frac{dC_L}{dt}\right)\left(\frac{dT}{dx}\right)\left(\frac{dx}{dt}\right) = -\frac{GR}{m_L} \qquad (7.14)$$

可以获得凝固结构等级。

替代式(7.14)中的(dC_L/dt),并整合整个单元的宽度λ,得

$$\left[\frac{\delta C_L}{\delta y}\right]_{y=0} = -\frac{GR\lambda}{m_L D_L} \qquad (7.15)$$

$$\Delta C_{Lmin} = -\frac{GR\lambda^2}{2m_L D_L} \qquad (7.16)$$

因此,单元间距与G和R的积的平方根或冷却速度成反比。所以G和R的积越大,微观结构就会具有更精良的结构。

3. 熔池中流体的流速

熔池中有许多作用力,其中最大的作用力是热梯度急剧升降所产生的表面张力的变化。Anthony和Cline[34]简化了方程式,并可以用它计算激光处理过程中由表面张力引起的流体流速变化。

$$U_x(y,t) = \frac{1}{\eta} \frac{d\sigma}{dT} \Delta T [(D_u t)^{1/2} - y] \qquad (7.17)$$

式中:$U_x(y, t)$为给定任何深度y和时间t时x轴方向流体速率;η为黏度;$d\sigma/dT$为流体表面张力的温度系数;D_u为流速剖面的扩散率。

7.3 激光表面处理层的特性

7.3.1 微观结构

人们通常对激光处理表层的微观结构有着极大的兴趣,因此对各种激光表面处理层进行了广泛地研究。例如Das等[37]描述了激光釉化处理与激光表层钛和镍合金化处理铝合金LM-9的微观结构特点。合金层可以分为两个子区域,合金元素主要被限制在上层子区域,下层子区域虽被激光熔化但合金元素很少。合金化使合金元素在合金层分离。图7.7是钛合金区域的典型扫描式电子显微镜图像及其相应的电子衍射图。研究发现,镍比钛分离的更厉害。激光表面合金化过程中,表面张力引起的对流会使合金元素均匀扩散,但是由于镍的密度比钛的密度高,所以造成上述的严重分离。

据报道,一些成分可以改善激光合金层的微观结构,例如:CeO_2添加物会改善激光再熔合金喷涂的微观结构,减少枝臂间距,加强和净化晶界,促进马氏体转变,改善共晶体与复合物的形态与分布。在CeO_2激光再熔合金喷涂涂层形

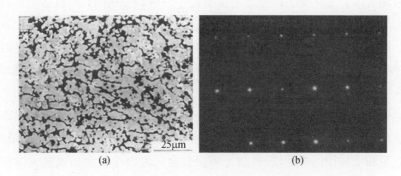

(a)   (b)

图 7.7 激光钛合金 LM - 9 反向散射电子图像及其相应的电子衍射图

成的马氏体和奥氏体结构中可以发现低密度错位。马氏体结构中存在高密度错位和精细孪晶。马氏体结构的形态包括板条状、叶状、块状和菊花状。图 7.8 所示为 CeO_2 激光再熔合金喷涂中有马氏体结构的透射电子显微镜(TEM)典型图像。图 7.9 是含有 $M_{23}(CB)^6$ 共晶马氏体以及相应的电子衍射图。

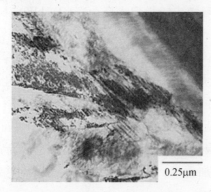

图 7.8 二氧化铈激光再熔合金喷涂透射电子显微镜图片,其中存在马氏体结构[38]

(a)   (b)

图 7.9 含有 $M_{23}(CB)_6$ 的共晶马氏体和二氧化铈激光再熔合金喷涂相应的电子衍射图[38]

激光气体合金化是表面处理的重要途径。可以使用激光对钛合金进行气体渗氮和渗碳。在气体渗氮激光表面合金涂层中可以发现许多精良的氮化钛枝状晶体。这些枝状晶体非常坚硬，可以提高 Ti－6Al－4V 合金耐磨性。在氮气环境中进行激光表面熔化过程时，氮原子会熔解在高温 Ti－6Al－4V 熔化物中，从而导致氮与熔池合金化。合金熔池凝固后，在激光熔化表层会形成凝固氮化钛枝状晶体，从而使原位置复合材料的耐磨性得到加强。激光光束扫描速率对激光表层合金化复合涂层的微观结构有着重大影响。激光光束扫描速率低时，由于气态氮和液体作用时间较长，激光表层合金化复合涂层会形成较大体积率的氮化钛强化层 。当光束扫描率从 6mm/s 增加到 10mm/s 时，氮化钛枝状晶体的平均体积率会从大约 62% 降低至 40%[39]。其他作者也报道过类似的发现。根据式(7.16)，扫描速度增加，冷却速度会随之增加，微观结构也会变得更精良。正如 Roy 等[9]研究中所阐述的那样，激光工艺参数对微观结构的影响很大。图7.10(a)、(b)所示为扫描功率对工业纯钛激光渗氮所形成的合金化区域的近表面层中的枝状晶体微观结构的影响。高功率(2.1kW)时在熔池中获得的枝状晶体结构比低功率(1.5kW)时获得的枝状晶体结构要粗糙。研究发现，在熔池中心凝固之前，枝状晶体是从熔池的表面向中心生长，这表明熔池的表面比中心凝固得早。另外，合金熔池中，表面凝固与界面凝固(熔化层和未熔化的基板之间的界面)几乎是同时开始的，这一现象要归因于靠近熔池的表面所形成的氮化钛层。表面温度接近高熔点氮化钛相熔点温度以下，同时接近含有低熔点钛(α)的近界面区域的温度。如图 7.10 (c)、(d)所示，提高激光扫描速度明显使枝状晶体结构变得更加精良。在研究激光合金层微观结构时，这一例子值得一提。

X 射线衍射技术是用来辨别激光处理层中出现不同相位的重要方法。图7.11[39]所示为从激光气体渗氮钛合金中获得的典型 XRD 图谱，可以发现六方钛和体心立方氮化钛。从表面继续向深层进行研究，还会发现氮化钛相数量会减少而钛(α)相数量会增加。在激光合金层中，上述成分梯度会经常出现。XRD 图谱还反映出工艺条件改变时，激光改性层相结构和各种相数量会变化。Staia 等[40]论证了激光光束扫描速度对 XRD 图谱的影响，他们借助于激光器，使用两级处理法，用 96% 的碳化钨粉、2% 的钛粉和 2% 的镁粉来处理 A－356 合金的表面。图 7.12 所示为不同横向速度对样本进行激光处理获得的 X 射线衍射图，可以辨别出存在不同的碳化物(如 WC、W_2C 和 WC_x)。激光过程和固化过程中会出现少量 WC_x，这可能是由熔池中 WC 部分溶解造成的。该过程中极有

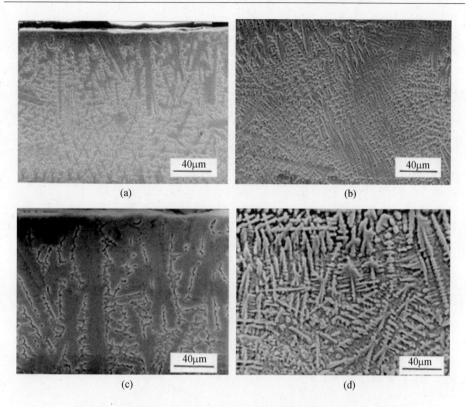

图 7.10 激光加工条件对钛合金枝状晶体微观结构的影响[39]

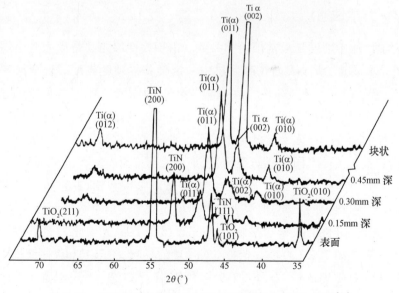

图 7.11 激光气体渗氮钛合金不同深度特有的 XRD 图谱[39]

可能发生从 WC 到 W_2C 的脱碳作用,这已经得到广泛报道。自由碳随着脱碳作用的发生而产生,自由碳会扩散到基体中形成碳化铝。X 射线分析已发现 $Al_{3.21}Si_{0.47}$ 的形成。但并未发现任何其他的碳化物。尽管在 X 射线分析时并未探测到 Al_2O_3 和 SiO_2,但是熔池中出现的氧化反应促使铝和硅分别氧化,形成 Al_2O_3 和 SiO_2。如在上例所示,使用工艺操作条件可以完全控制激光合金化和激光熔覆,形成多种相位。

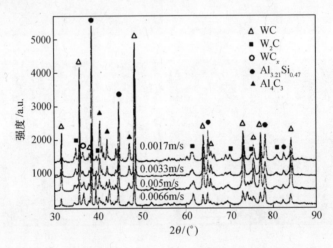

图 7.12　不同横向速度对样本进行激光处理时获得的 XRD 图谱

7.3.2　力学性能

　　力学性能中硬度是最常报道的参数。由于改性层尤其是激光合金层中通常存在成分梯度,所以人们在改性层中一定会获得硬度梯度。合金层梯度也是改性层断裂韧性(压痕韧性)文献报告较少的原因。激光相变硬化钢材还显示了硬化层下热影响区域(HAZ)的硬度分级。然而,在激光熔覆层一般未发现这样的梯度。许多文献已经报到了各种激光改性层的硬度。虽然研究系统不同和工艺条件不同都会妨碍比较,但是在表 7.2 [38,39,41-55] 中还是对各种改性层的硬度进行了汇总。根据所形成的微观结构和相位结构,可以发现改性表面硬度有很大的不同,但该表只是给出了大量的已有数据而已。然而,真正关于改性层韧性的数据却很匮乏。图 7.13 是在激光熔化表面下微硬度与深度的关系。图 7.13(a)是激光功率对硬度的影响,图 7.13(b)详细说明了激光扫描速度对硬度的影响。增加激光功率,降低扫描速度,显然会增加熔池深度。

表 7.2　各种处理层硬度汇总

研究团队	激光加工系统	硬度/HV
Jiang et al.[39]	Ti－6Al－4V 渗氮	1.100±25
Man et al.[41]	6061 铝合金 Ti 和 SiC 合金化	540±20
Kwok et al.[42]	31603 不锈钢 NiCrSiB 合金化	380±20
Tassin et al.[43]	316L 不锈钢掺混 Ti、SiC、Cr_2C_3 和 Cr 激光表面处理	450±20
Fu and Batchelor[44]	6061 铝合金掺混 Ni 和 Cr 激光表面处理	320±20
Wang et al.[38]	非晶铁基合金激光熔化涂覆	850±50
Khedkar et al.[45]	Cr－Mo 钢铬激光合金化	591
Shamanian et al.[46]	延展性铸铁表面电镀奥氏体钢	1200
Grenier et al.[47]	Ti 激光气体渗碳	1800(KHN)
Guo et al.[48]	Ti 掺混 Al 激光合金化	600±50
Staia et al.[49]	铸铝合金掺混 WC－Al－Mg 粉末激光合金化	600
Datta Majumder and Manna[50]	纯铜掺混 Cr 激光合金化	220
Datta Majumder and Manna[51]	304 不锈钢掺混 Mo 激光合金化	700
Datta Majumder and Manna[52]	Ti 掺混 Si 和 Al 激光合金化	700~750
Manna et al.[53]	碳素钢激光涂覆 Fe－BC－Si－Al－C	1150
Persson et al.[54]	316L 不锈钢激光涂覆钴铬钨合金	700

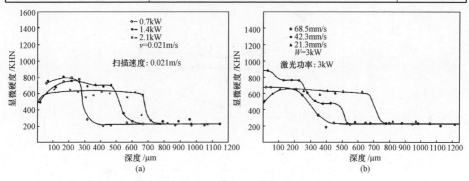

图 7.13　深度函数的显微硬度在激光熔化表面下的变化

7.4　激光表面改性的摩擦学

激光表面改性的摩擦学研究涉及滑动磨损、磨蚀和冲蚀磨损,大部分关于磨蚀研究集中在这 3 个方面。关于微动磨损的研究报道很少,因此这一部分也没有对此进行论述。外加载荷和磨蚀剂会导致高应力磨蚀和低应力磨蚀。固体颗粒冲蚀和空蚀是冲蚀磨损研究的主题,但并未涉及激光处理表面的其他形式的冲蚀,如雨滴冲蚀、液态金属冲蚀等。

7.4.1 滑动磨损

激光表面改性的摩擦学已经得到了全面研究,其中,滑动磨损受到的关注最大。人们对滑动磨损特性的描述主要集中在单向滑动磨损,对往复式磨损的研究较少。

1. 摩擦的响应

关于激光表面改性层的摩擦响应已有很多数据,这使我们可以尝试归纳激光处理工艺对改性表面摩擦性能的影响。从 Geo 等[48]的研究中,可以发现外加载荷影响摩擦系数。用激光将预置铝粉在纯钛基板上进行合金化处理,其改性层就是铝化钛涂层,平均摩擦系数是载荷的函数,如图 7.14 所示。尽管 TiAl$_3$ 表现出的摩擦系数最小,但是摩擦系数并不遵循任何特定的趋势。故我们可以得出摩擦系数并不受外加载荷控制这样的结论。这可以用解释如下:当接触表面粗糙时,摩擦系数 μ 为

$$\mu = \mu_{ad} + \mu_{grov} \tag{7.18}$$

式中:μ_{ad}为由黏附而产生的摩擦系数;μ_{grov}为由沟槽所形成的摩擦系数。

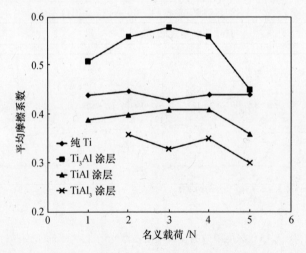

图 7.14　各种铝化钛涂层中作为正常载荷函数的摩擦系数变化

黏附摩擦系数为[56]

$$\mu_{ad} = \frac{\tau_m}{H} \tag{7.19}$$

其中:H 为较软材料的硬度;τ_m 为表面微凸体接触的抗剪强度,取决于啮合材料粘着力做的功[57]。

由沟槽所产生的摩擦系数为

$$\mu_{grov} = \frac{\tau_c \times A}{L} \tag{7.20}$$

其中:L 为外加载荷;A 为磨蚀微粒塑性剪切的面积;τ_c 为改性层的临界抗剪强度。

从上面的方程式很容易看出:当外加载荷降低时,沟槽引起的摩擦系数占主导地位;当载荷增加时,粘附力占主导地位,因此,摩擦系数基本不变。同样,Dutta Majumder 等[53]也发现用硅、铝和铝 + 硅对钛进行激光表面合金化(LSA)时,摩擦系数与负荷无关。为了确定作为载荷和时间函数的磨损深度的变化,对激光合金样本摩擦学特征进行了研究,即将振荡的淬火钢球安装在磨损试验机上,使用计算机控制磨损试验机来进行往复球盘运动研究。为了确定耐磨损机理和合金元素在提高耐磨性中的作用,对磨损后的微观结构进行了详细地分析。许多作者曾经报道与硅 + 铝或者单独使用铝激光合金化相比,硅激光合金化能更有效地提高钛的耐磨性。硅表面合金试样性能的提高归因于合金区域出现的均匀分布的 Ti_5Si_3。图 7.15 所示为 Tassin 等[43]的研究,表明摩擦系数随硬度的增加而增加。式(7.19)表明摩擦系数应该随着硬度的增加而下降,表明黏附组件起到名义上的作用。该结果与这一方程式正好相反。

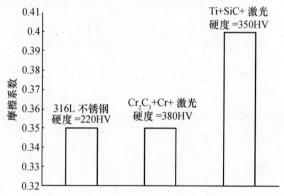

图 7.15　各种激光合金不锈钢的摩擦系数随硬度的增加而增大

同样地,图 7.16 显示了滑动速度对摩擦系数的影响。速度增加,激光处理铝化钛涂层的摩擦系数会大幅度下降。完全相同的干滑动磨损条件下,铝化钛涂层的耐磨性大小顺序为:$Ti_3Al > TiAl > TiAl_3$。当滑动速度增加时,摩擦系数下降,遵循下面的方程式:

$$\mu = K_1 - K_2 \ln v \tag{7.21}$$

式中:μ 为摩擦系数;v 为滑行速度;K_1,K_2 为材料的特定常数。

改性表面的粗糙度对测定摩擦系数有重要的作用。粗糙度越大,对应的凹凸坡角越多,这相应地会增加摩擦系数。在粗糙度大的薄膜中,人们发现两个造

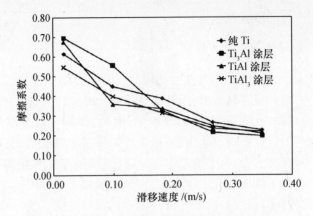

图 7.16　滑行速度对铝化钛涂层摩擦系数的影响

成摩擦系数较高的机理:第一个是棘轮效应机理,即表面微凸体相互摩擦产生相对运动;第二个是能量损耗机理,表面微凸体相互推动。在滑动的初期阶段,其他运行机理会导致不同的趋势。Staia 等[49] 的研究显示摩擦系数会随着粗糙度的增加而降低。图 7.17 所示为他们的研究。然而,这一发现与其他人的报道恰恰相反。这一结果与 WC 强化颗粒剥离有关,这些颗粒随后成为磨蚀颗粒,从而导致摩擦系数的增加。

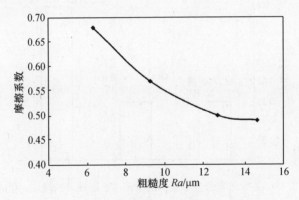

图 7.17　表面粗糙度对摩擦系数的影响

2. 磨损率

磨损条件决定激光改性表面的磨损率。与其他表面处理情况一样,如果塑性在磨损中占主导地位,激光改性表面的磨损率随外加载荷的增加而增加,即

$$W = k\frac{F}{H} \tag{7.22}$$

式中:k 为磨损系数;F 为外加载荷;H 为磨损材料的硬度。

在不同的载荷和滑行速度下,对钛铝涂层的摩擦磨损性能研究发现,铝化钛涂层的硬度大小顺序为: Ti_3Al 涂层 $>$ TiAl 涂层 $>$ $TiAl_3$ 涂层。摩擦磨损测试显示当给定的滑动速度为 0.10m/s 时,纯钛和所有的铝化钛涂层的磨损体积会随正常载荷的增加而增加,如图 7.18 所示。这一性能与上述公式(7.22)一致。

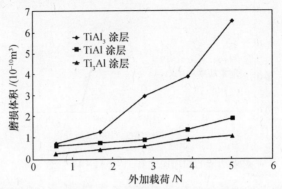

图 7.18　外加载荷对激光改性铝化钛涂层磨损率的影响

众所周知,使用的激光加工条件会影响改性表面磨损性能。如图 7.19 所示,给定正常载荷为 2N 时,Ti_3Al 涂层和 TiAl 涂层的磨损体积会先增加,再降低;而 $TiAl_3$ 涂层的磨损体积会先下降,然后再随着滑动速度的增加而增加。这一情况可能与从轻度氧化磨损到重度氧化磨损的磨损机理变化有关。图 7.20 是改性表面的磨损响应是如何被扫描速度影响的另外一个实例。磨损率随扫描速度的增加而降低。处理层高力学性能的出现是随着扫描速度的增加,凝固速率增加从而形成的更精良的微观结构。这通常会如式(7.22)所描述的那样,力学性能的改良,尤其是硬度的增加,会导致磨损率的减小。

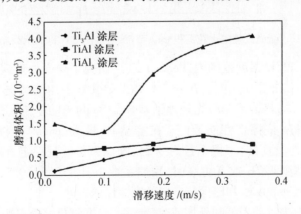

图 7.19　滑动速度对激光改性铝化钛涂层磨损率的影响

Radek 和 Bartkowiak[59]评估了激光处理涂层和电火花沉积涂层的摩擦学性能。他们测试用电火花在 C45 钢基板沉积的 Mo – Cu 涂层(阳极),用 Nd:YAG

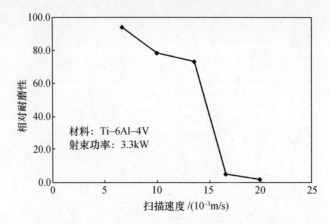

图 7.20　3.3kW 射束功率的扫描速度对 Ti – 6Al – 4V 钛合金耐磨性的影响[55]

激光熔化处理,激光处理后的涂层具有更高的承载能力,如图 7.21 所示。

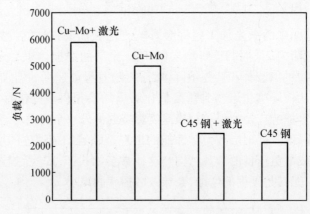

图 7.21　激光处理电火花沉积 Cu – Mo 涂层提高 C45 钢的承载能力[59]

在室温至 527K 温度范围内,Persson 等[54]研究了激光处理铁基合金 Norem 02 的摩擦行为和抗擦伤性能。在载荷扫描试验装置上用交叉测试棒进行摩擦和抗擦伤测试,将其结果与激光处理钴基合金 Stellite21 的结果进行对比,发现钴基合金摩擦小、抗擦伤性能最好。在室温下,将 Norem02 与 Stellite21 相比,Norem02 滑动性能良好,摩擦系数为 0.25,摩擦系数低且稳定,没有擦伤倾向。然而,当温度达到 427K 或者更高时,摩擦系数上升至 0.5 ~ 0.7,擦伤面积大。在较高温度下,Stellite21 却能保持良好的摩擦性能。

据报道,中等滑动速度和外加载荷情况下,轻度氧化磨损很普遍。轻度氧化的磨损率(W)为

$$W = \frac{FC^2 A_o}{v Z_c H_o} \exp\left(-\frac{Q}{RT_f} \right) \qquad (7.23)$$

式中:A_o 为阿伦尼乌斯常数;Q 为氧化活化能;Z_c 为临界剥落厚度;T_f 为表面微凸体接触点的温度;v 为滑动速度;C 为由氧化膜成分决定的常数;R 为摩尔气体常数。

表面微凸体触点温度,也是闪热温度,公式如下:

$$T_f = T_b + \frac{\mu v \gamma}{2K_e} \left(\frac{H_o F}{N A_n} \right)^{1/2} \tag{7.24}$$

式中:H_o 为氧化膜的硬度;N 为表面微凸体的总量;r 为接触区域的半径;K_e 为等效热导率。

观察发现,滑动磨损下氧化发生率比静态条件下氧化发生率高[60-62]。这种区别是由阿伦尼乌斯常数 A_o 的变化造成的,它的变化取决于材料和磨损条件[63]。然而,氧化活化能 Q 却保持不变[64]。因此,关于降低磨损率的进一步讨论将被局限在活化能 Q 和剥落临界厚度 Z_c。在大量研究氧化膜的氧化活化能 Q 之后发现,Al_2O_3 和 Cr_2O_3 形成膜的氧化活化能较高[58,64]。因此,在这一条件下提高耐磨性的表面工程解决方案都可以通过激光合金化获得包括形成富含 Al 或富含 Cr 的层。

据 Hirose 等[65]报道,使用激光合金化铝钛会提高磨损性能。钛经过轻度氧化磨损会形成 TiO_2,它的磨损是剥落机制磨损。用激光表面合金化技术对铝进行合金化处理,会形成 Al_2O_3 保护膜。因为 Al_2O_3 形成的活化能比 TiO_2 的活化能高,所以氧化膜增长很慢。因此,获得临界剥落厚度需要很长时间,从而导致磨损率下降。同样地,Tau 和 Doong[66]指出,在给定硬度和结构下,将铬合金表面与未进行表面处理钢进行比较,铬合金表面耐磨性较高。这一性能产生的原因是富铬层形成 Cr_2O_3 膜,与表面未处理的钢表层形成的 Fe_2O_3 膜相比,Cr_2O_3 膜表现出对基板较好的粘着性。Isawane 和 Ma [67]指出,当在不锈钢涂上 Cr 和 Ni 时,不锈钢的磨损性能会提高。

降低磨损率的第三种方法是增加剥落临界厚度。给定氧化膜基板系统,可以通过下列方式增加剥落临界厚度 Z_c:

(1) 在表面加入钇(Y),铪(Hf)或稀土元素[68,69]。

(2) 使用内氧化或机械合金化材料以保证近表面的胶体精细分散[70]。

(3) 用 Pt、Au、Ag 等贵合金元素添加物来喷铝会形成清洁氧化物[71-73]。

众所周知,添加 Y、Hf 和稀土元素可以提高氧化膜的粘着性,原因如下:

(1) 膜会通过膜 – 金属界面进入基体,形成机械固定[74]。

(2) 空位调节可以防止膜 – 金属界面之间产生的空隙[75]。

(3) 晶粒变得更加精细,晶界扩散系数增加,从而通过蠕变促进应力消除[76]。

(4) 分散胶体作为成核位置,产生细晶粒性分布膜,它堵塞了边界,阻止了膜金属界面之间的硫偏析。这防止了膜－金属界面的脆裂,充当了氧化活性掺杂物[77]。

Wang 等[38]的研究显示剥落临界厚度的增加会导致耐磨性的增加,他们发现二氧化铈(CeO₂)可以使激光表面合金化的基体耐磨性增加。图 7.22 是他们研究结果,描述了作为硬度函数的磨损率的变化。明显可以发现二氧化铈(CeO₂)合金表面磨损率较低。他们将这一发现归因于微观结构的精细化、晶界的加强和净化、形态的改善和共晶体的分布。这些改进导致粘着性更强的氧化膜的形成,而氧化膜反过来又提高了耐磨性。

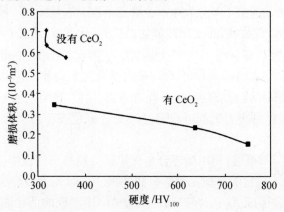

图 7.22　使用激光添加二氧化铈(CeO₂)提高低碳钢 1020 的耐磨性[38]

为了提高不锈钢部件的滑行耐磨性,Tassin 等[43]应用激光表面合金化技术,在 AISI 316L 奥氏体不锈钢上进行碳化物硬化表面处理。将不同粉末前驱体(CrC,CrC 和 Cr 的混合物与 Ti 和 SiC 的混合物)应用于钢表面,并用 300W Nd－YAG 连续波激光器对其进行辐照。单纯 CrC 或 CrC 与铬混合物的结合,会形成表面合金,它由许多奥氏体(γ)枝状晶体和 $\gamma-M_7C_3$ 共晶体(M 为 Fe 或 Cr)构成,周围是共晶体,它们的微硬度为 380~450HV。使用钛和 SiC 混合粉末作前驱体可以获得碳化钛表面硬化。钛和碳化硅颗粒熔化在熔池中,在凝固时产生细小的 TiC 的颗粒沉淀。表面合金的微硬度大约是 350HV。研究发现,碳化铬和碳化钛表面合金处理都会使 AISI 316L 不锈钢的滑动耐磨性有明显改善。

大量研究表明,铁质金属材料采用激光合金化技术,通过将碳和石墨或碳熔于二氧化碳或乙炔之中,可以提高其摩擦学性能[78-80]。研究发现,与传统的单相硼化物试样相比,激光硼化单相铁有较强的滑动耐磨性和滚动接触抗疲劳性能。用 BN 和 Ti/BN 对高速钢进行激光合金化处理会延长工具使用寿命。据报道,用散焦二氧化碳激光器和硼粉对 Cu－Ni 合金进行激光表面合金化可以使其耐磨性提高 40 倍[82]。Gulan 等[83] 使用擦伤测试时发现激光合金 Al80 耐磨损性有了改善,如图 7.23 所示。他们的研究结果显示用铝进行激光合金化对耐磨性的改善并不大。镍和硅合金化除了会提高硬度,对耐磨性的提高非常有限。这是因为 $Mg_{17}Al_{12}$、Mg_2Ni、Mg_2Si 等脆性相的形成。然而研究还发现 Cu 合金化可以明显改善耐磨性。

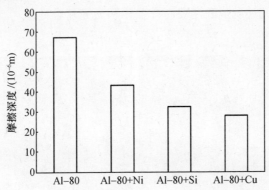

图 7.23　铝合金 Al80 激光表明合金化提高耐磨性柱形图

一些研究人员已经证明,用传统基体材料,在 Co、Fe 和 Ni 基上合金激光熔覆能快速生成固化微观结构,这一微观结构硬度高、耐磨性好[13,84-86]。Belmondo 和 Castagna 成功地在低碳钢上激光熔覆了 Cr – Ni – Mo 和 Cr – 碳化物混合物,增强磨损性[87]。Singh 和 Majumder[88] 的研究表明在钢上激光熔覆 Fe – Cr – Mn – C 会产生双重微观结构,这一结构由 M_6C 和 M_7C_3 碳化物沉淀和细晶粒铁素体基体构成。与 Stellite6 相比,它的耐磨性能更优良。根据发现,使用 Cr_3C_2 和 Mo_2C 熔覆材料会产生 β – Ti + TiC 微观结构,这有望提高磨损特性[89]。

Roy 和 Manna 对比了激光表面硬化和激光表面熔化处理的表面磨损率[90]。在研究中,他们试着用激光表面熔化技术(LSM)和激光表面硬化技术来评估等温淬火球墨铸铁耐磨性提高的范围。激光表面熔化和激光表面硬化后对微观结构演化和力学性能的详细研究表明,激光表面熔化会在近表面区域产生相对较低的微硬化,在激光熔化区域会形成奥氏体微观结构。另外,与激光表面熔化相比,激光表面硬化会形成硬度较高、较均匀的微硬度剖面,激光硬化区域主要是精细的马氏体微观结构。结合微观结构研究,他们进行仔细的 X 射线衍射分析发现与激光表面硬化相比,由于石墨碳的扩散,激光表面熔化的激光辐照区域残留奥氏体体积分数较高、硬度较低。此外,激光表面硬化导致残余压应力的形成,然而激光表面熔化会在表面形成残余张应力。最后,使用销盘进行粘着磨损测试对微观结构分析,发现激光表面硬化比激光表面熔化更适合用于提高等温淬火球墨铸铁的耐粘着磨损性。图 7.24 是激光表面熔化样本磨损表面扫描式电子显微镜图像,粘着磨损载荷为 5kg 时,图像显示材料层离或材料移除。图 7.24(b)磨损碎片高倍扫描电子显微图像证实金属损失主要以表面的微观裂纹增加的形式出现的。后者可能是在次表面或从奥氏体－马氏体界面开始出现的疲劳裂纹,因为该位置的变形约束最大。Basu 等[91] 还论证了激光表面硬化52100 钢磨损性能的提高。同样地,Padmavati 等[92] 发现镁合金激光表面熔化会提高耐磨性。研究还发现激光表面合金化和激光复合处理[93,94] 会提高铝合金耐磨性。

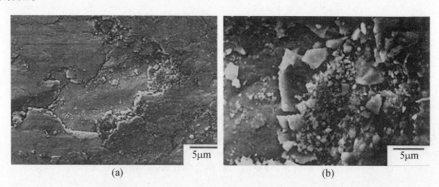

(a)   (b)

图 7.24 激光表面熔化等温淬火球墨铸铁磨损表面扫瞄式电子显微镜图像[90]

7.4.2　磨蚀

激光表面改性为提高材料的耐磨蚀性提供了光明的前景。使用激光表面改性已经提高各种钢材和其他材料的耐磨蚀性。图 7.25 所示为不同碳含量激光相变硬化钢的磨蚀率以及它们相应的硬度。显然,耐磨蚀性会随着激光处理钢层硬度的增加而增加,这与式(1.16)一致。

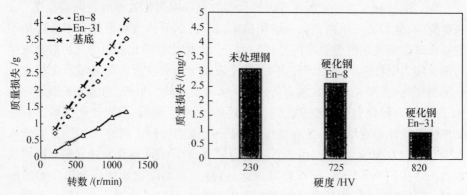

图 7.25 不同碳含量激光相变硬化钢的磨蚀率和其相应的硬度

Jiang 等[55] 在气态氮环境下对 Ti－6Al－4V 合金激光氮化,发现激光渗氮法会使耐磨蚀性有显著的提高。也正如预期的那样,磨蚀率受工艺参数的支配,例如:如图 7.26 所示耐磨蚀性会随着扫描速度的提高而下降。这要归因于"原位"激光表面合金复合涂层特有的微观结构。凝固的枝状晶体氮化钛强化物牢牢嵌入基体,为激光合金化涂层提供了良好的耐磨性。通过激光表面合金化参数可以很容易控制"原位"凝固氮化钛强化物体积分数,从而控制激光表面合金化复合涂层耐磨性。

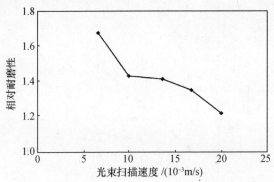

图 7.26　激光束对 Ti－6Al－4V 耐磨性的影响

激光表面合金化过程中的气体成分会支配磨蚀性能。Grenier 等[47] 发现激光气体使合金化钛合金的耐磨蚀性得到了提高,如图 7.27 所示。用一氧化碳和氮气的混合物对表面进行合金化处理,表面耐磨性最好。硬度最高的处理层,耐磨蚀性最好。使用上述气体混合物时会在合金层产生碳化物和氮化物,从而提高性能。

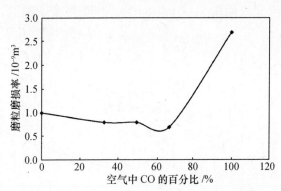

图 7.27　气体成分(一氧化碳含量)对激光气体钛合金磨蚀率的影响

激光处理与其他涂层工艺相结合的复合处理技术具有很大的技术潜力。例如,与喷涂相比,等离子喷涂和爆炸喷涂的抗磨蚀性都有所改善,如图 7.28 所示。另外,与喷敷层相比,激光爆炸喷涂涂层还展示出较好的耐磨性。与等离子喷涂涂层激光后处理情况下性能提高不一样,爆炸喷涂涂层的特点是孔隙度微不足道,但进一步提高的空间很小。这一结果凸显了釉化粉和速度对处理层最终性能的重要性。

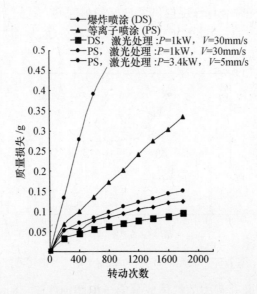

图7.28　激光釉化等离子体喷涂和爆震喷涂涂层的耐磨蚀性

Rieker 等[95]发现通过激光 Mo 和 Mo + B 合金化铁素体不锈钢会增强其耐磨蚀性。激光处理硼化表面显示低激光功率时磨蚀率会改善,高激光功率时磨蚀率较高,图7.29 说明了这一变化。Boas 和 Bamberger[96]还报道混合处理低合金钢,其中包括激光表面熔化后 triballoy T – 400 等离子喷涂,耐磨蚀性能会提高。

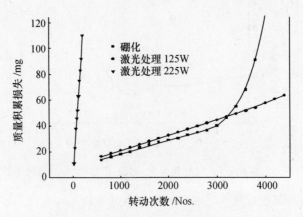

图7.29　激光处理硼化钢的耐磨蚀性

7.4.3　冲蚀磨损

人们已经对冲蚀磨损进行了大量的研究,这些研究包括激光表面改性材料气蚀研究。Kwok 等已经使用 2kW 连续波 Nd－YAG 激光器对奥氏体不锈钢 UNS S31603 成功地进行了 NiCrSiB 涂层激光表面处理[42]。使用 20kHz 超声波振动器,以 30mm 的峰－峰振幅对激光表面处理 UNS S31603 进行空蚀研究。在 UNS S31603 不锈钢上火焰喷涂 NiCrSiB 合金层,然后用激光射束扫描表面,发现熔化深度、基体材料与喷涂层的稀释度随扫描速度的降低而增加。喷涂层厚度与熔化深度的稀释比率较低时,CrB、CrB$_2$、Fe$_2$B 和 M$_7$(CB)$_3$ 这样的二次相在激光改性层很少见,且激光改性层硬度较低。与 UNS S31603 样本获得的耐空蚀性相比,稀释率为 0.65 的激光处理样本耐空蚀性(渗透平均深度的倒数)提高了 2.7 倍;稀释率为 0.88 的激光表面处理样本耐空蚀性提高了 4 倍,这与超级双相不锈钢 UNS S32760 耐空蚀性相近。最后,他们还发现耐空蚀性与表面合金不锈钢的硬度有直接关系,如图 7.30 所示。

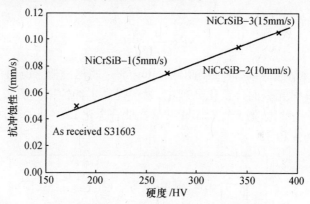

图 7.30　硬度对 NiCrSiB 涂层耐空蚀性的影响

在冲蚀周围条件下,金属的材料损失主要在边缘形成,随后破裂。Sundararajan 和 Roy[97] 根据局部化模型证明按下面的方程式可以计算出冲蚀率。

$$E \propto \left(\frac{L}{r} \right)^3 \left(\frac{\Delta \varepsilon_m}{\varepsilon_c} \right) \tag{7.25}$$

式中:L 为塑性变形延伸至表层下的深度;r 为冲击粒子的半径;$\Delta \varepsilon_m$ 为每次冲击的平均应变增量;ε_c 为局部化开始临界应变。

塑性流动的本构方程为

$$\sigma = K \varepsilon_c^n (1 + CT) \tag{7.26}$$

式中:K 为强度系数;C 为流动应力温度系数;n 为应变硬化指数;ε_c 为

$$\varepsilon_c = \left[\frac{n\rho C_p}{KC}\right]^{\frac{1}{n+1}} \tag{7.27}$$

式中：ρ 为冲蚀材料的密度；C_p 为比热容。

根据下面的方程式，冲蚀材料的熔点（T_m）可以替代 K。

$$C = \frac{4.5}{T_m} \tag{7.28}$$

因此，局部化临界应变方程式为

$$\varepsilon_c = \left[\frac{n\rho C_p T_m}{4.5K}\right]^{\frac{1}{n+1}} \tag{7.29}$$

$$\varepsilon_c \approx \frac{n\rho C_p T_m}{4.5K} \tag{7.30}$$

高应变时发生冲蚀，但 n 在高应变时通常很低，从而使 $n+1$ 与 1 几乎相等。从式（7.25）能明显看出在给定的冲蚀条件下，L、ρ 和 $\Delta\varepsilon$ 都是常数。因此，冲蚀率与局部化临界应变成反比，流动临界应变与熔点成正比。换句话说，冲蚀率与冲蚀材料的熔点成反比，即

$$E \propto \frac{4.5K}{n\rho C_p T_m} \tag{7.31}$$

因此，表面熔点越高，冲蚀率越低。Roy 等[98]将这一概念应用在 Ni 和 Ti 对铝合金 LM-9 激光表面合金化处理中，发现提高了冲蚀率。图 7.31 是他们的研究结果。激光釉化、激光镍合金化和激光钛合金化 LM-9 的耐冲蚀性分别提高了 6.2%、76% 和 32%。

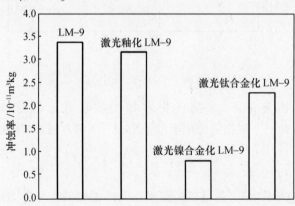

图 7.31　钛和镍激光合金 LM-9 耐冲蚀性改善柱形图[98]

为了提高基体的耐冲蚀、耐腐蚀性，Datta Majumder 和 Manna[51]的研究涉及预沉淀 Mo（等离子喷涂）激光表面合金化 AISI 304 不锈钢（304-SS）。他们已经证明当预沉淀的厚度、激光功率密度 q 和激光扫描速度 v 在最佳条件下，可以

获得理想的微观结构、成分和力学性能。在这些最佳条件下,在20%(质量分数)沙粒和3.56%(质量分数)NaCl溶液中,激光表面合金化会使耐冲蚀、耐腐蚀性显著提高,如图7.32所示。因此,可以得出结论,使用Mo合金化处理304-SS是提高不锈钢耐冲蚀、耐腐蚀性非常合适的技术。Datta Majumder和Manna还研究了Cr激光合金化铜耐蚀性提高的可能性[50]。如图7.33所示,可以发现室温和提高温度时,它的耐蚀性会提高。上面的发现可以用高温冲蚀行为来解释。如此高的温度下,冲蚀主要以氧化膜剥落的形式发生,因此稳态氧化膜的厚度决定着冲蚀率。稳定状态的氧化层的厚度是由氧化生长和冲击引起氧化层冲蚀之间的平衡所决定的。如果在冲蚀过程中冲蚀材料上形成的氧化膜具有附着性和足够的韧性,能够抵挡反复的冲击,而且不会产生裂缝,那么就能测定稳态氧化膜厚度。可以这样认为腐蚀材料的氧化遵循式(7.32)给出的抛物线动力学:

$$\Delta m^2 = K_p^o t \tag{7.32}$$

式中:Δm为摄入的氧形成的氧化膜而导致单位面积所增加的质量。K_p^o为抛物线速率常数;t为曝光时间。

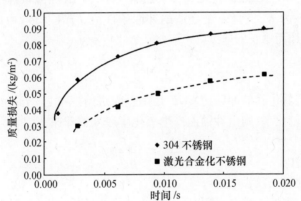

图7.32 在20%(质量分数)的砂子和3.56%(质量分数)NaCl的溶液Mo激光表面合金化304不锈钢耐冲蚀的提高[51]

抛物线速率常数通常通过以下方程式来计算:

$$K_p^o t = A_0 \exp\left(\frac{-Q}{RT}\right) \tag{7.33}$$

式中:A_0为阿伦尼乌斯常数;Q为氧化活化能;R为气体常数;T为绝对温度。

为了用数学术语展示E-O反应,我们需要有随时间增长而增长的氧化膜厚度增长率,而不是式(7.32)给出的随重量增加而增加的氧化膜厚度增长率。正如Lim和Ashby[57]发现的那样,一旦了解了氧化膜的成分,式(7.32)就可以转换为

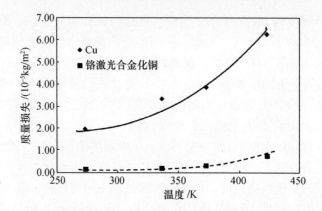

图 7.33 在室温和温度提高时,Cr 激光表面合金铜耐冲蚀性会提高[50]

$$Z^2 = 2K_{\mathrm{p}}t \tag{7.34}$$

$$K_p = 0.5C^2 K_{\mathrm{p}}^0 \tag{7.35}$$

式中:C 为给定的氧化物成分常数($\mathrm{m^3/kg}$);K_p 为度量常数。

因为 Levy 等[99]已经清楚论证了与静态条件相比,冲蚀条件下氧化膜增长更快,所以应该为 K_p 选择一个合适的冲蚀条件值。式(7.34)可以计算出氧化膜随时间的增加而增长的速度。

$$\frac{\mathrm{d}Z}{\mathrm{d}t} = \frac{K_{\mathrm{p}}}{Z} \tag{7.36}$$

假设 E_{o} 是氧化膜的冲蚀速度,F 是用颗粒进给速度(f)与冲蚀面积比率计算出的颗粒流量比率,则由冲蚀而产生氧化膜厚度下降速率为

$$\frac{\mathrm{d}Z}{\mathrm{d}t} = -\frac{E_{\mathrm{o}}F}{\rho_{\mathrm{o}}} \tag{7.37}$$

式中:ρ_{o} 为氧化物密度。

最后,会出现这一情况:氧化所造成的氧化物增长(式(7.36))等于冲蚀造成的氧化物去除。在这种情况下,稳态氧化物厚度为

$$Z_{\mathrm{ss}} = \frac{K_{\mathrm{p}}\rho_{\mathrm{o}}}{E_{\mathrm{o}}F} \tag{7.38}$$

因此,当温度增加,氧化物冲蚀和颗粒流量比率(particle flux rate)降低时,稳态氧化物厚度就会增加(通过 K_p)。值得一提的是式(7.38)中的 E_{o} 代表纯氧化物的冲蚀速度。现在 K_p 可以表达为

$$K_{\mathrm{p}} = A_0 \exp\left(-\frac{Q}{RT}\right) \tag{7.39}$$

式中:A_0 为阿伦尼乌斯常数;Q 为氧化活化能。

式(7.39)中,Q 值越高,K_p 值越低,因此 Z_{ss} 或冲蚀速度也越慢。铜基体会

形成 CuO 膜,Cr 合金表面会形成 Cr_2O_3 膜。形成 CuO 和 Cr_2O_3 氧化膜的阴离子的扩散活化能分别为 36100cal/mol[①] 和 61100cal/mol。因此,铜合金表面氧化膜的稳态厚度以及冲蚀速度比 Cr 合金表面明显高很多。

从图 7.34 可以看出使用混合激光处理激光加工条件对冲蚀率的影响。混合激光处理时,首先要对钢进行渗硼处理,然后使用激光对硼化表面进行处理。随后,处理表面受到固体颗粒冲蚀。研究发现,低功率激光处理表面比硼化表面的冲蚀率低。然而,当硼化表面经过高功率激光处理表面后,它的冲蚀率比硼化表面高。

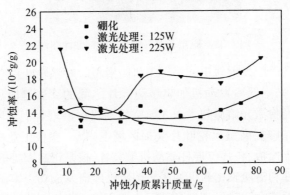

图 7.34　混合处理如激光后处理渗硼对钢的耐冲蚀性的影响

7.5　激光表面改性的应用

适合激光表面改性技术的材料范围广,可以满足多样化的性能衰减模式。最早为工业领域所接受的表面改性应用有激光相变硬化或激光再熔。例如:图7.35 所示为激光再熔凸轮轴图像。铸铁凸轮轴激光表面熔化技术已经市场化[100]。同样地,在作者的试验室中,已经成功实现了蒸汽机涡轮叶片激光硬化、凸轮轴激光再熔等许多其他的应用。

使用激光成功处理的材料有金属材料、金属间化合物和陶瓷。尽管激光熔覆和激光表面合金化的应用相似,但是激光熔覆中基体熔覆材料稀释微不足道,这使它更适合大多数摩擦学应用。然而,由于激光表面合金化只需要在基体中添加少量的合金元素,所以激光表面合金化在节约昂贵的稀缺材料中起到了重要作用。钨铬钴合金熔覆已在阀座圈和蒸汽发生器涡轮叶片表面上得到了成功实施。银和铜熔覆已广泛应用在电路接触器行业。在飞机工业中,激光耐磨损

---

① 　1cal = 4.18J。

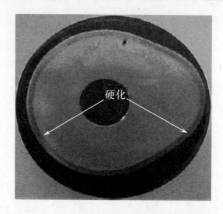

图 7.35　激光表面再熔凸轮轴横截面图像

已被应用在航空母舰发射轨道和海军飞机防滑板。对涡轮叶片之间熔覆物连接进行激光熔覆,来降低冷发动机加热填满叶片之间的膨胀缝时所产生的磨损。Rolls Royce 已经将激光熔覆技术引入航空发动机耐磨堆焊涡轮叶片上[100]。激光熔覆还应用在修复高温涡轮叶片受损区域上[101]。在核工业中,激光表面处理被应用在核支撑板、核移位连杆驱动机械装置、核泵密封圈等的处理上。市政燃烧器废物组件和潜艇轴密封件的激光熔覆已经研发成功。丰田研发中心在阀座上激光熔覆铜基合金时发现在各种温度范围内,阀座的耐粘着磨损和耐磨蚀性有了相当大的改善[102]。图 7.36 是在 Nimonic80 制成的船舶柴油机阀门上激光熔覆 Stellite 6。

图 7.36　Nimonic80 船舶柴油机阀门上激光熔覆 Stellite 6

镍、钛是理想的支架生物材料。为了降低镍释放威胁,可以使用激光气体氮化这种材料以提高生物相容性[103]。羟磷灰石也被激光熔覆在钛假肢上形成涂层,这种涂层容许假体与骨头之间组织的生长,从而使它们更好地固定在一起[104]。激光合金化已被广泛的应用在制造机器可读硬币以及其他金属物体

中[105,106]。激光熔覆技术也被越来越多地使用在再利用和修复方面。例如重建
驱动轴花键及采矿业油封轴承表面的再处理。涡轮叶片也可以利用这项技术在
它们的尖端和前缘上进行重建。图 7.37 是冶炼厂使用激光 Stellite 涂层技术回
收利用的风机其组件涂层、刃磨部分和涂层微观结构。

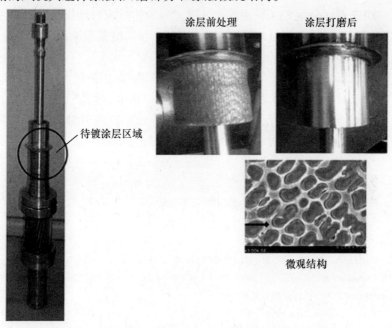

图 7.37 冶炼厂激光熔覆 Stellite 熔覆层回收利用风机轴、
风机轴刃磨部分及涂层微观组织

7.6 未来研究方向

混合激光加工领域近年来越来越受到人们的关注。由于激光不仅仅被用于
提高耐磨损性,还可以用于提高耐蚀性[108,109],所以关于激光混合处理的进一步
研究意义重大。渗硼法和热喷涂后激光表面熔化等混合处理法所产生的结果令
人满意。正如一些综述性论文所描述的那样,在不久的将来,人们期待着它们在
机械制造业中的进一步应用和发展[110,111]。其他混合处理如激光辅助物理气相
沉积[112,113]、激光辅助化学气相沉积[114,115]、激光辅助电沉积[116,117]、激光辅助加
工[118,119]、激光辅助钻探[120,121]和激光辅助电加工[120,121]都有其独特的优势,为
实现各种技术以及其商业可行性应用,我们应该对这些技术做进一步的研究。

人们正在关注快速原型设计和小批量生产等其他的先进工艺。快速原型设
计工艺能使薄壁、设计精确的金属结构的密度接近 100%[124]。可以使用环列喷

嘴往激光熔池中精确地送粉以生产这种结构（图7.14）。由快速原型设计所生产的壁厚可以和激光点一样薄（从0.1mm到几毫米）。这些三维产品的微观结构和粉末烧结产生的结构相似。该工艺已被应用在压印机成型、轴承破损处填缝、汽车发动机机轴和汽缸上[125]。目前这一领域发展迅猛。

另一快速更新的重要领域是激光处理过程中的过程自动化。可以通过控制光束功率、直径、结构和位置来控制激光光束。同样，横截面速度、振动、焦点、工作点覆盖速率都可以控制。

人们可以根据要求改变表面吸收率、焊缝位置、加工件的温度。目前，人们的研究的对象有基于听觉信号的传感器如：镜子、探针、喷嘴、工件等，基于辐射发射信号传感器：光电、热点、电荷耦合装置摄像机和红外摄像机等。人们关注的其他领域还包括基于空间电荷信号等离子电荷传感器喷嘴或环、朗缪尔探针或无外加电压等。

参 考 文 献

[1] Maiman TH (1960) Nature, 6 August.

[2] Basov NG, Kroklin ON, Popov YM (1961) Sov Phys JETP 13:1320.

[3] Hall RN, Fenner GE, Kingsley JD, Soltys TJ, Carlson RO (1962) Phys Rev Lett 9:366.

[4] Nathan MI et al (1962) Appl Phys Lett 1:62.

[5] Quist TM et al (1962) Appl Phys Lett 1:91.

[6] Patel CKN (1964) Phys Rev A 136:1187.

[7] Ewing JJ, Brau CA (1975) Appl Phys Lett 27:330.

[8] Chande T, Majumder J (1983) Metall Trans B14:181.

[9] Roy M, Bharti A (2000) In: Proceedings of 3rd workshop on application of laser in mechanical industry, February, Jadavpur, Calcutta.

[10] Bharti A, Sivakumar R, Goel DB (1989) J Laser Appl 5:43.

[11] Kovalemko VS, Volgin VI, Mixhailov VV (1977) Tech Organ Proizvod 3:50.

[12] Xue L, Islam MU, Koul AK, Wallace W, Bibby M (1997) Mater Manuf Process 12:799.

[13] Komvopoulos K, Nagarathnam K (1990) J Eng Mater Technol 112:131.

[14] Morisige N (1997) In: Khanna AS, Totlani MK, Singh SK (eds) Corrosion and it's control. Elsevier, Bombay.

[15] Ganamuthu DS (1980) Opt Eng 19:783.

[16] Jain AK, Kulkarni VK, Sood DK (1981) Appl Phys 25:127.

[17] Bergman HW, Mordike BL (1983) Z Werkstofftech 14:228.

[18] Kear BH, Breinan EM (1977) In: Proceedings of Sheffield international conference on solidification and casting, Sheffield.

[19] Singh J, Mazumder J (1986) Mater Sci Technol 2(7):709.

[20] Steen WM, Courtney CGH (1980) Met Technol June.

[21] Draper CW, Ewing CA (1984) J Mater Sci 19:3815.

[22] Draper CW, Poate JM (1985) J Int Met Rev 30:85.

[23] Jouvard JM, Grevey D, Lemoine F, Vannes AB (1997) J Phys (France) III 7:2265.

[24] Frenk A, Vandyoussefi M, Wagnière J–D, Zryd A, Kurz W (1997) Metall Mater Trans 28B:507.

[25] Li Y, Ma J (1997) Surf Coat Technol 90:1.

[26] Lin J (1996) J Laser Appl 12:28.

[27] Hayhurst P, Tuominen J, Mantyla J, Vuoristo P (2002) Proceedings of ICALEO 2002, Phoenix, AZ, October, LIA, paper 1201.

[28] Fellowes FC, Steen WM, Coley KS (1989) Proc. conf., IFHT, Lisbon, Portugal, September, p 435.

[29] Ayers JD, Schaefer RJ, Robey WP (1980) J Met Aug:19.

[30] Kloosterman AB, De Hosson JThM (1997) In: Aliabadi MH, Berbbia CA (eds) Surface treatment '97. Computational Mechanics Publications, Southampton, p 286.

[31] Hlawka F, Song GQ, Cornet A (1996) J Phys (France) IV Colloque C4 6:123.

[32] Hu C, Xin H, Baker TN (1995) J Mater Sci 30:5985.

[33] Ashby MF, Easterling KE (1984) Acta Metall 32:1935.

[34] Cline J, Anthony H (1977) J Appl Phys 48:3895.

[35] Davis M, Kapadia P, Dowden J, Steen WM, Courtney CHG (1986) J Phys D Appl Phys 19:1981.

[36] Bradley JR (1988) J Phys D Appl Phys 21:834.

[37] Das DK, Roy M, Singh AK, Sundararajan G (1996) Mater Sci Technol 12:295.

[38] Wang Y, Kovacevic R, Liu J (1998) Wear 221:47.

[39] Bharti A, Roy M, Sundararajan G (1992) In: Proceedings of 4th European conference on laser application, October, p 299.

[40] Staiaa MH, Cruza UM, Dahotre NB (2000) Thin Solid Films 377–378:665.

[41] Man HC, Zhang S, Cheng FT, Yue TM (2002) Scr Mater 46:229.

[42] Kwok CT, Cheng FT, Man HC (1998) Surf Coat Technol 107:31.

[43] Tassin C, Laroudie F, Pons M, Lelait L (1996) Surf Coat Technol 80:207.

[44] Fu Y, Batchelor AW (1998) Surf Coat Technol 102:119.

[45] Khedkar J, Khanna AS, Gupt KM (1997) Wear 205:220.

[46] Shamanian M, Mousavi Abarghouie SMR, Mousavi Pour SR (2010) Mater Des 31:2760.

[47] Grenier M, Dube D, Adnot A, Fishet M (1997) Wear 210:127.

[48] Guo B, Zhou J, Zhang S, Zhou H, Pu Y, Chen J (2008) Surf Coat Technol 202:4121.

[49] Staia MH, Cruz M, Dahotre NB (2001) Wear 251:1459.

[50] Dutta Majumdar J, Manna I (1999) Mater Sci Eng A268:227.

[51] Dutta Majumdar J, Manna I (1999) Mater Sci Eng A267:50.

[52] Dutta Majumdar J, Mordike BL, Manna I (2000) Wear 242:18.

[53] Manna I, Dutta Majumdar J, Ramesh Chandra B, Nayak S, Dahotre NB (2006) Surf Coat Technol 201:434.

[54] Persson DHE, Jacobson S, Hogmark S (2003) Wear 255:498.

[55] Jiang P, He XL, Li XX, Yu LG, Wang HM (2000) Surf Coat Technol 130:24.

[56] Hutchings IM (1992) Tribology. Edward Arnold, London.

[57] Rabinowicz E (1965) Friction and wear of materials. Wiley, New York.

[58] Lim SC, Ashby MF (1987) Acta Metall 35:11.

[59] Radek N, Bartkowiak K (2011) Phys Procedia 12:499.

[60] Quin TFJ, Sullivan JL, Rowson DM (1984) Wear 94:175.

[61] Rowson DM, Quinn TFJ (1980) J Phys D Appl Phys 13:209.

[62] Quin TFJ (1998) Wear 216:262 – 275.

[63] Malgaord J, Srivastaba VK (1977) Wear 41:263.

[64] Roy M, Ray KK, Sundararajan G (1999) Oxid Met 50.

[65] Hirose A, Ueda T, Kobayashi KF (1993) Mater Sci Eng 160A:143.

[66] Tau YH, Doong JL (1989) Wear 132:9.

[67] Isawane DT, Ma U (1989) Wear 129:123.

[68] Hou PY, Stringer J (1992) Oxid Met 38:323.

[69] Sigler DR (1993) Oxid Met 40:555.

[70] Bennett MJ, Haulton MR (1990) In: Bachelet E (ed) High temperature materials for power engineering. Kluwer Academic, Dordrecht, p 189.

[71] Tatlock GJ, Hard TJ (1984) Oxid Met 22:201.

[72] Gobel M, Rahmel A, Schertzc M (1993) Oxid Met 3 – 4:231.

[73] Sun JH, Jang HC, Chang E (1994) Surf Coat Technol 64:195.

[74] Vernon – Perry KD, Crovenor CRM, Needhan N, English T (1988) Mater Sci Technol 4:461.

[75] Pint BA (1997) Oxid Met 48:303.

[76] Ramnarayanan TA, Raghavan M, Petkvichuton R (1984) J Electrochem Soc 131:923.

[77] Forest C, Davidson JH (1995) Oxid Met 43:479.

[78] Walker A, Flower HM, West DRF (1985) J Mater Sci 20:989.

[79] Walker A, West DRF, Steen WM (1984) Mater Technol 11:399.

[80] Mordike BL, Bergmann HW, Grob N (1983) Z Werkstofftech 14:253.

[81] Shehata GH, Moussa AMA, Molian PA (1993) Wear 171:199.

[82] Nakata K, Tomoto K, Matsuda F (1996) Trans Jpn Weld Res Inst 25:37.

[83] Galun R, Weisheit A, Mordike BL (1996) J Laser Appl 8:299.

[84] Li R, Ferreira MJS, Anjos M, Vilar R (1996) Surf Coat Technol 88:90.

[85] Li R, Ferreira MJS, Anjos M, Vilar R (1996) Surf Coat Technol 88:96.

[86] Anjos M, Vilar R, Qui YY (1997) Surf Coat Technol 92:142.

[87] Belmondo A, Castagna M (1979) Thin Solid Films 64:249.

[88] Singh J, Majumder J (1987) Metall Trans 18:313.

[89] Folkes JA, Shibata K (1994) J Laser Appl 6:88.

[90] Roy A, Manna I (2001) Mater Sci Eng A297:85.

[91] Basu A, Chakraborty J, Shariff SM, Padmanabham G, Joshi SV, Sundararajan G, Dutta Majumdara J, Manna I (2007) Scr Mater 56:887.

[92] Padmavathi C, Sarin Sundar JK, Joshi SV, Prasad Rao K (2006) Trans Indian Inst Met 59:99.

[93] Staia MH, Cruz M, Dahotre NB (2000) Thin Solid Films 377 – 378:665.

[94] Ghosh K, McCay MH, Dahotre NB (1999) J Mater Process Technol 88:169.

[95] Rieker C, Morris DF, Steffen J (1989) Mater Sci Technol 5:590.

[96] Boas M, Bamberger M (1988) Wear 126:197.

[97] Sundararajan G, Schewmon PG (1983) Wear 84:237.

[98] Roy M, Das DK, Sivakumar R, Sundararajan G (1991) In: Darakadasa ES, Seshan S, Abraham KP (eds) Proceedings of the 2nd international conference on aluminium, July, Bangalore, p 947.

[99] Levy AV, Slamovich E, Jee N (1986) Wear 110:117.

[100] McIntyre M (1983) In: Metzbower EA (ed) Applications of lasers in material processing. ASM, Materials Park, OH.

[101] Regis V, Bracchetti M, Cerri W, Angelo DD, Mor GP (1990) In: Proceedings of high temperature materials for power engineering , September, Liege. Kluwer Academic, Dordrecht.

[102] Tanaka K, Saito T, Shimura Y, Mori K, Kawasaki M, Koyama M, Murase H (1993) J Jpn Inst Met 57: 1114.

[103] Man HC, Cui ZD, Yue TM (2002) J Laser Appl 14:242.

[104] Lusquinos F, Pou J, Arias JL, Boutinguiza M, Leon B, Perez – Armor M (2001) In: Proceedings of ICALEO 2001, October, Jacksonville, FA, LIA, paper 1003.

[105] Liu Z, Watkins KG, Steen WM (1999) J Laser Appl 11:136.

[106] Liu Z, Pirch N, Gasser A, Watkins KG, Hatherley PG (2001) J Laser Appl 13:231.

[107] Anderson T (2002) Proceedings of ICALEO 2002, October, Pheonix, AZ, LIA, paper 1505.

[108] Padmavathi C, Sarin Sundar JK, Joshi SV, Prasad Rao K (2006) Mater Sci Technol 22:1.

[109] Zaplatynski I (1982) Thin Solid Film 95:275.

[110] Joshi SV, Sundararajan G (1998) In: Dahotre NB (ed) Lasers in surface engineering. ASM, Materials Park, OH, p 121.

[111] Pawlowski L (1999) J Therm Spray Technol 8(2):279.

[112] Voss A, Funken J, Alunovic M, Sung H, Kreutz EW (1992) Thin Solid Film 220:116.

[113] Funken J, Kreutz EW, Krische M, Sung H, Voss A, Erkens G, Lemmer O, Leyendeker T (1992) Surf Coat Technol 52:221.

[114] Oliveira JC, Paiva P, Oliveira MN, Conde O (1999) Appl Surf Sci 138 – 139:159.

[115] Wang Q, Schliesing R, Zacharias H, Buck V (1999) Appl Surf Sci 138 – 139:429.

[116] Zouari I, Lapicq ue F, Calvo M, Cabrera M (1990) Chem Eng Sci 45:2467.

[117] Grishko VI, Duley WW, Gu ZH, Fahidy TZ (2001) Electrochim Acta 47(4):643.

[118] Rebro PA, Shin YC, Incropera FP (2004) Int J Mach Tool Manuf 44(7 – 8):677.

[119] Ding H, Shin YC (2010) Int J Mach Tool Manuf 50(1):106.

[120] Bandyopadhyay S, Sarin Sundar JK, Sundararajan G, Joshi SV (2002) J Mater Process Technol 127:83.

[121] Tam SC, Willams R, Yang LJ, Jana S, Lim LEN, Lau MWS (1990) J Mater Process Technol 23:177.

[122] Pajak PT, De Silva AKM, McGough JA, Harrison DK (2004) J Mater Process Technol 149:512.

[123] Thomson G, Pridhan M (1998) Opt Laser Technol 30:191.

[124] Hoffmann E, Backes G, Gasser A, Kreutz EW, Stromeyer R, Wissenbach K (1996) Laser und Optoelektronik 28(3):59.

[125] Graydon O (1998) Opt Lasers Eng Feb:33.

第8章 表面工程在生物摩擦学上的应用

8.1 概述

医学科学的进步和生物医学材料的发展致使老龄化人口数量显著增长,生活质量显著改善。监测人体的摩擦磨损行为在提高人类寿命方面发挥着非常重要的作用。人体的多个器官、关节和关键部分会发生磨损,因此需要对其替换。在一些心血管设备方面摩擦磨损行为发挥着重要作用。心脏病是最常见的一种疾病,意味着病人需要更换心脏瓣膜。人工心脏瓣膜可用来替换受损或发生病变的自然心脏瓣膜,以此带来寿命和生活质量的明显改善。这些人工心脏瓣膜通常由热解碳(PyC)构成。然而,这种材料是脆性材料,血液相容性较低。因此,患者会遭受血栓症痛苦,需要服用有副作用的抗凝血药物。使用人造血管移植可以修复功能受损的血管从而避免阻塞,因此,人造血管移植可以增强严重缺血器官和四肢的血液循环。为了改善心脏的泵血功能,人们采用主动脉球囊反搏术、心室辅助装置、全植入式人工心脏等方法。心脏起搏器和自动内部除颤器被广泛使用以消除或矫正异常、危及生命的心律失常。所有这些设备在植入或操作中都会受到磨损。此外,威胁生命的动脉闭塞性疾病会通过植入支架得以治疗。这个设备使用导管插入体内通道以保持血液、尿、胆汁或空气流通。为减少对人体组织的损坏,使插入和移出支架时产生的摩擦最小化非常重要。使摩擦最小化有几种方法,采用自动润滑层已成为一种近年来非常流行的措施。然而,由于血小板的激活[4],使得这种治疗会造成血栓阻塞[1-3]的缺陷。同样,管理植入的、机械的人工心脏瓣膜假体的另一个问题是血栓栓塞[5]。此外,由于磨损、疲劳、化学降解、感染等导致骨质溶解、疏松也会致使医疗移植失败。

生物医学移植的两个著名领域是骨科和牙科。在临床骨科移植方面,髋关节、膝盖、肩膀和脚踝的全关节置换术近来受到了最多关注。这些关节能够适应环境并自我再生,通过低关节软骨摩擦支撑表面发挥作用[6,7]。当天然人体关节严重受损时,如由于骨关节炎受损,它们就会被植入体替换。全关节置换时,在跟股骨头铰接接触的髋臼里固定一个杯状器官。植入物表面必须能够承受在使用时所需的动态负载,必须具有与周围生物组织间相互作用的长期接触能力。

同样,牙科植入体支撑螺钉关节会有松动的趋势并受到磨损和摩擦。然而,延长使用关节植入体会产生磨屑导致形成肉的芽肿炎症,这是由于假体组织(骨质溶解)反应所引发。磨损碎片模拟多核巨细胞的形成,而小颗粒被巨噬细胞所吞噬。这些小颗粒会产生一些改变破骨细胞和成骨细胞活性的溶骨性细胞因子和介质,这将导致骨质吸收和随后的植入体松动。因此,关节替换体的进一步发展使人们对植入体的耐用性极为关注。

虽然金属和合金满足了生物材料的许多需求,然而金属表面与周围骨头之间的结合界面连接很差或者根本不存在[8]。陶瓷是一种潜在的生物活性植入材料。然而应该注意的是,在高负荷骨质植入体中,因为生物活性陶瓷较低的断裂韧性,其临床应用是有限的。促进植入体表面形成类骨层的一个有效方法是生物活性涂层或生物耐力涂层的沉积。而且也应该注意,各种涂层的应用增强了金属植入体的磨损和摩擦行为、生物相容性和血液相容性等。因此,本章的目标是通过研究不同表面改性技术工艺的现状以提高生理植入体抑制摩擦老化的性能。

8.2　植入体磨损

在人体移动时,膝盖关节、肩膀关节和臀部关节之间是一种股骨部位和胫骨或髋臼部位间的滑动接触。因此,人造关节的金属部件易受滑动磨损的影响,如图 8.1 所示。微动磨损是一种特殊磨损形式,它是一种小振幅相对位移[9]。在骨植入体的特定情况下,不同部件之间的固定点会发生微动[10],而腐蚀则是由含有各种无机和有机离子和分子的体液造成[11](图 8.1)。经鉴定,磨损发生在头与颈接触处,发生在干/骨接口的组合式髋关节处,也发生在固定板的螺钉头/螺丝板接口处[12]。与滑动相比,由于弹性变形微动时,大部分位移在接触面可能会发生调整,因此弹性防护涂层的属性会影响植入体的性能和功能。此外,由于接触的闭合几何结构,碎片很容易堵在里面,因此第三体的性能是至关重要的。

如前所述,支架是一种可以使用导管将其插入体内通道以维持血液、尿液、胆汁或空气流动的装置。为了达到对身体组织损害的最小化,在插入和摘除支架时控制摩擦非常重要。这个问题与使用疏水性聚合物或通过把 RotaGlide™ 著称的特殊润滑剂引入到导管相违背[13]。在植入或手术时,一些心血管设备如心脏瓣膜、血管移植、主动脉内气球泵等会受到磨损。

牙科植入体中加入假体部件的方法非常重要,这能防止植入体/支承体旋转。图 8.2 所示为一个牙科植入体系统。咀嚼加载时,如果止动螺钉没有保持正确固定姿态,必须重新上紧螺丝防止假体旋转,并因此会导致治疗成本提高和病人不适。尽管人们对螺栓接头进行了广泛的研究,但它们结构非常复杂,它们的性能也并不是众所周知的。它们非常不稳定,在环境改变或外部负载变化时,它们会发生弯曲、移动及松动。当拧紧时,作用于螺纹套管接头的扭力并没有完全转化成螺旋预紧力,因为这个扭力的一部分因克服摩擦力而被消耗。扭力中大约50%产生的力用于克服止动螺钉头和止动底座表面之间的摩擦力而被消耗。应用力矩中大约40%的力是用来克服螺纹摩擦,只有10%的力产生螺钉张力。其结果是有效的联合预紧力小于应用扭力。此外,即使在结合较好的植入体中,牙科植入体的各个部分在咀嚼时也会受到摩擦而性能退化。

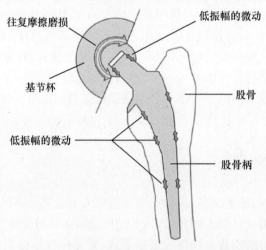

图 8.1　全髋关节置换假体展示的植入体金属部件
表层退化机理和移动类型示意图

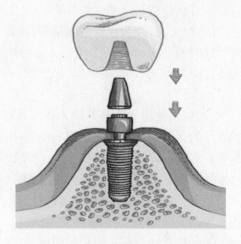

图 8.2　牙科植入体系统示意图

8.3 涂层在生物医学应用的分类

对生物医学应用的涂层分类是以生物相容性和组织反应为依据的,它们可以被称为生物耐力涂层、生物惰性涂层、生物活性涂层。生物耐力涂层会释放一种无毒物质,这些物质可能会导致良性组织反应,如形成纤维结缔组织胶囊,或弱免疫反应,导致巨细胞或吞噬细胞的形成。这些涂层的特点是纤维组织会在涂层周围生长[14,15]。采用热喷涂技术沉积的不锈钢涂层或含有聚甲基丙烯酸甲酯(PMMA)的骨水泥涂层而造成沉积的不锈钢涂层可以被归类在这部分。对于生物惰性涂层而言,涂层和周围组织之间的相互反应是最小的。这些涂层没有显示出它们与活体组织之间的任何良性反应[16]。各种的钛涂层、陶瓷涂层如氧化铝、氧化锆、二氧化钛等和一些聚合物涂层都属于生物惰性涂层。而那些能够增进积极的骨质反应,促进骨骼生长和再生的涂层则称为生物活性涂层。它们可以通过沿骨骼形成化学键并在植入体表面形成类骨磷灰石层。本质上而言,这些表层是碳酸盐磷灰石层,从化学和结晶学来讲,它相当于矿物自然骨骼[17]。这些涂层能够起到骨架的作用,会促进骨细胞迁移和增殖,有助于新骨骼的生长。因此,人们相信涂层应该含有羟基磷灰石成分 HAP($Ca_{10}(PO_4)_6(OH)_2$),如钙、磷和氧,因为羟基磷灰石具有磷灰石成核能力。研究已经表明,把生物活性玻璃和某些陶瓷植入骨头时,通过互换体液质子,它们能够释放出钙离子[18]。然而,对各种生物陶瓷的评估已经表明,游离态五氧化二磷的氧化钙-氧化硅 $CaO-SiO_2$ 和游离态氧化钙及五氧化二磷的氧化钠-氧化硅 Na_2O-SiO_2 玻璃可以在模拟体液中形成磷灰石[19]。研究也表明,磷灰石成核是生物活性涂层表面的羟基官能团引发而形成[19,20]。这些官能团的体内环境能够刺激磷灰石生长的表面负电荷[19]。他们的界面使得抗压应力、抗拉应力和剪切应力的传输成为可能。合成羟磷灰石(HA)、磷酸钙和生物玻璃涂层都可以被认为是生物活性涂层。

8.3.1 生物活性涂层

正如前面所讨论的,促进植入体表面类骨层形成的有效方法是对生物活性层表面进行改性。做法之一是沉淀多功能生物活性涂层。氧化锆、氧化钛、二氧化钛、二氧化硅和碳化硅与陶瓷涂层都是植入体表面的潜在涂层。氧化锆(ZrO_2)陶瓷及其复合材料具有优良的力学性能。在 20 世纪 60 年代后期这些陶瓷被认为是生物材料,已作为人工髋关节的球头用于骨科植入体中[21,22]。然而,氧化锆不能直接和骨骼结合。氮化钛涂层具有优良而实用的特征,如硬度高、抗磨损及耐蚀性和生物相容性,因而具有广泛的应用价值,例如牙科假体、髋关节和心脏瓣膜置换材料[23,24]。氮化钛[25,26]和二氧化钛[27]薄膜具有优良的血液相容性。对氮化钛涂层、锆涂层和二氧化钛涂层的生物摩擦学的进一步讨论将在后续部分中进行研究。由于二氧化硅和二氧化钛陶瓷在生理 pH 值条件下表面携带负电荷,所以它们会引发磷灰石形成[28]。生物活性硅酸玻璃可以与骨组织形成黏结物[29],已有很多临床应用[30]。非晶态碳化硅合金已用以提高人工心脏瓣膜的生物相容性[31]。

Shtansky 等开发了多功能生物活性纳米薄膜(MuBiNaFs),认为其是具有广阔发展前景的生物材料[32,33]。基于钛 – 钙 – 碳 – 氧 – (氮)、钛 – 锆 – 碳 – 氧 – (氮)、钛 – 硅 – 铬 – 氧 – (氮)和钛 – 铌 – 碳 – 氧 – (氮)体系,它们对多功能生物活性纳米薄膜进行了比较研究[34]。$TiC_{0.5}$ + 10% CaO、$TiC_{0.5}$ + 20% CaO、$TiC_{0.5}$ + 10% ZrO_2、$TiC_{0.5}$ + 20% ZrO_2、$TiC_{0.5}$ + 10% ZrO_2、$TiC_{0.5}$ + 10% Nb_2C 和 $TiC_{0.5}$ + 30% Nb_2C 复合材料是通过自蔓延高温合成方式生产。随后上述的薄膜在氩气中通过直流磁控溅射进行沉积或在氩氮混合气体中进行沉积。从薄膜结构、化学成分、表面形态、硬度、弹性系数、弹性回复率、表面电荷、摩擦系数和磨损率方面,这些薄膜具有其显著特征。在体外和体内试验方面,对这种薄膜的生物相容性进行评估。钛 – 硅 – 锆 – 氧 – 氮(Ti – Si – Zr – O – N)薄膜和钛 – 铌 – 碳 – 氮(Ti – Nb – C – N)薄膜的透射电子显微图及其相应的衍射图如图 8.3 所示。

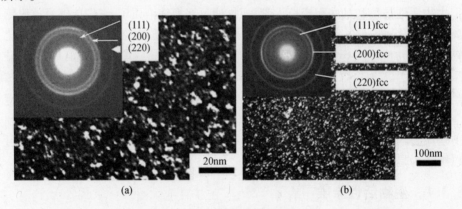

图 8.3 (a)钛 – 硅 – 锆 – 氧 – 氮薄膜和 (b)钛 – 铌 – 碳 – 氮薄膜的
透射电子显微图及相应的衍射图[32]

氩、氮混合气体中沉淀的钛 – 硅 – 锆 – 氧 – 氮的薄膜表现为具有纳米晶体颗粒的立方结构(晶格类型 B_1)。钛 – 铌 – 碳 – 氮薄膜也显示其纳米晶体结构,晶粒尺寸直径小于50nm。与传统的磁控溅射形成的碳化钛薄膜和氮化钛薄膜相比,最佳条件下沉积的薄膜在 30 ~ 37GPa 硬度范围内的高硬度、显著降低的弹性模量、0.1 ~ 0.2 的摩擦系数和低磨损率。在钛基合金上沉积的各种薄膜的摩擦系数如图 8.4[32] 所示。此类薄膜需在钴基碳化钨球体上进行测试。由于此类薄膜的摩擦系数非常低,所以加氮不会明显改变此类薄膜的摩擦系数。同理,各种在硬金属上沉积的多功能生物活性纳米薄膜磨损率柱形图如图 8.5 所示[32]。除了钛－硅－锆－氧－氮薄膜,其他薄膜的磨损率相当低。钛－硅－锆－氧－氮薄膜的高磨损率与其高摩擦系数有关。研究发现,其主要损伤机理是磨蚀。在约 14000 循环后,钛－钙－磷－碳－氧薄膜和钛－钙－碳－氧薄膜的磨损表面形态如图 8.6(a)、(b) 所示。虽然磨损主要是由于塑性变形诱发,当超过临界负载时,磨损也因脆性断裂而产生。可以看出,薄膜失效源于在磨损痕迹内产生了几条"人"字形裂纹,导致应力分布改变和局部滑动摩擦力的增加。由于循环荷载,从而引发了薄膜的快速韧性穿孔。虽然磨蚀是一个占主导地位的磨损机理,摩擦化学反应和腐蚀损耗的作用也显而易见。

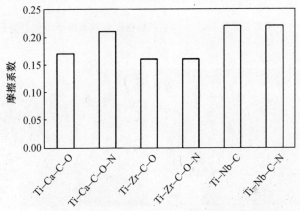

图 8.4　用直流电磁控溅射法在钛基合金上沉积的各种
多成分生物活性钛基薄膜的摩擦系数图[32]

近年来,掺杂了钽和硅的钛－钙－磷－碳－氧薄膜已经获得开发[35,36]。薄膜能够促进并加速骨结合,具有纳米复合材料结构,在薄膜表面有各种官能团。例如,使用复合材料 $TiC_{0.5}$ ＋氧化钙＋硅和 $TiC_{0.5}$ ＋氧化钙＋氮化硅靶材通过溅射沉积而获得的掺杂硅的钛－钙－磷－碳－氧薄膜由碳化钛或氮化钛作为主相,并含有少量的钛氧化物、氮化硅、氧化硅、碳化硅、氧化钙。在薄膜表面的晶界和亲水基它们可能主要是非晶态。在钛－硅－钙－磷－碳－氧－氮薄膜(无氮靶材)中,多余的碳原子以 DLC 的形式进行沉淀。使用荧光显微法可以对这些薄膜优良的生物相容性进行研究,荧光显微法能够鉴别出用钛－硅－钙－磷－碳－氧－氮薄膜进行涂层处理的聚四氟乙烯表面的高密度纤维细胞,而低密度细胞则可以在未经过处理的聚四氟乙烯表面观察出来,如图 8.7(a)、(b)所示。沉淀于氩气中掺杂了钽的钛－钙－(磷)－碳－氧－(氮)薄膜由碳化钛

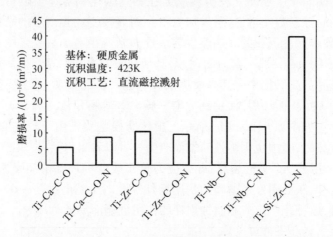

图 8.5　各种多成分生物活性钛基薄膜在硬金属基板上沉积的磨损率[32]

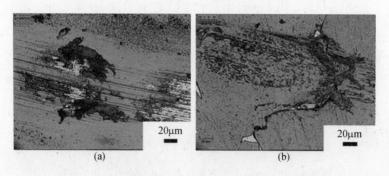

图 8.6　在约 14000 循环后,钛－钙－磷－碳－氧薄膜和
钛－钙－碳－氧薄膜的磨损表面形态 SEM

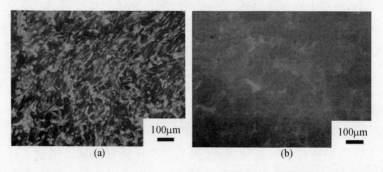

图 8.7　用钛－硅－钙－磷－碳－氧－氮薄膜进行涂层处理的聚四氟乙烯表面的高密度
成纤维细胞荧光显微图和未进行涂层处理的聚四氟乙烯表面的低密度细胞荧光显微图[38]

相或碳化钽、钛的氧化物、氧化钙和由 P－O、C－O、O－H 结合的非晶态的 CaO。在氩气和氮气中反应溅射形成的薄膜呈现出碳化钛/钽或氮化钛/钽、钛的氧化物、氧化钙、类金刚石碳、体心立方钽和磷－氧键的迹象。钛－钽－钙－磷－碳－氧薄膜的典型 XPS 光谱如图 8.8 所示。主峰值在 454.6eV 和 460.7eV 证实了碳化钛的存在。281.9eV 的特征也证明了 TiC 峰值的存在。286eV 的弱峰值表明碳－碳的存在。22.75eV 的钽峰值归因于碳化钽的存在。

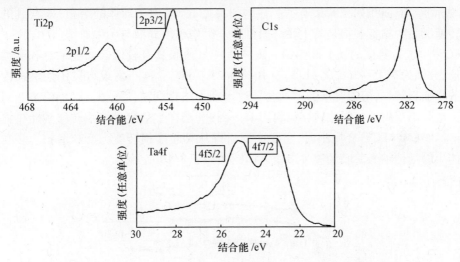

图 8.8　钛－钽－钙－磷－碳－氧薄膜的典型 XPS 光谱图[35]

对比多功能生物活性纳米薄膜材料与基体材料(钛－镍－钴合金、不锈钢、陶瓷)属性和通过替代方法而生成的薄膜的属性就可以显示出把物理属性、机械属性、摩擦学属性和生物学属性整体结合在一起的一个明显优势。多功能生物活性纳米薄膜的特点是硬度高达 25～40GPa,同时具有高弹性回复的比例(高达 75%)和 230～350GPa 的弹性模量,其模量低于大部分陶瓷(氮化钛—440GPa、碳化钛—480GPa、碳化硅—450GPa、氧化铝—390GPa)并近似于不锈钢模量(200GPa)和钛模量(120GPa)。适度降低应用型生物植入体弹性模量的益处是众所周知的:可以更好地转移骨头的功能负载降低薄膜和基体材料之间的界面应力。多功能生物活性纳米薄膜还显示出对塑性变形(0.9GPa)的高抵抗性和对于失效的长弹性应变能力,这就是之前描述的薄膜具有高耐用性和高耐磨性[37]。其他机械特征包括一个 350MPa 的疲劳极限、黏合强度高(50N)和优秀的耐冲击性。在各种生物溶液、生物活性、生物相容性和无毒性方面,多功能生物活性纳米薄膜展现出具有亲水性、pH 值为 5～8.5 表面负电荷,低电流密度腐蚀等特点。

对掺杂了钽的多功能生物活性纳米薄膜进行的氧化铝球测试表明其在空气

中和生理溶液中具有较低的摩擦系数,约为 0.2 ~ 0.25,磨损率为 $(0.7 ~ 6.8) \times 10^{-6} mm^3 N^{-1} m^{-1}$,这比钛的磨损率低两个数量级[35]。

由于对磨副的不同,钛－硅－钙－碳－氧－氮薄膜的摩擦系数会产生巨大差异[36]。在生理溶液(正常生理盐水)中,使用碳化钛 + 氧化钙 + 硅为目标物进行沉积的薄膜显其摩擦系数为 0.2 ~ 0.33,而使用碳化钛 + 氧化钙 + 氮化硅为目标物进行沉积的薄膜则具有较高的摩擦系数,约为 0.5 ~ 0.55。这些涂层的标准摩擦曲线如图 8.9 所示。在磨损痕迹底部(由于球体的磨损)观察到的转换层表明粘着磨损是其主要磨损机理。伊格尔培养液与胎牛血清(DMEM + FCS)中进行测试的钛－硅－钙－碳－氧－氮薄膜具有较低的摩擦系数和磨损值,分别为 0.15 和 $(0.9 ~ 1.5) \times 10^{-6} mm^3 N^{-1} m^{-1}$。这一发现可以用溶液黏度的增加来解释,溶液黏度的增加会导致水动力组件润滑性增强。摩擦痕迹相对光滑并不受附着材料或转移材料影响。因此,当样本从生理溶液转移到胎牛血清(DMEM + FCS)介质中时,主要磨损机理从粘着磨损转变为磨粒磨损。多功能生物活性纳米薄膜的髋关节植入体图像如图 8.10 所示。

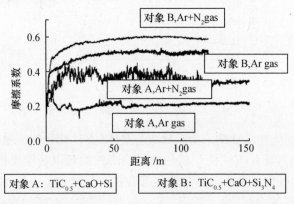

图 8.9 多功能生物活性纳米薄膜的标准摩擦曲线图[36]

SpringShtansky 等[38]研究表明通过添加或不添加干细胞对钛－钙－碳－氧－氮薄膜沉积达到对四氟乙烯表面改性是一种提高聚合物植入体的化学特性和机械特性的有效方法,给高聚合物植入体提供了骨结合较大可能。在不同的环境中检测钛－钙－磷－碳－氧－氮薄膜的摩擦性能。在生理溶液中检测的聚四氟乙烯基板的摩擦系数最初为最大值,在大约 10min 的短暂磨合期后其摩擦系数值降为 0.035。测试初期较高的摩擦值可能归因于聚四氟乙烯表面的高粗糙度。在聚四氟乙烯上沉积的钛－钙－磷－碳－氧－氮薄膜的稳态摩擦系数为 0.13。与描述的氧化铝基板上沉积和在类似条件下测试的钛－钙－磷－碳－氧－氮薄膜摩擦系数值 0.2 ~ 0.24 相比,这个摩擦系数较低[39]。在滑动距离 25m 后,摩擦系数值达到 0.13 时,胎牛血清介质的使用不会改变稳态摩擦系数。

图 8.10　多功能生物活性纳米薄膜(CONMET,俄罗斯)的
髋关节植入体图(MISIS,俄罗斯)

与正常生理盐水中的钛-钙-磷-碳-氧-氮薄膜的摩擦剖面相比,其在胎牛血清中的摩擦剖面更为光滑,但显示出微小的波动(±0.01)。

　　Park 等[40]研究了基钛和过氧化氢处理的钛上电镀而沉积的磷酸钙涂层在模拟体液(SBF)中的特征。主要由羟磷灰石(HA)组成的多孔涂层在经 H_2O_2 处理的钛基板上形成。涂层浸入模拟体液时,涂层就转化为碳酸盐和缺钙的骨结晶羟磷灰石。有趣的是,分布均匀的涂层含有在未处理的钛基板上形成的非晶磷酸钙,此涂层浸入模拟体液时就转化为不充分结晶的羟磷灰石。这种差异是由于钛基板表面积增加而导致的,钛基板表面积增加是由于在电镀过程中过氧化氢处理时从表面释放出的氢氧离子引起的。因此,电镀之前进行氧化氢处理是一个有效的方法,便于为通过电镀方式而获得潜在的生物活性磷酸钙涂层做准备。

　　对生物活性涂层的广泛研究是以羟磷灰石(HA)为基本材料进行的,羟磷灰石(HA)的化学分子式为 $Ca_{10}(PO_4)_6(OH)_2$[41]。羟磷灰石是最具吸引力的人体硬组织植入材料,因为它近似于牙齿和骨骼的化学成分(钙/磷比值)[42,43]。这种涂层能够加速假肢附近的骨骼生长过程[44-49]。这种材料作为生物惰性金属植入体上的涂层已临床应用[50]。通过羟磷灰石涂层处理的骨骼和牙齿植入体具有良好的生物相容性和生物活性,这是因为在羟磷灰石和钛合金接触的距离达到最小值时氢氧浓度和氧浓度降低而导致的[51]。研究发现通过等离子喷涂而获得的钛合金基板上(Ti-6Al-4V)上的羟磷灰石涂层增强了抵抗弹性变形和塑性变形能力,在热处理之后尤其如此[52]。然而,这种涂层对应变硬化性能没有影响。这种涂层也能提高涂层/基板抗分离能力[53]。涂层的断裂韧性大约是 $1MPa \cdot m^{1/2}$,其疲劳强度较低[54,55]。为了实现生物医学应用需求的机械特性,涂层与增韧相混合是至关重要的。β-钛合金、氧化锆(YSZ)、铝化镍 Ni_3Al 和氧化铝陶瓷都是增强相的优秀候选材料[56]。这些涂层可以采用许多各种不同的表面沉积技术,如超声速火焰喷涂、等离子喷涂、脉冲激光烧蚀、溅射、电泳沉积、溶胶-凝胶和涉及冷压烧结的传统陶瓷处理工艺[61-66]。羟磷灰石涂层的厚度应控制在 40~400μm 之间[66]。不同相的羟磷灰石涂层表现出不同的溶解度和溶解特性。研究发现非晶态的羟磷灰石比晶态的羟磷灰石更易溶于水[67-69]。从热力学角度来看,高温下羟磷灰石是不稳定的,使用等离子喷涂时它能够促进与水进行反应的氧化钙形成,因此在体液中溶解度高。高温沉积过程也解释了非晶相形成的原因,非晶相可以降低金属涂层的界面强度。因此涂层的最新发展集中于改善涂层的稳定性和附着力。研究发现对大气等离子喷涂系统进行控制有利于控制羟基磷灰石粉的熔化程度,促使生成具有定制的微观结构的涂层[70]。与氧化锆混合的羟磷灰石会导致复合涂层形成,而此复合涂层包含更多未熔化的颗粒和更大的孔隙度[71]。二氧化锆与氧化钙反应会形成锆酸盐钙($CaZrO_3$)。这是通过涂层沉积后对其进行热处理而实现的。热处理可以促进非晶态磷酸钙完全结晶,有助于其粘附性能的大大改进[72]。考虑到陶瓷涂层和金属的物理性质和化学性质不匹配,最新的一项研究[73]解决了羟基磷灰石涂层与金属基板之间的黏合强度较差的问题。热膨胀系数不同和等离子体喷涂的快速冷却引起涂层残余应力产生,而涂层的残余应力会造成附着力的降低。为消除羟基磷灰石涂层从其基板上剥离的问题,在等离子体喷涂时采用硅酸二钙结合层[74]。硅酸二钙等离子喷涂是用于提高钛金基板上磷灰石涂层黏结力的一种黏结层[75]。总的来说,羟基磷灰石涂层可以提高植入体的粘附力和固定性。机械联锁植入体与骨头结合可以消除与微动相关的问题,如松动。因此,建议把涂层植入体用于较为年轻的病人。

Fu 等[76]以正常负载、振荡周期和振幅为函数,对用牛血清白蛋白溶液润滑的等离子喷涂羟磷灰石涂层的微动磨损特性进行了研究。研究发现,润滑微动条件下等离子喷涂羟磷灰石涂层的磨损机理主要是剥层、点蚀磨损和磨料磨损。图 8.11 所示为以微动周期和正常负载为 10N 时润滑条件下振幅分别为 50μm、100μm 和 200μm 时羟磷灰石涂层的微动磨损体积。磨损体积随振幅周期降低而降低。微动时牛血清白蛋白是一种有效的润滑剂,如图 8.12 所示。从图 8.12 可以清楚地看到热等静压(HIP)处理强化了涂层结构,降低了微动磨损碎片的产生,改善了抗微动磨损性,因此它可以作为喷涂态羟磷灰石涂层的一个后处理方法。虽然微动条件下钛基合金的磨擦特性方面的重要工作已经开展[77,78],但到目前为止对生物活性涂层的摩擦腐蚀的有关报道还没有看到。

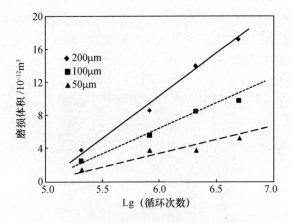

图 8.11　以微动周期和正常负载为 10N 时润滑条件下振幅分别为 50μm、100μm、
200μm 时羟磷灰石涂层的微动磨损体积[76]

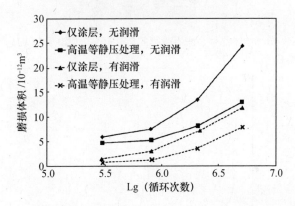

图 8.12　润滑条件下羟磷灰石涂层的微动磨损表明热等静压改善了磨损性能[76]

8.3.2　生物惰性涂层

以钛为基本成分的涂层可被视为生物惰性涂层。这些合金在生理溶液中展示出优秀的耐蚀性[79]。以钛为基本成分的关节植入体的表面改性通过采用激光净成形处理技术实现[80,81]。一般而言，钛合金的摩擦学性能不佳[82,83]。通过激光熔覆和激光融化注入而形成的 TiB/Ti – 6Al – 4V 涂层显著地改善了其磨损性能[84]。研究人员采用 51% 钛 + 35% 铋 + 7% 锆 + 5% 钽和 2% 硼(质量分数)的混合物对激光复合层的磨损特性进行了研究。研究表明，当氮化硅作为对磨体使用时，硼化钛沉淀分离出来，导致高摩擦系数和高磨损率。如果对磨体是 440C 不锈钢球，就会观察到摩擦系数和磨损率大幅改善。

纳米金刚石涂层作为一种应用于力学和摩擦学领域的高性能表面工程材料，正越来越多地受到人们的关注，这是由于其内在的平滑结构能够与大多数性能优异的天然单晶体金刚石相结合[85,86]。图 8.13 是纳米晶体金刚石的高分辨率透射电子显微图[86]。在此图中可以观察到按照 10～15nm 顺序排列的微小颗粒。电子能谱仪的典型衍射图如图 8.14 所示,纳米晶体金刚石涂层可以提高轴承抗磨损性及寿命。

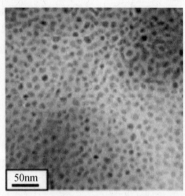

图 8.13　纳米晶体金刚石薄膜的高分辨率透射电子显微图[86]

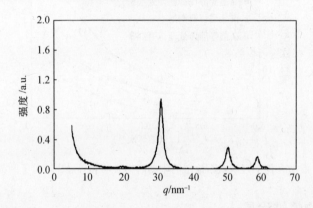

图 8.14　电子能量失谱仪拍摄的纳米晶体金刚石薄膜典型衍射图[86]

纳米晶体金刚石薄膜具有突出的物理性能和摩擦化学性能,如非常低的摩擦响应和高耐磨性。此外,它们的生物相容性特征使他们成为应用于生物摩擦学的理想选择。

关于纳米晶体金刚石进行涂层处理的金属合金植入体,如髋关节植入体、膝关节植入体和下颌关节植入体,都是为了提高其耐磨性,此类著作可以在参考文献中查找到[87-89]。

为了发挥髋关节植入体和膝关节植入体的潜在用途,Amaral 等在模拟生理体液中对进行了纳米晶体金刚石涂层处理的氮化硅生物玻璃复合材料开展了摩擦测试[90]。在 $Ar-H_2-CH_4$ 混合物气体中,采用热丝化学气相沉积装置对纳米晶体金刚石进行沉积。在平衡盐溶液和稀释的胎牛血清中采用销盘几何结构进行了自动精密结合的往复试验。25MPa 的表面接触压力可承受 500000 周期。采用平衡盐溶液测量出其摩擦系数非常低,仅为 0.01～0.02,而采用胎牛血清的润滑试验则显示其摩擦系数略高(0.06～0.09),这是由于蛋白质附加效果所致。通过采用体积损失量化承载函数的方法,用原子显微镜评估了其磨损率,在平衡盐溶液中产生的磨损率为 10^{-10} mm^3 · N^{-1} · m^{-1},在胎牛血清中其磨损率为 10^{-9}～10^{-8} mm^3 · N^{-1} · m^{-1},Amaral 等也进行了类似的研究[91]。

采用抛光和等离子蚀刻两种不同的方法对陶瓷 Si$_3$N$_4$ 基板进行表面预处理,然后在载荷为 45N 和循环次数为 500000 条件下,对生物相容陶瓷基板上的纳米晶体金刚石涂层进行测试。测量得到样品在平衡盐溶液和胎牛血清中的摩擦系数分别为 0.02 和 0.12。研究表明附着力增加与抛光物质有关,抛光样品能够承受 6km 的滑动距离薄膜没有破裂,但在平衡盐溶液和胎牛血清试验中其摩擦系数分别为 0.06 和 0.10。研究发现了蛋白质吸附和盐沉积的证据,这就是在胎牛血清中比在平衡盐溶液中摩擦性能改进的原因。测量得到的纳米晶体金刚石薄膜的磨损率为 10^{-9}～10^{-8} mm^3 · N^{-1} · m^{-1}。这个磨损值近似于陶瓷与陶瓷摩擦时观察到的最低磨损率。

Shenhar 等[92]采用一个简单而新颖的粉末沉浸反应辅助涂层(PIRAC)渗氮法,此方法适用于对大型复杂形状骨科植入体的工业纯钛和 Ti－6Al－4V 合金进行表面改性。在密封的不锈钢容器中当温度为 1123～1373K 时,对工业纯钛和 Ti－6Al－4V 合金样品实施退火,在不锈钢容器使得氮原子能够从空气中进行选择性扩散。研究发现,进行渗氮处理的粉末沉浸反应辅助涂层表面存在氮化钛的层式结构,即 Ti$_2$N 涂层后面有含氮稳定的 α－Ti。与通过等离子体渗氮[93]获得的涂层相比,进行粉末沉浸反应辅助涂层(PIRAC)渗氮处理的 Ti－6Al－4V 复合层总是比通过同样处理方式获得的工业纯钛复合层更厚一些。与进行了表层渗氮处理的 Ti－6Al－4V 合金相比,在 Ti$_2$N 处可探测到 Ti$_3$Al 中间金属相,即 α－Ti 界面作为氮扩散的屏障。对于生物医学应用而言,重要的是在对 Ti－6Al－4V 合金进行渗氮处理时,没有发现有毒的铝或钒。

二氧化钛、氧化锆等也被认为是生物惰性材料。由于其优良的生物相容性,二氧化钛得到了生物医学领域的广泛应用。在生物医学植入体应用方面,二氧化钛具有 3 个主要的优点,即耐腐蚀、生物相容性和血液相容性。研究提出在 Ti－6Al－4V 合金表面形成的二氧化钛涂层能够改善承载假体的生物相容性[94]。二氧化钛涂层还呈现出屏障功能,它可以避免磨损过程中 Ti－6Al－4V 假体上释放铝离子和钒离子的负面影响[95]。这两个效果,即磷灰石的成核诱导属性和扩散屏障属性,使得我们可以改进应用金属负荷承载假体。制备二氧化钛薄膜有几种技术,如阳极氧化[96]、热氧化[97]、阴极真空电弧沉积[98]、磁控溅射[99]、等离子体浸没离子注入[100]、溶胶 - 凝胶法[101]、电合成[102]、离子束增强沉积[104]和等离子喷涂[105]。等离子喷涂的钛涂层具有多孔结构,可以应用于牙根植入体、髋关节植入体、膝关节植入体和肩部植入体。骨骼通过生长渗入涂层形成机械联锁,这样多孔表面提高了固定效果。在长期测试中,通过等离子体浸没离子注入法构建的二氧化钛薄膜也显示出优越的抗摩擦性能[105]。

锆因具有良好的机械属性和化学属性而被广泛地应用于制造假肢装置。当其暴露于氧气中时,锆就会转化为生物相容性的二氧化锆[106]。Ferranis 等[107]和 Piconi 等[108]的最新研究证实,因氧化锆具有较高的抗弯强度和断裂韧性使其成为最好的硬组织修复植入体材料。二氧化锆是一种不可吸收的生物惰性金属氧化物,它可以应用于牙科植入体[109]和全髋关节置换的股骨头。在这种情况下,二氧化锆球头的压缩极限是氧化铝的 2~2.5 倍[108]。由于它的表面摩擦系数低、摩擦碎片少,二氧化锆可应用于髋关节的修复手术,因而可延长植入体的寿命。二氧化锆植入体具有优秀的抗腐蚀性和高耐磨性[110]。二氧化锆具有骨组织高亲和性[109],其骨植入体的界面类似于在钛植入体周围的界面[110]。研究表明,二氧化锆没有显示出任何有毒、免疫迹象或致癌作用[111],也没有体外致癌效应[112]。事实上,二氧化锆主要是用于增强骨骼生长,使摩擦和腐蚀最小化,提高全关节假体的生物相容性[113]。研究发现,在动物试验中这种材料具有很好的生物相容性,骨骼可以直接附着在植入体上[114]。也可以把二氧化锆作为胶态悬浮体涂在表面以提高它们的特性[115]。在另一项研究中,Richard 等[116]探讨了在工业纯钛(4 级)和钛合金基板上新纳米二氧化锆和含有 13%(质量分数)氧化铝的二氧化钛的性能。在氧化铝球体上的摩擦磨损测试表明,含有 13% 氧化铝的二氧化钛抗磨损性能优于二氧化锆涂层。两种等离子体喷涂有类似的磨损性能;然而,氧化铝 - 氧化钛涂层的平均摩擦系数较高,研究发现其主要磨损机理是软磨损。

作为应用于生物医学植入体的生物相容性涂层,氮化碳是一种优秀的备选材料[117]。尽管关于氮化碳涂层生物相容性的研究报告很少,但其新颖的性能已经得到了证实,如硬度极高、耐磨性最佳。这些涂层的特性的医疗器械极具吸引力:如支架、齿根、导管、内引线和电极、导丝、假肢、下腔静脉过滤器、心脏瓣膜、血管、插管、牙科工具管尖、解剖刀。它们也可应用于生物传感器、应用于泌尿和血液植入体的防生物污损涂层、还可应用于针、骨科针、降低骨结合剂磨损、人工心脏器官涂层及人工晶体等[119]。

8.3.3 抗生物涂层

人们认为类金刚石或 DLC 涂层是抗生物涂层。在大气环境下与大多数的材料进行摩擦时,类金刚石涂层的磨损和摩擦比一些聚合物的磨损和摩擦低。

当类金刚石涂层在特定材料上滑动时,在对应的较软层可以生成转换层,防止磨损发生。但是,目前尚不清楚这种情况是否也会出现在体内关节中,因为在关节中,体液会与磨损产品产生反应,损耗其摩擦接触面。作为整形外科应用涂层,DLC 生物相容性优良、摩擦性能良好,是很有前景的备选材料。为了测定类金刚石涂层髋关节球在超高分子量聚乙烯(UHMWPE)材料上滑动时的摩擦和磨损,单侧或两侧涂覆有 DLC 涂层的金属/金属关节的摩擦和磨损,已经进行了球盘摩擦磨损装置试验和髋模拟器试验,许多文献都已对此报道。根据测试设置,尤其是在使用液体润滑剂的情况下,我们可以在文献中找到不同的结果或部分相矛盾的结果。

DLC 膜可沉积在超光滑表面,图 8.15 所示为脉冲直流溅射 DLC 膜的 AFM 显微(原子显微镜)形貌图。通过计算可以得出它的表面粗糙度为 0.6nm。高分辨率透射电子显微镜研究证实沉积膜具有非晶性。图 8.16 所示为脉冲直流溅射 DLC 膜的高分辨率透射电子显微镜(HRTEM)图像,沉积膜非晶性这一性质较明显。然而,在 DLC 基体内可以发现 2～3nm 大小的小原子团。

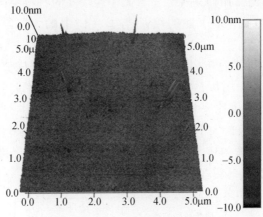

图 8.15　直流溅射超光滑碳膜形貌 AFM(原子显微镜)图像

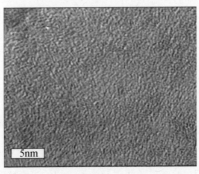

图 8.16　直流溅射超光滑碳膜的透射电子显微镜(TEM)图像

使用拉曼光谱观察类金刚石碳薄膜时,有必要讨论强度比率 I_D/I_G、G 波段半高宽(FWHM(G))和 G 波段的位置。首先,必须考虑到强度比率 I_D/I_G 可以测量成环状排列 sp^2 相位的大小[120]。强度比率 I_D/I_G 变低或为零时,sp^2 相位会成链状排列,但强度比率较高时,芳族环 sp^2 相位会增加。因此,如果未见 D 波段,那么研究材料中也不存在芳香碳环[121]。

对于 a–C:H 膜,sp^2 相位和 sp^3 相位紧密相连,可以用拉曼参数(532nm)来揭示 sp^3 – 杂化处理膜的碳组分信息。sp^3 总量较高导致强度比 I_D/I_G 较低[122]。这是由于在 a–C:H 膜中,碳是 sp^3 相,还会与氢结合在一起,所以 sp^3 含量增加并不意味着密度、硬度的增加和其他力学性能的增强[120,121]。氢含量超过 25at.% 的 a–C:H,sp^3 总量会增加,但 C–C sp^3 含量却不会增加。

为了详细地研究沉积薄膜的结构,关注 G 波段半高宽很有必要。G 波段半高宽是监测 DLC 膜结构无序的关键参数[117]。类金刚石涂层内,结构无序导致出现了键角和键长畸变。sp^2 集群无缺陷有序排列时,G 波段半高宽较小。G 波段半高宽较高显示较高的无序性[120]。无序性较高的材料中,较高键长和键角会发生这种效应[120]。无序性的增加与 C–C 中的 sp^3 含量、密度及硬度有关[120]。

当 I_D/I_G 强度比例为 0.61 ± 0.03 时计算得到的光谱峰值如图 8.17 所示。使用类似的工艺参数,用 $0.11 \sim 0.25$ 的较高 C_2H_2/Ar 比率制备样品,D 至 G 波段强度光谱显示出强度比率相对稳定:分别为 0.64 ± 0.04 和 0.64 ± 0.01。因此,该过程对石墨集群的大小没太大影响。使用最高比率为 0.43 的 C_2H_2/Ar 溅射产生强度 I_D/I_G 比率为 0.55 ± 0.05 膜结构。这些数据可以推断出最高 C_2H_2/Ar 比率沉积膜中芳族环集群 sp^2 相会降低[120,121,123,124]。

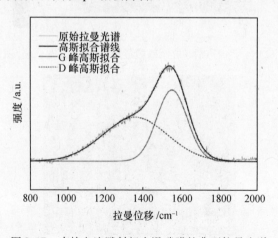

图 8.17 直接电流溅射超光滑碳膜的典型拉曼光谱

将 G 波段位置从 $(1550 \pm 4)\,cm^{-1}$（C_2H_2/Ar 比率为 0）移至 $(1546 \pm 1)\,cm^{-1}$（C_2H_2/Ar 比率为 0.43）。强度比率较低的膜中，sp^3 含量明显较高，这里必须考虑到 a–C:H 中，碳原子会与碳、氢形成键。因此，单纯使用强度比率很难区分碳碳键和碳氢键。为了研究 C–C sp^3 含量的趋势，可以用 G 波段半高宽揭示由不同的 C_2H_2/Ar 比率引起的结构方差信息。研究发现，G 波段半高宽由 $(191 \pm 3)\,cm^{-1}$ 降至 $(173 \pm 1)\,cm^{-1}$ 时，C_2H_2/Ar 比率增长显示结构无序性会下降。无序性的降低与膜中 C–C sp^3 含量有关[120]。另外，在研究的一系列膜中，C_2H_2/Ar 比率为 0.43 沉积膜中 C–C sp^3 含量最高。

DLC 薄膜生物摩擦学得到了广泛研究。将无氢 DLC 即 ta–C 涂覆金属髋关节球放置在 1%（质量分数）生理盐水中做球盘摩擦磨损测试，或将其放置在髋关节模拟器中进行测试，与未涂覆样本进行比对，发现超高分子量聚乙烯的磨损以 10～100 倍系数减少[125,126]。此外，金属材料涂层耐腐蚀性得到了提高[126]。将 DLC 钴铬配合端面放置在膝盖磨损模拟器中，用蒸馏水作润滑剂，进行测试发现超高分子量聚乙烯的磨损降低 5 倍[127]。使用球盘摩擦磨损装置，用蒸馏水做润滑剂，对不同涂层进行测试，发现所有含有涂层的超高分子量聚乙烯磨损都有所降低。然而，热氧化 Ti–6Al–4V 表面的性能比 DLC 涂层的表面性能好 8 倍[128]。同样，在髋关节模拟器中使用蒸馏水作为润滑剂，研究 DLC 涂层不锈钢股骨头在超高分子量聚乙烯窝中的磨损情况。由于涂覆了 DLC 涂层，超高分子量聚乙烯的磨损降低 6 倍。相同试验条件下，研究了氧化锆股骨头在超高分子量聚乙烯中的磨损情况。研究人员发现超高分子量聚乙烯的磨损与 DLC 涂层的磨损一样低[129]。Sheeja 等使用过滤阴极电弧法[130]用纯碳靶制备多层 ta–C 膜。在水和模拟体液中，利用球盘摩擦磨损装置对 CoCrMo/UHM-WPE、DLC/UHMWPE 对进行了磨损试验，发现涂覆样本和未涂覆样本之间的磨损无显著差异，这与上述结果矛盾[131]。Saikko 等[132]在有稀释小牛血清的双轴髋磨损模拟器中，对比研究了钴铬合金髋关节球、氧化铝髋关节球和 DLC 涂覆钴铬髋关节球在超高分子量聚乙烯中的磨损。从三对组合测试中，他们获得的超高分子量聚乙烯磨损率为每百万周期 48～57mg。DLC 涂层的磨损无显著差异，所有的磨损值都在临床观察钴铬髋关节球和氧化铝髋关节球的磨损值范围之内。Affatato 等[133]也获得了类似的结果。使用小牛血清作为润滑剂，将 316L 不锈钢股骨头、氧化铝股骨头、钴铬钼股骨头和 DLC 涂层 TiAlV 股骨头在髋关节模拟器中进行试验。从四对材料测试中，他们获得的超高分子量聚乙烯磨损率为每百万周期 25～37mg。可以看出在超高分子量聚乙烯上滑动时，DLC 涂覆关节的磨损率显然与上述研究结果矛盾。下面几个点可以解释文献中的差异。试验装置，特别是摩擦试验中所使用的液体润滑剂，对摩擦磨损值以及产生的磨损颗粒类型具有至关重要影响[134-136]。用牛血清或滑液作润滑剂进行研究，他们发现表面吸附蛋白质的差异,尤其是吸附的磷脂差异,会强烈影响关节的摩擦学行为。蛋白质浓度过低也是如此[136]。结果会显示出非临床相关的磨损形貌[135]。此外,表面纹理对关节磨损性能有决定性的影响。用平均表面粗糙度测量可能不能发现单一划痕,但单一划痕却能够以 30 ~ 70 倍[137]系数增加超高分子量聚乙烯的磨损率。根据涂层和摩擦学条件,甚至是蒸馏水条件下,DLC也能够在对磨物上形成转换层[138]。然而,在生物介质与超高分子量聚乙烯的摩擦中并没有形成转换层,超高分子量聚乙烯也磨损。概括而言,应该在植入物关节模拟器等适当的摩擦设置中,用聚合物作配对物,研究承重植入物的磨损。蛋白质是润滑剂,试验中必须保证供给均匀分布的蛋白质溶液,以补偿试验中与接触点之间的高压而产生的蛋白质分解问题。此外,必须进行仔细研究涉及摩擦学过程区域表面纹理的特点。

Platon 等[139]对比了不同的髋关节假体材料耦合的摩擦与磨损。研究发现接触压力是控制材料磨损,尤其是超高分子量聚乙烯材料磨损的主要参数。试验中可以通过球半径值完全控制球盘测试的接触压力范围。对(不锈钢/超高分子量聚乙烯、不锈钢 + DLC 涂层/超高分子量聚乙烯、不锈钢 + DLC 涂层/不锈钢 + DLC 涂层、钛合金 + DLC 涂层/超高分子量聚乙烯、钛合金 + DLC 涂层/钛合金 + DLC 涂层、二氧化锆/超高分子量聚乙烯、氧化铝/超高分子量聚乙烯、氧化铝/氧化铝)这些材料进行测试,结果发现 DLC 涂层抗磨损优势明显。与超高分子量聚乙烯相比,DLC 涂层干摩擦磨损率较低,约等于氧化铝对的磨损率。因此,髋关节假体中使用 DLC 涂层金属头可避免陶瓷材料中头颈部关节破裂。Shi 等[140]研究了几种备选植入材料的摩擦性能,其中包括类金刚石碳(DLC)薄膜涂层的摩擦性能。利用往复式滑动对材料进行初步评估和摩擦磨损试验,用牛血清来润滑测试对。DLC 涂层在未涂覆不锈钢上滑动时,其摩擦系数最低,如有磨损,磨损也非常少,如图 8.18 所示。在陶瓷和钢对测试中,磨损机理主要是磨蚀磨损。Kim 等[141]也报道了类金刚石涂层钛基牙齿固定螺丝钉性能有所提高。

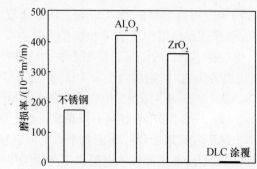

图 8.18　Al_2O_3、ZrO_2 和 DLC 涂层在未涂覆不锈钢上滑动时的磨损率

据报道,在金属/金属接头两侧涂覆 DLC 情况下,磨损率非常低。Lappalainen[142],Tiainen[125] 研究了两侧有 $100\mu m$ 厚无氢 DLC 涂层的髋关节,该涂层采用过滤脉冲等离子体电弧放电(85% 的 sp^3 键)制备。研究表明,使用的髋关节模拟器,氯化钠水溶液作为润滑剂时,磨损率约降低 10000 倍,对应的磨损率为 $(10^{-3} \pm 10^{-4})mm^3$/年[125]。Lappalainen 等用牛血清作为润滑剂,对髋关节模拟器进行了 1500 万次循环的长时间持续磨损试验(相当于 15 年的使用),定期更换牛血清以补偿蛋白贫化,发现磨损非常低,小于 $10^{-4}mm^3$/年[142]。Shi 等[140] 用牛血清作为润滑剂,对钢球、陶瓷球和 $2\mu m$ 厚 DLC(a-C:H)涂层钢球在平钢板进行了滑动试验,发现球磨损减少 100 倍,不锈钢板的磨损率也有所降低。DLC 涂层在 DLC 涂层上的滑动情况与 DLC 涂层在超高分子量聚乙烯的滑动情况不同。与在牛血清中所获得那些磨损值相比,在氯化钠水溶液检测的磨损值非常低,这表明两种情况下发生的磨损机制相似。转换层的形成并不是低磨损的关键要求(在大气下,与 DLC/蓝宝石的磨损相似[143]),或者蛋白的存在可能并不会严重改变转换层。

法国 M. I. L. SA 公司提供类金刚石涂层钛肩关节球和踝关节产品,两个组件(胫骨组件和距骨组件)由氮化 AISI Z5 CNMD 21 号钢涂覆 DLC 制成。在 2001 年"植入物设计 AG"公司以 Diamond Rota Gliding 为商品名出售股骨组件,在滑动区域涂覆 DLN 的膝关节。DLN 是类金刚石纳米复合材料,即如上所述的含有 DLC 成分的氧化硅[144]。DLN 涂覆股骨组件可以在超高分子量聚乙烯上滑动。在大约 8 年时间里,Teager 等[145] 追踪访问了 101 例植入聚乙烯连接类金刚石涂层股骨球的患者,最近他们发表了其临床失效率。

法国 Biomecanique 已生产了商品名为 Adamante 的 DLC 涂覆股骨头。它们是由离子束沉积而成的 $2\sim3\mu m$ 厚 DLC 涂层 Ti-6Al-4V 合金球。在刚植入的 1.5 年内,DLC 涂层植入物没有任何问题。随后,越来越多的 DLC 植入物表现出无菌性松动,需要修正(更换)植入物。目前,公认的无菌性松动的原因是假体产生的磨损产物发生巨噬细胞介导发炎,从而导致破骨细胞活化作用,引起骨再吸收。8.5 年内 45% 的最初植入的 DLC 涂覆关节必须更换。取出的关节头的 DLC 涂层上有许多坑,这些坑大多为圆形。将涂层沉积于金属基板上时,在界面处通常会形成约 1nm 厚的反应层,反应层是形成良好粘着性的原因。根据 DLC 沉积过程开始时的不同预处理和条件,界面反应层通常会含有金属碳化物或金属氢氧碳化物。在活的有机体内,必须也要保证该反应层的长期化学稳定性。生物液体尤其是磷酸缓冲盐溶液(PBS),可以通过小孔渗入涂层,慢慢腐蚀 DLC 与 a-Si:H/DLC 之间的界面[146],。化学性能不稳定界面会不断产生层离,即使周围在大气条件的存储过程中也会产生层间分离[147]。由界面腐蚀导致的界面层间分离还涉及残余应力和电化学方面,时至今日人们对此也不甚了解。

Puértolas 等[148]用射频等离子体增强化学气相沉积法,在医用级超高分子量聚乙烯上沉积了氢化类金刚石(DLCH)薄膜。由超高分子量聚乙烯盘制成的基板,通常用在人工关节软组件 GUR 1050 和高交联超高分子量聚乙烯中。在体温下,以牛血清做润滑剂,用球盘测试评估涂覆聚乙烯和未涂覆聚乙烯的摩擦学性能。用共聚焦显微镜和扫描电子显微镜获得磨损表面的形态特征。根据下面的公式可以确定涂覆表面和未涂覆表面的磨损系数 k:

$$k = \frac{2\pi r A_m}{Ls} \tag{8.1}$$

式中:r 为磨损轨迹半径;A_m 为平均磨损区域(面积);L 为施加载荷;s 为滑动距离。

图 8.19 以柱形图的形式展示他们观察的结果。这项研究证实进行 4400m 滑动试验后,与未涂覆聚乙烯相比,涂层材料耐磨性得到了提高。结果表明,涂覆 DLCH 膜超高分子量聚乙烯可以减少全髋关节和膝关节中的磨损,这项技术潜力巨大。

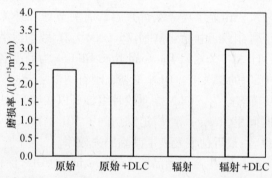

图 8.19　与未涂覆 UHMWPE 相比,DLC 涂层 UHMWPE 磨损率提高柱状图[148]

现已开发涂覆有纳米复合材料 DLC 的金属产品,如钛合金、铬合金和硅合金[149-152],这些薄膜未来在生物医学应用广泛。在一般情况下,这些纳米复合膜在对细胞催化上表现出比非晶碳膜更好的反应。类金刚石碳表面的内皮细胞的催化性能是由接触角度、表面能量、电阻率、工作函数、接触电势差和原子掺杂浓度等控制。因此,这些涂层不只在人工关节,而且在心血管设备,如心脏瓣膜等具有潜在应用。

另一重要抗生物涂层为 TiN。Choe 等[153]研究发现离子镀 TiN 钛牙螺钉和离子镀 ZrN 牙黄金螺钉增强耐磨性能,如图 8.20 所示。Jung 等[154]也做了基台螺钉的类似观察。Gispert 等[155]通过氯注入 TiN 表面,试图改善涂覆了 TiN 不锈钢/超高分子量聚乙烯(UHMWPE)假体对的摩擦性能。摩擦和磨损性能使用销盘装置测定,通过扫描电子显微镜(SEM)和原子力显微镜(AFM)研究磨损机制。当润滑剂为平衡盐溶液(HBSS)时,氯气的注入会导致聚合物磨损显著减少。如果牛血清白蛋白(BSA)加入到 HBSS,可观察到注入和非注入 TiN 涂层的摩擦和聚合物磨损有明显降低。前者的情况可以解释在 TiN 表面形成氧化钛层,同时后者从白蛋白吸附而得。摩擦系数的性能归因于磷酸钙的缓慢沉淀。当白蛋白加入到 HBSS,由于蛋白质吸附,摩擦和磨损明显下降,Cl - 植入 TiN 涂层产生最佳摩擦效果。

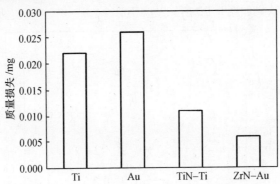

图 8.20　钛和金支撑螺钉上离子镀 TiN 和 ZrN 涂层质量损失柱状图

Wang 等[156]在模拟体液(SBF)环境下研究 TiN 和 DLC 涂层的摩擦性能。该球盘冲击测试是在 700N 静负荷和 700N 动态冲击负荷形成的组合力作用下,对涂层上进行 10000 次冲击循环。结果表明在对高密度聚乙烯(HDPE)的生物材料进行滑动测试中,TiN 和 DLC 涂层表现出优良的耐磨损性和化学稳定性。相比 DLC 涂层,TiN 薄膜与 HDPE 兼容性更好。然而,冲击试验表明,疲劳裂纹和涂层碎裂出现在 TiN 涂层,而不是在 DLC 涂层。Serro 等评估了 TiN、TiNbN 和 TiCN 表面属性,细胞毒性和摩擦学性能对生物医学的应用[157]。在润滑条件下涂层摩擦超高分子量聚乙烯的性能是通过销盘装置进行研究的。采用石英晶体微天平(QCM - D)和原子力显微镜研究了白蛋白在 3 种涂层上的吸附。细胞直接或间接接触涂层材料决定了细胞毒性。结果证明,这 3 种涂层具有相似的表面属性,而无细胞毒性。虽然白蛋白吸附性在 TiN 里略高,但由于白蛋白的存在,TiNbN 表现出最佳的摩擦性能。当白蛋白加入到平衡盐溶液(HBSS)时,TiN 最佳,TiNbN 次之。

Hoseini 等[158]采用改良的销盘机对超高分子量聚乙烯进行了摩擦研究,其摩擦副为不锈钢,涂覆有类金刚石碳膜的不锈钢、氮化钛和一种称为 Micronite 的涂层。Micronite 是一种新型涂层,它通过物理气相沉积技术与具有能够提升摩擦性能的摩擦涂层材料结合使用而获得应用。选择摩擦参数模拟人体主要条件。此研究旨在分析磨损碎屑和对磨体表面。表层分析显示涂层改变了对磨体表面的粗糙度。研究证实类金刚石碳涂层和 Micronite 涂层具有比氮化钛涂层高得多的表面粗糙度。图 8.21 的结果显示 Micronite 或超高分子量聚乙烯滑动副的摩擦学性能改善证明其可以作为人工关节组合材料而应用。实质上,图 8.21 给出了超高分子量聚乙烯在不同涂层上的摩擦系数和单位磨耗。Osterle 等进行了摩擦学试验(简单而往复式的球平面测试),目的是为了找到用于人工髋关节连接层的合适涂层,此人工髋关节的髋假体和股骨柄由 Ti – 6Al – 4V 合金制成[159]。其结果如图 8.22 所示。

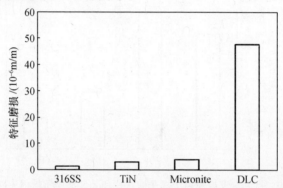

图 8.21　柱形图显示微粒体或超高分子量聚乙烯滑动副的摩擦学性能
改善使其可以作为人工关节组合材料而应用[158]

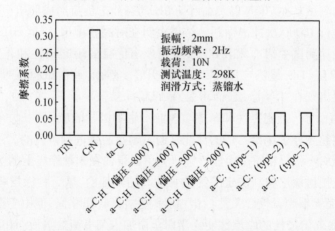

图 8.22　柱形图展示了以类金刚石碳薄膜为主体的各种涂层的摩擦性能

　　氮化钛或氮化铬涂层,比复杂的多层涂层性能更好。然而,这些涂层的摩擦性能并不如其他不同类型的非晶碳涂层的摩擦性能,非晶碳涂层一般是指类金刚石碳或 DLC 涂层。在类金刚石碳涂层中,氢化非晶碳展示出最佳性能,特别是通过降低等离子体辅助化学气相沉积时的偏置电压而增加氢含量,效果最佳。在应用测试条件下优化的氢化非晶碳涂层显示出最具前途的磨损性能[149]。在生理溶液中渗铝高碳钢和渗铬高碳钢也表现出较好的性能[160]。就接受测试的材料而言,由纳米压痕得到的力学性能与磨损的相关性表明,高硬度并不是选择正确涂层的合理标准。研究证明硬度和弹性模量(H/E)的高比值更重要[161]。微观结构和微量分析的研究显示氮化钛和氮化铬分别转化为二氧化钛和氧化铬,另外非晶碳至少是部分地转化为石墨。此外,研究观察到来自球体的氧化铝掺入比例恰好时,有利于涂层的磨损碎片总是形成纳米级颗粒的聚合物。研究表明商业使用的氧化铝、氧化铬和碳的纳米颗粒和摩擦测试产生的颗粒相当。然而,目前尚不能确定这些颗粒是否与那些在模拟研究或体内研究中形成的颗粒具有可比性。Unsworth[162]定义了一个类似于摩擦系数的参数,就是大家熟知的摩擦因子,其方程式如下:

$$f = \frac{T}{rL} \tag{8.2}$$

式中:T 为扭力;r 为股骨头的半径;L 为施加负载。

在髋模拟器的帮助下,可以计算出用胎牛血清或羧甲基纤维素钠水溶液进行润滑的金属与金属髋关节、金属与陶瓷髋关节和金属与聚合物髋关节的摩擦系数和薄膜厚度[126],计算出的薄膜厚度为 0.05 ~ 0.09μm。

8.4　总结与展望

为了提升人体各部位摩擦组织的性能,表面改性技术已被认为是较好的方法。甚至于通过添加金属如硅、铬对非晶类金刚石碳涂层的改性,就会促使形成具有更好生物相容性的纳米复合材料涂层。对这些技术的成功利用是科学研究和临床应用的主要目的。这些应用的成功取决于手术过程、植入体的大小和设计、解剖位置、生物环境及患者的年龄和性别。作为骨科植入体的未来制造技术,激光辅助直接金属沉积技术也具有巨大的潜力。由于这种方法是基于三维立体光固化的概念,并且能够在短时间内利用计算机调整 3D 形状,这种技术可以被采用以生产定制化的植入物。在人工心脏瓣膜、心脏泵的支承体、左心室辅助装置、导管等领域,人们认为类金刚石碳和氮化钛涂层具有应用潜力。

计量生物学方法似乎能够为与摩擦学相关的临床应用研究提供了新的视野,这种方法允许所需的涂层含有骨样均匀组合物。纳米磷灰石涂层就是用这种方法淀积而成。整形外科和牙科领域的下一个发展阶段是仿骨植入体。目前,仿生植入体在商业中还无法获得,因为现在还不能排除出现骨组织不良反应的可能性。仿生纳米磷灰石和骨植入体的整合使用可以在整形外科和牙科植入物方面形成纳米骨。迄今已经研究的各种模拟纳米材料包括陶瓷、金属、聚合物、复合材料、碳纳米纤维和纳米碳管。纳米生物材料的混合涂层为设计新一代植入假体的表面提供了一种新方法。纳米材料的独特纳米多孔微结构特性使得分子结构具有强大的选择吸附性,使混合涂层成为治疗制剂的一个潜在载体[163,164]。通过将生物制剂注入纳米结构材料而达到对骨骼植入体表层进行纳米改性以提升骨骼和软组织的再生和愈合将成为可能。

在关节置换体和牙科植入体上使用传统的粗粒度等离子喷涂羟基磷灰石涂层将被纳米结构的磷化钙涂层所取代。进行纳米多孔羟基磷灰石涂层处理的药物洗脱支架将部分取代现有的聚合物涂层药物洗脱支架。由于微血管内皮的羟基磷灰石纳米晶体的的高生物相容性[165],这种支架将减少血栓形成,可能只需要短期的抗凝治疗[166]。未来新发展方向的目标是创建拥有双重有益效果的治疗涂层,即骨引导活性,同时拥有能够直接把治疗剂、蛋白质和生长因子输入涂层的功能。这些新的涂层可提供刺激骨生长、抗击感染,并最终提高植入体寿命的功能[167]。寻求崭新而具有前途的生物材料的一个不同路径,是以正在设计达到模拟天然骨骼的力学性能和生物性能的陶瓷－聚合物复合材料为基础。这种新颖的材料已经被设计成"智能"材料和被界定人性化材料,可以根据周围环境来改变其特性,例如,根据不同的应力场调整其特征[168]。在生理溶液中对所有这些新涂层的摩擦学研究必定会给人体的关节置换体或其他植入体带来新的视角。

生物活性和生物降解性的结合可能是下一代生物材料的最有意义的特征。这些特性应该与对特定的细胞活动和行为发出信号并对其刺激的功能融为一体。生物降解的复合支架,不可吸收的多孔的金属泡沫和聚合物泡沫都可以被视为是具有广阔前景的材料。它们的表面生物活化可以通过不同生物分子的功能化表面获得,通过使用各种方法使其产生化学键和物理吸附。应该开发一些更为复杂的"自下而上"和"自上而下"技术,用来设计更高水平的表面。为了不同的植入体整合和组织再生而制作的表层生物材料的任务在未来发展充满挑战,其中也可能会有关于材料科学、工程学、生物、化学、物理和医学的协同跨学科方面的挑战。

参 考 文 献

[1] Gawaz M, Neumann FJ, Ott I, May A, Schomig A (1996) Circulation 94:279.

[2] Lahann J, Klee D, Thelen H, Bienert H, Vorwerk D, Hocker H (1999) J Mater Sci Mater Med 10:443.

[3] Bittl J (1996) N Engl J Med 335:1290.

[4] Haycox CL, Ratner BD (1993) J Biomed Mater Res 27:1181.

[5] Yang Y, Franzen SF, Olin CL (1996) J Heart Valve Dis 5:532.

[6] Dowson D (1995) Wear 190:171.

[7] Podsiadlo P, Stachowiak GW (1999) Wear 230:184.

［8］ Campbel AA（2003）Mater Today 11：26.

［9］ Barril S, Mischler S, Landolt D（2005）Wear 259：282.

［10］ Windler M, Klabunde R, Brunette DM et al（eds）（2001）Titanium in medicine. Springer, Berlin, p 703

［11］ Hallab NJ, Jacobs JJ（2003）Corros Rev 21：183.

［12］ Hiromoto S, Mischler S（2006）Wear 261：1002.

［13］ Dobies DR, Cohoon A（2006）J Invasive Cardiol 18（5）：E146 – E148.

［14］ Daculsi G（1998）Biomaterials 19：1473.

［15］ Ducheyne P, Qiu Q（1999）Biom aterials 20：2287.

［16］ Busur D, Ruskin J, Higginbottom F, Hartdwick R, Dahlin CC, Schenk R（1995）Intl J Oral Maxillofac Implants 10：666.

［17］ Ong JL, Carnes DL, Bessho K（2004）Biomaterials 25：4601.

［18］ Loty C, Sautier JM, Boulekbache H, Kokubo T, Kim HM, Forest N（2000）J Biomed Mater Res 49：423.

［19］ Kokubo T, Kim HM, Kawashita M（2003）Biomaterials 24：2161.

［20］ Li P, Kangasniemi I, De Groot K（1993）Bioceramics 6：41.

［21］ Piconi C, Maccauro G（1999）Biomaterials 20：20.

［22］ Adolfsson E, Hermanson L（1999）Biomaterials 20：1263.

［23］ Kola PV, Daniels S, Cameron DC, Hashmi MSJ（1996）J Mater Process Technol 56（1 – 4）：422.

［24］ Knotek O, Loffler F, Weitkamp K（1992）Surf Coat Technol 55（1 – 3）：536.

［25］ Dion I, Roques X, More N（1993）Biomaterials 14：712.

［26］ Van Raay JJAM, Rozing PM, Van Blitterswijk CA, Van Haastert RM, Koerten HK（1995）J Mater Sci Med 6：80.

［27］ Huang N, Yang P, Leng YX, Chen JY, Sun H, Wang J, Wang GJ, Ding PD, Xi TF, Leng Y（2003）Biomaterials 24：2177.

［28］ Li P, Ohtsuki C, Kokubo T, Nakanishi K, Soga N, de Groot K（1994）J Biomed Mater Res 28：7.

［29］ Hench LL, Spinter RJ, Allen WC, Greenlee TK Jr（1971）J Biomed Mater Res 2（1）：117.

［30］ De Groot K（1991）Centennial Mem Issue 99（10）：943.

［31］ Bolz A, Schaldach M（1990）Artif Organs 14：260 – 269.

［32］ Shtansky DV, Gloushankovab NA, Sheveiko AN, Kharitonova MA, Moizhess TG, Levashov EA, Rossi F （2005）Biomaterials 26：2909.

［33］ Shtansky DV, Gloushankova NA, Bashkova IA, Petrzhik MI, Sheveiko AN, Kiryukhantsev – Korneev FV, Reshetov IV, Grigoryan AS, Levashov EA（2006）Surf Coat Technol 201：4111.

［34］ Shtansky DV, Levashov EA, Glushankova NA, D'yakonova NB, Kulinich SA, Petrzhik MI, Kiryukhant-sev – Korneev FV, Rossi F（2004）Surf Coat Technol 182：101.

［35］ Shtansky DV, Gloushankova NA, Bashkova IA, Kharitonova MA, Moizhess TG, Sheveiko AN, Kiryukha-ntsev – Korneev FV, Osaka A, Mavrin BN, Levashov EA（2008）Surf Coat Technol 202：3615 – 3624.

［36］ Shtansky DV, Gloushankova NA, Sheveiko AN, Kiryukhantsev – Korneev PV, Bashkova IA, Mavrin BN, Ignatov SG, Filippovich SY, Rojas C（2010）Surf Coat Technol 205：728 – 739.

［37］ Leyland A, Matthews A（2000）Wear 246：1

［38］ Shtansky DV, Grigoryan AS, Toporkova AK, Sheveiko AN, Kiruykhantsev – Korneev PV（2011）Surf Coat Technol 206：1188 – 1195.

［39］ Shtansky DV, Gloushankova NA, Bashkova IA, Kharitonova MA, Moizhess TG, Sheveiko AN, Kiryukhantsev – Korneev FV, Petrzhik MI, Levashov EA (2006) Biomaterials 27:3519.

[40] Park JH, Lee YK, Kim KM, Kim KN (2005) Surf Coat Technol 195:252.

[41] Kokubo T (1985) J Mater Sci 20:2001.

[42] Holmes RE (1986) J Bone Joint Surg Am 68:904.

[43] Bucholz RW et al (1989) Clin Orthop 240:53.

[44] Osborne JF, Newesley H (1980) In: Heimke G (ed) Dental implants. Carl Hansen, Munich.

[45] Orly I et al (1989) Calcif Tissue Int 45:45.

[46] Ducheyne P (1987) J Biomed Mater Res 21(A2):219.

[47] Fujiu T, Ogion M (1984) J Biomed Mater Res 18(7):845.

[48] Daculsi G et al (1989) J Biomed Mater Res 23:849.

[49] Tracy BM, Doremus RH (1984) J Biomed Mater Res 18:719.

[50] Hench LL (1998) J Am Ceram Soc 81:1705.

[51] Wen J et al (2000) Biomaterials 21:1339.

[52] Dong ZL et al (2003) Biomaterials 24:97.

[53] Zhang C et al (2001) Biomaterials 22:1357.

[54] Thomas MB et al (1980) J Mater Sci 15:891.

[55] de With G et al (1981) Mater Sci 16:1592.

[56] Buser D et al (1991) J Biomed Mater Res 25:889.

[57] Jansen JA et al (1991) J Biomed Mater Res 25:973.

[58] Soballe K et al (1990) Acta Orthop Scand 61(4):299.

[59] Choi WJ et al (1998) J Am Ceram Soc 81:1743.

[60] Kong YM et al (1999) J Am Ceram Soc 82:2963.

[61] Lemons JE (1988) Clin Orthop 235:220.

[62] Kyeck S, Remer P (1999) Mater Sci Forum 308 – 311:308.

[63] Ong JL et al (1991) J Am Ceram Soc 74:2301.

[64] Dasarathy H et al (1996) J Biomed Mater Res 31:81.

[65] Yamashita K et al (1996) J Am Ceram Soc 79:3313.

[66] Hero H et al (1994) J Biomed Mater Res 28:343.

[67] de Bruijn JD et al (1992) J Biomed Mater Res 26:1365.

[68] Hench LL, Paschall HA (1973) J Biomed Mater Res Symp 7(3):25.

[69] Ban S et al (1994) J Biomed Mater Res 28:65.

[70] Guipont V, Espanol M, Borit F, Llorca – Isern N, Jeandin M, Khor KA, Cheang P (2002) Mater Sci Eng A 325:9.

[71] Chang E, Chang WJ, Wang C, Yang CY (1997) J Mater Sci Mater Med 8:193.

[72] Gaona M, Fernandez J, Guilemany JM (2006) In: Proceedings of international thermal spray conference, 15 – 17 May, Seattle, WA.

[73] Ning CY, Wang YJ, Lu WW, Qiu QX, Lam RWM, Chen XF, Chiu KY, Ye JD, Wu G, Wu ZH, Chow SP (2006) J Mater Sci Mater Med 17:875.

[74] Lamy D et al (1996) J Mater Res 11:680.

[75] Liu X, Ding C (2002) Biomaterials 23:4065.

[76] Fu Y, Batchelor AW, Khor KA (1999) Wear 230:98.

［77］ Diomidis N, Mischler S, More NS, Roy M (2012) Acta Biomater 8:852.

［78］ More N, Diomidis N, Paul SN, Roy M, Mischler S (2011) Mater Sci Eng C 31:400.

［79］ Sahu S, Palaniappa M, Paul SN, Roy M (2010) Mater Lett 64:12.

［80］ Keicher DM, Smugeresky JE (1997) J Met 49(5):51.

［81］ Griffith M, Schlienger ME, Harwell LD, Oliver M S, Baldwin MD, Ensz MT, Esien M, Brooks J, Robino CE, Smugeresky JE, Hofmeister W, Wert MJ, Nelson DV (1999) Mater Des 20(2 - 3):107.

［82］ Long M, Rack HJ (2005) Mater Sci Eng C 25(3):382.

［83］ Long M, Rack HJ (2001) Wear 249:158.

［84］ Samuel S, Nag S, Scharf T, Banerjee R (2007) Mater Sci Eng C 28(3):414.

［85］ Erdemir A, Fenske GR, Krauss AR, Gruen DM, McCauley T, Csencsits RT (1999) Surf Coat Technol 120 - 121:565.

［86］ Roy M, Steinmuller - Nethl D, Tomala A, Tomastik C, Koch T, Pauschitz A (2011) Diam Relat Mater 20:573.

［87］ Papo MJ, Catledge SA, Vohra YK (2004) J Mater Sci Mater Med 15:773.

［88］ Fries MD, Vohra YK (2002) J Phys D Appl Phys 35:L105.

［89］ Met C, Vandenbulcke L, Sainte Catherine MC (2003) Wear 255:1022.

［90］ Amaral M, Abreu CS, Oliveira FJ, Gomes JR, Silva RF (2007) Diam Relat Mater 16:790.

［91］ Amaral M, Abreu CS, Oliveira FJ, Gomes JR, Silva RF (2008) Diam Relat Mater 17:848.

［92］ Shenhar A, Gotman I, Gutmanas EY, Ducheyne P (1999) Mater Sci Eng A268:40.

［93］ Rie K - T, Lampe TH (1985) Mater Sci Eng 69:473.

［94］ Manso M et al (2002) Biomaterials 23:349.

［95］ Long M, Rack HJ (1998) Biomaterials 19:1621.

［96］ Pouilleau J, Devillers D, Garrido F, Durand - Vidal S, Mahe E (1997) Mater Sci Eng B 47:235.

［97］ Lin C - M, Yen S - K (2004) J Electrochem Soc 151(12):D127 - D133.

［98］ Bendavid A, Martin PJ, Takikawa Thin H (2000) Solid Films 360:241.

［99］ Amor SB, Baud G, Besse JP, Jacquet M (1997) Mater Sci Eng B 47:110.

［100］ Mandl S, Thorwarth G, Schreck M, Stritzker B, Rauschenbach B (2000) Surf Coat Technol 125:84.

［101］ Liqiang J, Xiaojum S, Weimin C, Zili X, Yaoguo D, Honggang F (2003) J Phys Chem Solids 64:615.

［102］ Natarajan C, Nogami G (1996) J Electrochem Soc 143:1547.

［103］ Li P, Kangasniemi I, De Groo K (1993) Bioceramics 6:41.

［104］ Huang N, Yang P, Chen X (1998) Biomaterials 19:771.

［105］ Liu X, Chu PK, Ding C (2004) Mater Sci Eng R47:49.

［106］ Carinci F, Pezzetti F, Volinia S, Francioso F, Arcelli D, Farina E (2004) Biomaterials 25 (2):215.

［107］ Ferraris M, Verné E, Appendino P, Moisescu C, Krajewski A, Ravaglioli A, Piancastelli A (2000) Biomaterials 21:765.

［108］ Piconi C, Maccauro G (1999) Biomaterials 20(1):1 - 25.

［109］ Akagawa Y, Ichikawa Y, Nikai H, Tsuru H (1993) J Prosthet Dent 69:599 - 604.

［110］ Rosengren A, Pavlovic E, Oscarsson S, Krajewski A, Ravaglioli A, Pincastelli A (2002) Biomaterials 23 (4):1237.

［111］ Hulbert SF, Morrison SJ, Klavitter JJ, Biomed J (1972) Mater Res 6:347 - 374.

［112］ Covacci V, Bruzzese N, Maccauro G, Andreassi C, Ricci GA, Piconi C (1999) Biomaterials 20(4):

371 – 376.

[113] Kim BK, Bae HE, Shim JS, Lee KW (2005) J Prosthet Dent 4:357.

[114] Akagawa Y, Hosokawa R, Sato Y, Kameyama K (1998) J Prosthet Dent 80:551 – 558.

[115] Lappalainen R, Anttila A, Heinonen H (1998) Clin Orthop Relat Res 352:118 – 127.

[116] Kokubo T (1990) J Non Cryst Solids 120:138.

[117] Cui FZ, Li DJ (2000) Surf Coat Technol 131:481 – 487.

[118] Quiros C, Nunez R, Priet P et al (1999) Vacuum 52:199.

[119] Mcaughlin JA, Maguire PD (2008) Diam Relat Mater 17:873.

[120] Casiraghi C, Ferrari AC, Robertson J (2005) Phys Rev B 72:085401.

[121] Ferrari AC, Robertson J (2004) Philos Trans R Soc Lond A 362:2477.

[122] Ronkainen H, Koskinen J, Anttila A, Holmburg K, Hirvinen JP (1992) Diam Relat Mater 1:639.

[123] Ferrari AC, Robertson J (2000) Phys Rev B 61:14095.

[124] Ferrari AC, Robertson J (2001) Phys Rev B 64:075414.

[125] Tiainen VM (2001) Diam Relat Mater 10:153.

[126] Lappalainen R, Heinonen H, Anttila A, Santavirta S (1998) Diam Relat Mater 7:482.

[127] Onate JI, Comin M, Braceras I, Garcia A, Viviente JL, Brizuela M et al (2001) Surf Coat Technol 142 – 144:1056.

[128] Dong H, Shi W, Bell T (1999) Wear 225 – 229:146.

[129] Sheeja D, Tay BK, Shi X, Lau SP, Daniel C, Krishnan SM (2001) Diam Relat Mater 10:1043.

[130] Dowling DP, Kola PV, Donelly K, Kelly TC, Brumitt K, Lloyd L et al (1997) Diam Relat Mater 6:390.

[131] Sheeja D, Tay BK, Lau SP, Nung LN (2001) Surf Coat Technol 146 – 147:410. 8 Surface Engineering for Biotribological Application 309.

[132] Saikko V, Ahlroos T, Calonius O, Keraen J (2001) J Biomater 22:1507.

[133] Affatato S, Frigo M, Toni A (2000) J Biomed Mater Res 53:221.

[134] Ahlroos T, Saikko V (1997) Wear 211:113.

[135] Liao YS, McNulty D, Hanes M (2003) Wear 255:1051.

[136] Saikko V, Ahlroos T (1997) Wear 207:86.

[137] Fisher J, Firkins P, Reeves EA, Hailey JL, Isaac GH (1995) Proc Inst Mech Eng H J Eng Med. 209:263.

[138] Ronkainen H, Varjus S, Holmberg K (2001) Wear 249:267.

[139] Platon F, Fournier P, Rouxel S (2001) Wear 250:227.

[140] Shi B, Ajayi OO, Fenske G, Erdemir A, Liang H (2003) Wear 255:1015.

[141] Kim SK, Lee JB, Koak JY, Heo SJ, Lee KR, Cho LR, Lee SS (2005) J Oral Rehabil 32(5):346.

[142] Lappalainen R, Selenius M, Anttila A, Konttinen YT, Santavirta SS (2003) J Biomed Mater Res B Appl Biomater 66B:410.

[143] Ronkainen H, Likonen J, Koskinen J, Varjus S (1996) Surf Coat Technol 79:87.

[144] Neerinck D, Persoone P, Sercu M, Goel A, Venkatraman C, Kester D et al (1998) Thin Solid Films 317:402.

[145] Taeger G, Podleska LE, Schmidt B, Ziegler M, Nast – Kolb D (2003) Mat – wiss u Werkstofftech 34:1094.

[146] Chandra L, Allen R, Butter M, Rushton N, Lettington AH, Clyne TW (1995) J Mater Sci Mater Med 6:

581.

［147］Muller U, Hauert R, Oral B, Tobler M (1995) Surf Coat Technol 71:233.

［148］Puértolas JA, Martínez – Nogués V, Martínez – Morlanes MJ, Mariscal MD, Medel FJ, López – Santos C, Yuberoc F (2010) Wear 269:458.

［149］Kvasnica S, Schalko J, Benardi J, Eisenmenger – Sittner C, Pauschitz A, Roy M (2006) Diam Relat Mater 15:1743.

［150］Ali N, Kousar Y, Okpalugo TI, Singh V, Pease M, Ogwu AA, Gracio J, Titus E, Meletis EI, Jackson MJ (2006) Thin Solid Films 515:59.

［151］Grischke M, Bewilogua K, Trojan K, Demigen H (1995) Surf Coat Technol 74 – 75:739.

［152］Memming R (1986) Thin Solid Films 143:279.

［153］Choe HC, Chung CH, Brantley W (2007) Key Eng Mater 345 – 346:1201.

［154］Jung SW, Son MK, Chung CH, Kim HJ (2009) J Adv Prosthodont 1(2):102.

［155］Gispert MP, Serro AP, Colaco R, Botelho do Rego AM, Alves E, da Silva RC, Brogueira P, Pires E, Saramago B (2007) Wear 262:1337.

［156］Wang L, Su JF, Nie X (2010) Surf Coat Technol 205:1599.

［157］Serro AP, Completo C, Colacço R, dos Santos F, Lobato da Silva C, Cabral JMS, Araújo H, Pires E, Saramago B (2009) Surf Coat Technol 203:3701.

［158］Hoseini M, Jedenmalm A, Boldizar A (2008) Wear 264:958.

［159］Osterle W, Klaffke D, Griepentrog M, Gross U, Kranz I, Knabe C (2008) Wear 264:505.

［160］Gulhane UD, Roy M, Sapate SG, Mishra SB, Mishra PK (2009) In: Proceedings of ASME/STLE International Joint Tribology Conference, IJTC 2009, October 19 – 21, Memphis, TN.

［161］Roy M, Koch T, Pauschitz A (2010) Adv Surf Sci 256:6850.

［162］Unsworth A (1991) J Eng Med 205:163.

［163］Zhu X, Eibl O, Scheider L, Geis – G erstofer J (2006) J Biomed Mater Res 79A:114.

［164］Liao SS, Cui FZ, Zhang W, Feng QL (2004) J Biomed Mater Res B Appl Biom atter 69(2):158.

［165］Pezzatini S, Solito R, Morbidelli L et al (2006) J Biomed Mater Res 76A:656.

［166］Rajtar A, Kaluza GL, Yang Q et al (2006) EuroIntervention 2:113.

［167］Campbell AA (2003) Mater Today 11:26.

［168］Balani K, Anderson R, Lahaa T et al (2007) Biomaterials 28:618.